研究生“十四五”规划精品系列教材

高等计算机网络与通信

朱利 王志 编著

图书在版编目(CIP)数据

高等计算机网络与通信 / 朱利,王志编著. —西安:西安交通大学出版社,2022.8

ISBN 978-7-5693-2554-6

Ⅰ.①高… Ⅱ.①朱… ②王… Ⅲ.①计算机网络②计算机通信 Ⅳ.①TP393②TN91

中国版本图书馆 CIP 数据核字(2022)第 050300 号

书　　名 高等计算机网络与通信
GAODEGN JISUANJI WANGLUO YU TONGXIN
编　　著 朱　利　王　志
责任编辑 刘雅洁
责任校对 李　文
装帧设计 伍　胜

出版发行 西安交通大学出版社
(西安市兴庆南路 1 号　邮政编码 710048)
网　　址 http://www.xjtupress.com
电　　话 (029)82668357　82667874(市场营销中心)
(029)82668315(总编办)
传　　真 (029)82668280
印　　刷 西安五星印刷有限公司

开　　本 787 mm×1092 mm　1/16　**印张** 10.75　**字数** 246 千字
版次印次 2022 年 8 月第 1 版　2022 年 8 月第 1 次印刷
书　　号 ISBN 978-7-5693-2554-6
定　　价 29.80 元

如发现印装质量问题,请与本社市场营销中心联系。
订购热线:(029)82665248　(029)82667874
投稿热线:(029)82664954
读者信箱:85780210@qq.com

前　言

长期以来，软件工程和计算机专业的研究生一直没有一本合适的计算机网络教材，大多是以教师课件为主，再配上一些较新的学术论文，不利于学生的自主学习。计算机网络技术发展很快，有些以前的热点技术如ATM、MPLS、X.25、帧中继等都已经被淘汰了，生活中已基本看不到这些网络技术。另一方面，虽然TCP/IP很重要，但它是本科生计算机网络的基础教学内容，只能作为研究生计算机网络课程的内容回顾。随着区块链技术的应用，网络安全和P2P覆盖网络技术变得更为重要了。依托于长期的研究生教学和科研实践，本书在内容选取上很好地解决了这些问题，既强调了基础原理，也强调了这些原理的应用；既能为新型网络技术研究奠定基础，也能指导网络工程的实践。

从架构上说，本书由两部分组成：基础内容部分和高等内容部分，分为8章。基础内容部分是第1章，回顾IPv4网络的核心内容，为后面的各章阐述奠定基础；这一章还介绍了信息安全的关键技术，信息安全也是区块链技术的基础。高等内容部分分为7章，分别描述多播网络技术、SDN技术、P2P覆盖网络技术、IPv6网络技术、无线网络技术、无线传感网络技术和物联网技术，基本上涵盖了计算机网络领域的最新进展。在第2章多播网络技术中，重点描述IGMP协议、多播路由算法和协议，这也是IPv6网络的内容之一。第3章SDN技术，着重描述SDN的架构、应用平面、控制平面、转发平面以及OpenFlow。第4章P2P网络，重点描述非结构化P2P网络架构、关键技术和高效的内容搜索算法。作为应用实例，本章还较详细地描述了区块链网络和区块链技术，给出了区块链的基础架构、智能合约、共识机制以及区块链的应用场景。第5章IPv6着重描述了地址技术、IPv6协议、路由技术、ICMPv6协议和QoS保证机制。第6章无线网络，按照覆盖范围由小到大，分别描述WPAN、WLAN、WMAN和WWAN，其中详细描述了Wi-Fi和移动互联网。第7章WSN描述了WSN的协议栈、拓扑结构、功耗管理、拓扑控制、定位技术以及时间同步技术。最后一章是物联网技术，详细描述物联网的架构、各层的技术，其中的网络层给出了典型的网络：Zigbee、WBAN和RFID；接着描述了物联网的一些关键技术：感知与识别技术、无线组网和接入Internet技术、物联网服务与管理、物联网安全以及物联网应用开发技术。在物联网的应用开发技术中，较为详细地描述了工业物联网和工业互联网，同时还介绍了其他领域应用的物联网。

作者已从事研究生计算机网络课程教学20年，在教学内容上结合科研实践，力求与时俱进、学以致用。本书的内容都在教学中使用过，深受学生们欢迎。使用者可以根据自己教学的实际情况，对内容进行适当增删。书中第6章无线网络部分由王志老师执笔，全书统稿和校对也由王志老师完成。由于作者时间紧张、水平有限，书中差错难免，欢迎广大读者对书中的错误和不足进行批评指正。

作者

2021 **年** 9 **月**

目 录

第 1 章　IPv4 网络的架构与关键技术

1.1　计算机网络与 Internet

1.1.1　计算机网络与通信网络

计算机网络就是通过通信链路相互连接起来、能够进行通信的独立计算系统的集合。根据覆盖范围，计算机网络可分为局域网和广域网；根据使用的链路类型可分为有线网络和无线网络。其主要性能指标包括：带宽、时延、RTT（round trip time）、时延带宽积以及利用率。其中，RTT 为往返路程时间；时延带宽积为传播时延和带宽的乘积，这也是一个很有用的计算机网络性能指标。

计算机网络的基本功能就是通信，它是现代通信网络当中的一种。通信网络有很多种类型，常见的通信网络有传送广播电视信息的广电网络、传送语音信息的公用交换电话网（public switched telephone network，PSTN）和传送多种信息的计算机网络。不同的通信网络使用链路资源（带宽）的方式一般是不相同的。对于共享链路，典型的链路资源使用方式有以下几种。

- 频分复用（frequency division multiplexing，FDM）：把整个频带范围划分为若干个子频带（信道），每个信道承载一个用户，频率不交叠的信道可以同时通信。例如，高清电视（high definition television，HDTV）、不对称数字用户线（asymmetric digital subscriber line，ADSL）以及 Wi-Fi 链路均使用频分复用技术。
- 时分复用（time division multiplexing，TDM）：把时间周期划分为若干个时间片，每个时间片分配给一个用户，对于一个用户而言，周期内的时间片用完，剩余的数据要等下一个周期对应的时间片到了才能传送。PSTN 链路就采用这种技术。
- 码分复用（code division multiplexing，CDM）：链路资源描述为微码集，为每个使用链路的用户分配一个微码，微码正交的用户可以同时发送数据，也称码分多址（code division multiple access，CDMA）或码分多路复用。现代移动通信就采用这种技术。
- 波分复用（wavelength division multiplexing，WDM）：不同的波长分配给不同的用户，在同一根光纤上同时通信的技术，用于光纤通信。本质上，也是一种频分复用技术。
- 空分复用（space division multiplexing，SDM）：利用空间划分实现复用的一种技术。可以将多根光纤组合成束来实现空分复用，也可以在不同的用户方向上形成不同的波束来实现空分复用。现代光纤通信、微波通信以及 5G 通信均采用了这种技术。

这些资源复用方式本质上就是资源划分。一旦信道分配给某个用户，即使不传输数据,别的用户也不能使用该信道。另一方面,即使有很多空闲信道,一个用户也不能同时使用多个信道。在活动用户量较少的情况下,这容易造成信道资源的浪费。

1.1.2 Internet

Internet(因特网/互联网)是覆盖整个世界的、目前最流行的公共计算机网络,是一种通信基础设施。因特网是不断演化的计算机网络,其前身是诞生于20世纪60年代的ARPAnet。当时的设计师们在前人研究的基础上,遵循"分组交换"和"最简性"原则,设计了ARPAnet,目的就是能在诸多链路上传送电子邮件。直到1972年,ARPAnet才有了15个节点。1974年文顿·塞弗和罗伯特·卡恩提出了网络互连的架构,随后组织开发并实现了因特网协议(Internet protocol)IP和TCP标准,奠定了因特网的基础。20世纪80年代开始部署TCP/IP,定义了Email协议、域名系统(domain name system, DNS)、文件传送协议(file transfer protocol, FTP)、传输控制协议(transmission control protocol, TCP)和拥塞控制协议;ARPAnet也从美国国防部高级研究计划局转移到了美国国家科学基金会(National Science Foundation, NSF),演变为NSFnet,它利用IP协议将美国各地的学术站点连接了起来。到了90年代,在业界的推动下,NSFnet又进行了一次迁移,成为商用的Internet。超文本传输协议(hypertext transfer protocol, HTTP)或万维网(Web)技术的出现,促生了90年代后期的第一次互联网高潮。

目前的IP协议有两个版本:IPv4和IPv6,分别运行在IPv4和IPv6的Internet上。这两种IP网络通过隧道技术或双协议栈技术能够互相通信。由于IPv6网络相对于IPv4网络有很多优点,Internet最终要归并到IPv6网络。

覆盖范围较小、与外界断开的、孤岛式的Internet称为Intranet(内联网),也运行TCP/IP协议。

1.2 Internet 架构

1.2.1 Internet 物理架构

1. Internet的物理组成

Internet物理上由三部分组成:网络边缘、网络内核以及把边缘和内核连接起来的链路,如图1-1所示。

(1)Internet边缘。由于最初的Internet设计遵循"最简性"原则,网络内核尽量简单,复杂的功能尽可能放到网络的边缘上,所以网络的边缘支撑着各种各样的、复杂的网络应用。网络的边缘是由能连接到Internet上的端系统组成的:PC机、服务器、大型计算设备或计算平台、手机、网络电视机、机顶盒(set top box)、网络摄像机、智能家电、智能传感设备和执行设备等。这些设备之间的通信方式有三种:C/S模式;P2P模式;混合模式,一部分采用C/S模式、一部分采用P2P模式。

(2)Internet内核。Internet内核是由路由器相互连接而成的网状组织。路由器按照"存储-转发"方式转发数据包,这种转发技术属于分组交换。分组交换不同于PSTN

使用的电路交换，也不同于异步传输模式(asynchronous transfer mode，ATM)使用的虚电路交换，它把信息封装成一个一个较小的数据包，直接发送到链路上，链路资源不进行划分，按需使用。这种资源使用方式叫作"统计复用(statistical multiplexing)"。分组交换是交换技术的发展趋势，具有以下优点：

- 更好地共享网络带宽，按需使用网络资源，不会造成网络资源浪费；
- 技术上更为简单、更为高效，实现成本更低；
- 很适合突发数据；
- 能承载更多的在线用户。

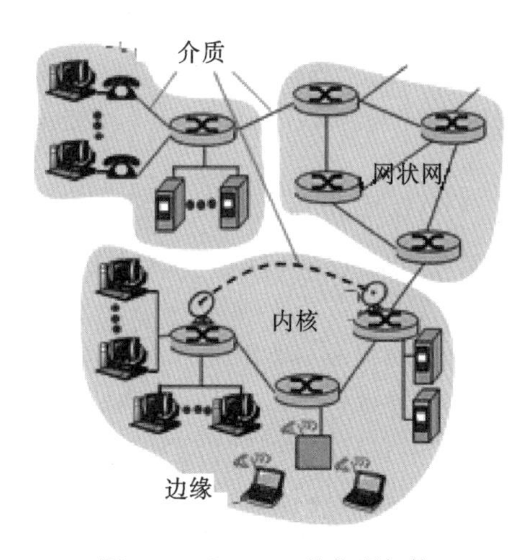

图 1-1　Internet 的物理架构

由于数据包每经历一跳都要先存储再转发，在路由器输入端口和输出端口有一个排队的过程，所以，和其他两种交换技术相比，分组交换在匹配实时业务方面要差一些。

(3)链路。链路就是数据传输介质。Internet 具有"瘦内核、胖端系统"的特点，其内核相对比较简单，所有 IP 协议能运行在众多的链路上。常见的链路类型有有线链路、无线链路、有线局域网链路、无线局域网链路。

2. Internet 的接入方式

端系统需要接到 Internet 的边缘路由器上，不同的用户接入网络的方式会有差异。对于单位用户，如学校、大中型企业，往往采用局域网接入方式；对于大部分家庭用户，常采用宽带接入方式；更多的移动用户采用的是移动接入方式，即 Wi-Fi 接入或蜂窝式接入。不管是哪一种接入方式，有三个要素需要考虑：接入 Internet 的带宽，用户实际能使用的带宽与接入距离成反比；带宽是专用的还是共享的；成本。

家庭用户最常采用的接入方式是 ADSL 和 FTTH，还可以使用局域网、ISDN、HFC 技术接入 Internet。

(1)ADSL 的不对称性体现在上行带宽和下行带宽的不一样上，从住家到因特网服务提供者(Internet service provider, ISP)这个方向为上行链路，新版本的 ADSL2+带宽理论上可达 2 Mb/s；从 ISP 到住家的下行链路，理论上的峰值带宽可达 24 Mb/s。ADSL 接入使用的导线就是电话线，但需要使用调制解调器对传送的信号进行调制、对接收的信号进行解调。ADSL 的带宽是专用的，不与其他家庭带宽共享，打电话和上网可同时进行。

(2)光纤入户(fiber to the home, FTTH)是目前最为流行的家庭入网方式，是现今为止，全业务、高带宽的接入需求的最好模式。FTTH 采用光纤链路传输，带宽可达 30 Mb/s 以上，支持同时网络、电话和高清电视(high definition television, HDTV)业务传输。

(3)综合业务数字网(integrated services digital network，ISDN)是一个数字电话网络国际标准，是一种典型的电路交换网络系统，能够支持多种业务，包括电话业务和网络业务。N-ISDN(narrow-band ISDN)的带宽是 128 Kb/s；B-ISDN(Broad-band ISDN)的带宽是 1.544 Mb/s 或 2.048 Mb/s。

(4)混合光纤同轴电缆(Hybrid Fiber Coaxial,HFC)是一种结合光纤与同轴电缆的宽带接入技术。从住家到 ISP 采用光缆通信技术,住家内采用同轴电缆将主机、电视和电话连接起来,带宽 10 Mb/s,支持这几种终端同时通信。

(5)局域网(local area network,LAN)接入是学校、企业等单位常采用的 Internet 接入方式。端系统接入 LAN,LAN 的主干交换机接入路由器,从而连接到 Internet。接入带宽可达 1 Gb/s 或 10 Gb/s。

(6)移动接入。典型的个人移动用户的接入方式是 Wi-Fi、4G 或 5G 接入。Wi-Fi 和 4G 接入的带宽均可高达 1 Gb/s 以上;5G 接入的带宽可高达 10 Gb/s 以上。其他的移动接入方式还有微波接入、卫星接入等,带宽一般都不是很大。

3. 物理介质

Internet 使用的数据传输介质包括有线介质和无线介质。

常用的有线介质是双绞线(twisted pair,TP)和光缆。可以使用的双绞线有 C3、C5、C5+和 C6 线,这里的数字表示每英寸互相缠绕几匝。所需的带宽越宽,通常选择双绞线的型号就越高,C5+以上的双绞线能承载 10 Gb/s 的数据传送速度。光缆是越来越流行的通信导线,它基于单色光在光纤中反射的原理进行通信,带宽可达 100 Gb/s 以上。光纤是纯度极高的玻璃丝,能传送不同波长的光信号。光纤通信具有下列优点:带宽很宽;差错率低;衰减度低;抗干扰能力强,信号传输不受电子噪声影响,也不存在短路问题;通信安全性相对较高,信号不容易从导线上被截取。

无线介质。无线传输介质利用电磁波传递信息,突破了导线的束缚,对移动通信有很好的支持,但很容易被同频率的其他信号或电子噪声干扰,信号衰减的速度也比较快。和光纤、铜导线相比,无线介质的信号衰减速度是最快的。

1.2.2 Internet 逻辑架构

1. 协议与协议分层

协议就是通信双方的一种约定,有了这种约定,彼此就能够理解通信的内容。因此,所有的通信都需要协议。Internet 协议定义了报文的格式、命令以及与报文传送、接收或其他事件有关的一些动作。Internet 上的所有通信活动都是由协议控制的,不同的通信任务需要不同的协议。报文的格式相当于“语法”,命令相当于“语义”,动作相当于“规则”,即满足什么条件,发生什么动作。因此,Internet 协议可以简记为

协议={格式、命令、动作}

协议={语法、语义、规则}

根据通信任务,Internet 协议自顶向下一般分为五层:应用层、传输层、网络层、数据链路层和物理层。逻辑上,上层依赖于下一层。这种分层架构被称为“TCP/IP 分层模型”。不同的层,其协议数据单元(protocol data unit, PDU)是不同的。如图 2-2 所示,应用层的 PDU 叫作报文(message)、传输层的 PDU 叫作段(segment)、网络层的 PDU 叫作包(packet)或数据报(datagram)、数据链路层的 PDU 叫作帧(frame)、物理层的 PDU 叫作位(bit)。除了物理层外,PDU 每下一层,都会加上该层的头信息。在图 1-2 中,H_t

表示传输层的头信息，H_n表示网络层的头信息，H_l表示数据链路层的头信息。

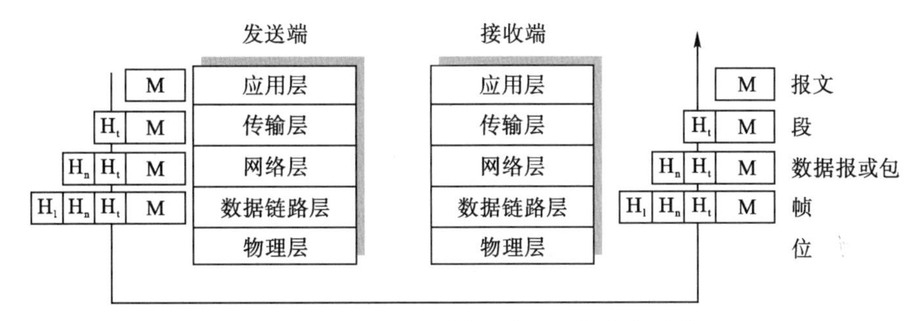

图 1－2　Internet 协议分层架构与协议数据单元

1983 年国际标准化组织(International Organization for Standardization，ISO)提出了开放系统互连(open systems interconnection，OSI)模型，在 OSI 模型中，网络协议自顶向下分为七层：应用层、表示层、会话层、传输层、网络层、数据链路层和物理层。TCP/IP 模型分层和 OSI 模型分层的不同之处在于应用层，TCP/IP 模型的应用层大体对应于 OSI 分层模型的应用层、表示层和会话层。一般而言，分层越多，通信效率就越低。因此，TCP/IP 分层模型的通信效率要比 OSI 分层模型的通信效率高。渐渐地，OSI 分层模型就被淘汰了。

Internet 应用层包含了数以千计的协议，不同的应用需要不同的协议。其中，有些协议是开放的，而有些协议是私有的。应用层著名的开放协议包括：网站应用的超文本传输协议(HTTP)和超文本传输安全协议(hypertext transfer protocol secure，HTTPS)；电子邮件应用的简单邮件传送协议(simple mail transfer protocol，SMTP)、多用途互联网邮件扩展(multipurpose Internet mail extensions，MIME)、邮局协议第 3 版(post office protocol version 3，POPv3)和互联网邮件访问协议(Internet mail access protocol，IMAP)；用于文件传送的文件传输协议(FTP)、简单文件传输协议(trivial file transfer protocol，TFTP)和网络文件系统(network file system，NFS)；用于网络管理的简单网络管理协议(simple network management protocol，SNMP)；用于远程登录的远程上机协议(telnet protocol)；用于域名服务的域名系统(DNS)；用于自动获取 IP 地址的动态主机配置协议(dynamic host configuration protocol，DHCP)；以及用于快速传送与控制的实时传输协议(real-time transport protocol，RTP)和实时传输控制协议(real-time transport control protocol，RTCP)等。

Internet 传输层只有两个协议：TCP 和 UDP。TCP 是传输控制协议，提供可靠的、面向连接的、进程到进程的通信服务。TCP 包含四个主要技术：可靠性控制、流量控制、拥塞控制和连接管理。UDP(user datagram protocol)是用户数据报协议，提供不可靠的、无连接的进程到进程通信服务。UDP 几乎没有包含什么技术，基本上等价于下层的 IP，因此，UDP 的段有时也被称为数据报。

网络层的基础协议是 IP，即 Internet 协议。Internet 的端系统和内核都要使用这个协议，它也是 Internet 最核心、最基础的协议，因此，Internet 也被称为“IP 网络”，Internet 地址被称为“IP 地址”。作为 Internet 互连设备的路由器，在转发数据包时就工作在网络层。路由器转发数据包需要使用路由表，以尽可能地使数据包传送在最优路径上。路由表中的数据一般是由路由协议中的路由算法来维护的,目前 Internet 上使用的路由协议主要有路由信息协议(routing information protocol, RIP)、开放最短通路优先协议(open shortest path first, OSPF)和边界网关协议(border gateway protocol, BGP)。其中,RIP 和 OSPF 运行在自治系统(autonomous system, AS)内部,BGP 运行在 AS 之间。网络层还有一个重要协议,那就是互联网控制报文协议(Internet control message protocol, ICMP)。它的主要功能是差错报告和连通性检查,著名的 Ping 和 Tracert 网络命令就是基于 ICMP 实现的。一些较新的 IPv4 路由器还支持多播通信(multicast),这些路由器上运行一个或多个多播通信协议:距离向量多播路由协议(distance vector multicast routing protocol, DVMRP)、多播开放最短通路优先协议(multicast open shortest path first, MOSPF)、基于核的树(core-based tree, CBT)、协议无关多播(protocol independent multicast, PIM)和管理主机组的互联网组管理协议(Internet group management protocol, IGMP)。在 IPv6 中,IGMP 集成在 ICMPv6 中,不再有独立的 IGMP 协议。IPv4 网络中,并不是所有的路由器都支持多播通信,而在下一代 Internet 中,所有的路由器都是支持多播通信的。网络层的底部还有一个地址解析协议,即 ARP(address resolution protocol),它的功能是将 IP 地址映射为下一层的物理地址。在将 IP 数据包封装成帧时,会用到这个协议。

IP 是个简单的网络层协议,它可以运行在绝大部分链路层协议之上。换句话说,大多数链路都是支持 IP 的。这也是为什么 Internet 能很容易地将各种网络和设备互联起来,快速地覆盖整个世界的原因。不同的链路使用不同的链路层协议,典型的链路层协议包括:带冲突检测的载波监听多路访问(carrier sense multiple access with collision detection, CSMA/CD)、点到点协议(point-to-point protocol, PPP)、高级数据链路控制(high level data link control, HDLC),以及无线链路使用码分多路访问(code division multiple access, CDMA)和带冲突避免的载波感应多路访问(carrier sense multiple access with collision avoidance, CSMA/CA)等。

各层包含的典型协议如图 1-3 所示。当然,数据链路层以下的相关协议,并不属于 Internet 的定义范畴,但包含在 TCP/IP 分层模型中。

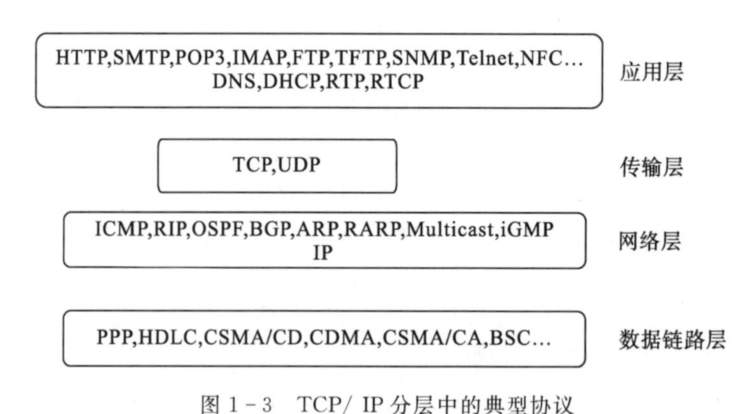

图 1-3 TCP/ IP 分层中的典型协议

2. Internet 上的丢包与延时

IP 协议是一个简单的、不可靠的数据传输协议,在 Internet 的端到端通信过程中,无法避免丢包。在路由器上，当队列满时，新到达的数据包会被丢弃；当路由器检测到 IP 包里的 TTL 字段为 0 时，也会主动丢弃这个数据包。“TTL＝0，丢弃数据包”的这种机制，可以减少网络资源浪费，避免 Internet 因垃圾包过多而瘫痪。在接收端的传输层，当接收缓存满时，会将新到的段丢弃；当链路层检测到有“位”错误时，也会丢弃该帧，不再向上层传送。因此，就 Internet 本身而言，丢包几乎是一种常态。要恢复丢掉的数据包，需要依赖更高层的技术，如使用 TCP 或应用层进行适当的可靠性控制。

数据包在 Internet 上传送是有延时的。数据包每经历一跳，一般会历经四部分延时：传送延时、传播延时、节点处理延时和排队延时，如图 1－4 所示。传送延时就是将数据包一位一位地放到链路上所花的时间，它等于包大小/链路带宽；传播延时是数据包在链路上传输所花的时间，它等于链路的长度/光速；节点处理延时是路由器检查所收到的数据包中是否存在差错、提取数据包中的目的 IP 地址查询路由表，决定输出端口所花的时间；排队延时是数据包从队尾排到队头、等待转发到相应的输出端口所花的时间。排队延时取决于队列的长度或路由器的拥塞程度，它与队列的长度呈指数性的正比关系，根据排队论，随着队列变长，排队延时会急剧增加。一般情况下，由于数据包都不大，路由器的交换能力都比较强，链路的长度也不是很长（卫星链路除外），传送延时、传播延时和节点处理延时都可以忽略。因此，Internet 上端到端的延时主要取决于每一跳路由器上的排队延时。

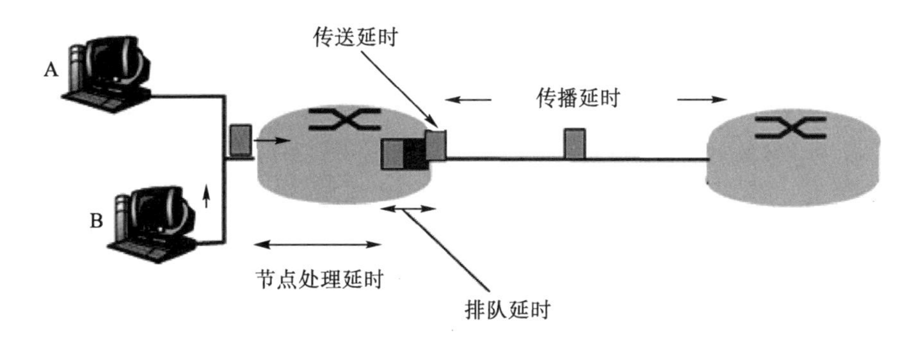

图 1－4　Internet 上一跳包含的延时

1.3　Internet 应用层技术

应用层承载着各种各样的网络应用，这些应用能提供各种各样的服务。典型的网络应用有网站、电子邮件、文件传输、域名服务、搜索服务、P2P 服务以及在移动设备上运行的各类 APP 应用。这些应用都是基于网络通信的，都需要相应的应用协议和端口号。端口号是应用的识别符，它确保所传输的信息送达对应的进程，不同的应用使用不同的端口号。不同的应用对网络通信的要求可能不一样，但 Internet 能够提供的通信机制只有两种：TCP 和 UDP。TCP 能够提供可靠的通信，确保发送端和接收端对应的两个进程之间数据传送时不会丢包、不会乱序，但通信之前需要建立连接，通信速度也较慢。UDP 提供“尽力而为”的通信服务，利用 UDP 传输的数据可能会丢失，也可能乱序，但通信之前不需要建立连接，和 TCP 相比，通信的实时性和通信效率能高一些。由于 Internet 的拥塞状况是动态变化，不管是 TCP 还是 UDP，都不能保证通信的实时性。因此，对于一个网络应用而言，它要么建立 TCP 套接字，使用 TCP 通信；要么建立 UDP 套接字，使用 UDP 通信；或者建立两个套接字，一部分信息使用 TCP 传送，一部分信息使用 UDP 传送。

逻辑上，套接字(socket)位于应用层和传输层之间，是应用层和传输层之间的信息传输通道，由操作系统来进行管理，如图 1-5 所示。网络应用的架构有三种典型模式：客户端/服务器模式，即 C/S(client/server)模式；对等模式，即 P2P(peer-to-peer)模式；还有一种是混合模式，即一部分信息传送采用 C/S 模式，另一部分信息传送采用 P2P 模式。

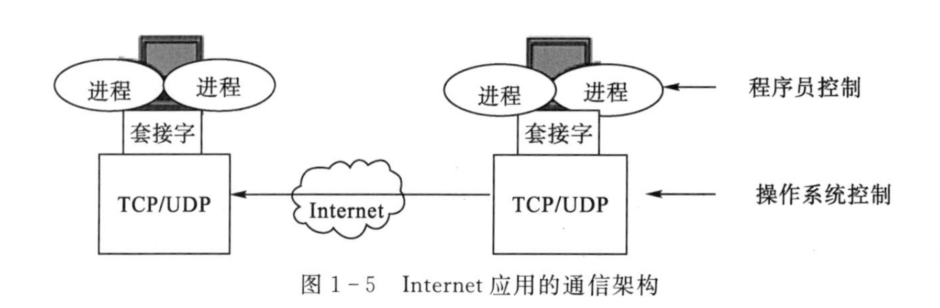

图 1-5　Internet 应用的通信架构

1.3.1　应用对网络的 QoS 需求

对于网络应用开发者来说，除了要进行功能和性能需求分析外，还需要进行网络服务质量(quality of service, QoS)需求分析。不同的网络应用对 Internet 提供的通信服务质量要求是不一样的。例如，电子邮件的传送要求可靠、安全，但对传送时间不那么敏感；视频会议中语音和视频的传送对实时性和网络的可用带宽要求就比较严格，但能容忍一定程度的丢包。概括起来，网络应用所要求的网络 QoS 参数有丢包率、端到端延时、可用带宽、抖动、安全性、同步性。

丢包率就是丢失的包数占所发送包数的百分比：

丢包率=(发送端发送的总包数－接收端接收到的总包数) /发送端发送的总包数

这是反映网络近一段时间拥塞状况和网络总体性能的重要参数之一。在当今的 Internet 上，绝大部分应用都是丢包敏感的，甚至不允许丢包。对于可视电话、网络游戏这样对实时性要求严格的应用，一般是建立 UDP 套接字，这就需要应用开发者面向应用设计出合适的丢包恢复算法，来恢复一定数量的丢包。前向纠错(forward error correction, FEC)机制就是一种很好的丢包恢复算法，其基本思想：发送端将发送出去的若干个报文进行按位异或，产生一个冗余报文，发送到接收端；如果接收端检测出丢失一个报文，则利用异或算法恢复出丢失的报文。

端到端延时就是从发送端经网络到接收端所经历的时间。它包括发送端的发送处理时间、中间的网络传送处理时间和接收端的接收处理时间。一般情况下，发送端和接收端的处理时间都是可以忽略的，因此，端到端延时主要就是指网络的传输延时，这也是反映网络近一段时间拥塞状况和网络总体性能的重要参数。

可用带宽是应用在通信时发送端和接收端之间的空闲带宽。通常，可用带宽都是动态变化的，它取决于两个端系统之间网络的总带宽和通信时的总业务流量，是二者的差值。实时音视频这样的应用通信时往往要求两个端系统之间有一定的可用带宽，否则就会影响用户体验。

抖动(jitter)是接收端包间隔相对于发送端包间隔的变化。典型地，发送端的包间隔是相对固定的。假定接收端的包间隔为 x，发送的包间隔为常量 c，则抖动 $j=x-c$。这个值可以为正，也可以为负。对于实时音视频这样的应用，$j=0$ 或接近于 0 是最好的；当 j 过大时，会影响音视频的播放质量。这就需要在接收端开辟一个合适大小的缓存，先缓存一定的音视频帧，然后按照固定间隔 c 播放。这样就能消除抖动，但会增加通信的总延时。

安全性是指通信的信息要保密、不能被修改，且通信的双方也不是伪装的。它包括通信的保密性、完整性和身份的正确性。对于信息敏感的应用，如金融或电子商务应用，安全性要求就很高：防止信息泄露需要使用加密技术；防止通信内容被修改，需要使用哈希算法这样的完整性检查技术；防止身份欺骗则需要使用数字签名技术。

同步性是指音视频应用通信音频和视频内容播放的一致性，即视频的动作和相应的音频尽可能地匹配起来。对于视频会议这样的应用，音视频内容往往分别通过网络传输，到达接收端后，解码播放时需要使用相关算法对音视频在内容上进行同步。另外，随着播放误差的积累，也需要不断对音视频的时间差作校正，使图像显示与声音播放总体保持一致。可行的同步方法有视频同步到音频，音频同步到视频，音频和视频同步到系统时钟。常用的方法是第一种，因为音频的采样率是固定的，若音频稍有卡顿，都会影响用户体验；而视频的帧率可以是动态的，能容忍一定程度的间隔变化。视频同步到音频就是以音频作为主时间轴，尽可能不去干扰音频的播放，根据视频与音频时间差，来决策如何改变视频的播放速度，确保视频与音频时间差控制在一定范围内。当偏移在－90 ms(音频滞后于视频)到＋20 ms(音频超前视频)之间时，人感觉不到视听质量的变化，这个区域可以认为是同步区域；当偏移在－185 ms 或＋90 ms 之外时，音频和视频会出现严重的不同步现象，此区域认为是不同步区域。如图 1－6 所示。

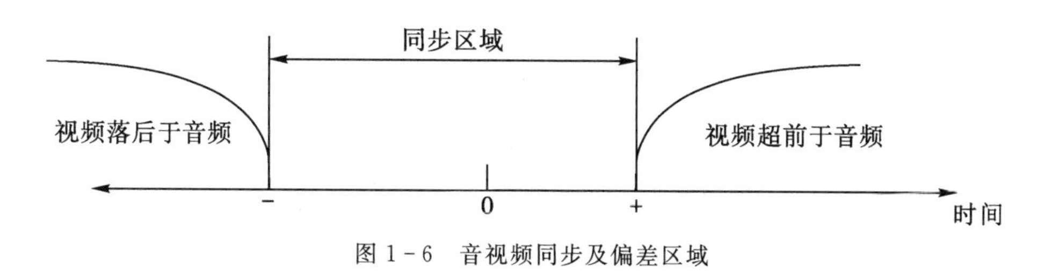

图 1－6　音视频同步及偏差区域

从方便资源调度的角度考虑，可将 IP 网络上的各种应用按照其实时性和可靠性需求特征进行分类，大体可以分为五类：

(1)强实时、不可靠应用。这一类应用要求任务在规定的时间内完成，但可以容忍一定程度的丢包，该应用的下一层采用 UDP 通信。如 IP 电话、视频会议、在线课堂、交互式网络游戏就属于这一类应用，典型的端到端延时不超过 400 ms。

(2)准实时、不可靠应用。这一类应用根据用户的操作，预先下载一定数量的报文放在输出缓存中，然后固定间隔播放。该应用的下一层采用 UDP 通信，如视频点播(video on demand, VOD)就属于这类应用,从用户操作到内容播放的时间最好不超过 10 s。

(3)准实时、可靠应用。这类应用和第(2)类应用的要求一样,但不允许丢包,该应用的下一层采用 TCP 通信。网站上的短视频、短音频就属于这类应用。

(4)非实时性的应用。这一类应用不需要延时保证,但一般都要求可靠性,该应用的下一层采用 TCP 通信。传统的网络应用,如 Web、电子邮件、文件传输基本上都属于这一类应用。

(5)安全应用。这一类应用要求通信内容是可靠的、保密的、完整的,通信者的身份不是伪造的。该应用下一层采用 TCP 通信,如金融类、电子商务类应用就属于这一类。

1.3.2 应用层协议

Internet 应用均需要应用层的协议,开发者或者使用公共的协议,或者自行开发应用协议。这里不再赘述那些著名的应用层协议,只给出两个代表性的应用协议:HTTPS 和 RTP。由于 HTTPS 涉及安全通信,这里先给出安全通信的相关技术。

1. DES 算法

DES(data encryption standard)算法为密码体制中的对称密码体制,又被称为数据加密标准,是 IBM 公司于 1972 年研制的对称密钥加密算法。明文按 64 位进行分组,密钥长 64 位,事实上只有 56 位参与 DES 运算(第 8、16、24、32、40、48、56、64 位是校验位,使得每个密钥都有奇数个 1),分组后的明文组和 56 位的密钥按位替代或交换形成密文组。其入口参数有三个:key、data、mode。key 为加密解密使用的密钥,data 为加密解密的数据,mode 为其工作模式。当模式为加密模式时,明文按照 64 位进行分组,形成明文组,key 用于对数据加密;当模式为解密模式时,key 用于对数据解密。相同的密钥既可以用于加密也可以用于解密,因此 DES 算法又被称为"对称加密算法"。

DES 算法的输入是 64 位的数据分组和 56 位密钥,64 位的数据块按照初始排列(initial permutation,IP)表先进行初始置换,然后再经过 16 轮相同的函数运算和位置交换,最后再置换一次,得到 64 位的密文。每轮函数运算使用的 48 位密钥是不同的,这 48 位密钥按照密钥生成算法从 56 位密钥中产生。这样得到的密文,如果强力破解,则需要四个多月。DES 算法的流程如图 1-7 所示,使用的 IP 表如表 1-1 所示。

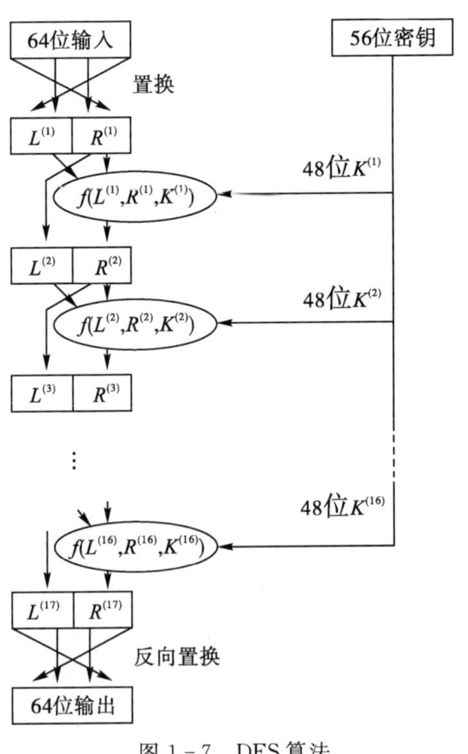

图 1-7 DES 算法

表 1 - 1　DES IP 表

58	50	42	34	26	18	10	2
60	52	44	36	28	20	12	4
62	54	46	38	30	22	14	6
64	56	48	40	32	24	16	8
57	49	41	33	25	17	9	1
59	51	43	35	27	19	11	3
61	53	45	37	29	21	13	5
63	55	47	39	31	23	15	7

(1)DES 算法的具体步骤。

第一步:置换。如果 64 位数据分组为 $T=t_1t_2\cdots t_{64}$,根据表 1 - 1,经过初始置换后,则变为 $B^{(0)}=b_1{}^{(0)}b_2{}^{(0)}\cdots b_{64}{}^{(0)}=t_{58}t_{50}\cdots t_7$。

第二步:子块扩展。将初始置换后的 64 位分组分为两个 32 位的子块:$L^{(i)}=l_1{}^{(i)}l_2{}^{(i)}\cdots l_{32}{}^{(i)}=b_1{}^{(i)}b_2{}^{(i)}\cdots b_{32}{}^{(i)}$,$R^{(i)}=r_1{}^{(i)}r_2{}^{(i)}\cdots r_{32}{}^{(i)}=b_{33}{}^{(i)}b_{34}{}^{(i)}\cdots b_{64}{}^{(i)}$;这里,$i$ 是计算轮次。其中,$R^{(i)}$ 是 8×4 的子块:

$$\begin{array}{l} r_1{}^{(i)}r_2{}^{(i)}\ r_3{}^{(i)}r_4{}^{(i)} \\ r_5{}^{(i)}r_6{}^{(i)}\ r_7{}^{(i)}r_8{}^{(i)} \\ \qquad\vdots \\ r_{29}{}^{(i)}r_{30}{}^{(i)}\ r_{31}{}^{(i)}r_{32}{}^{(i)} \end{array}$$

然后将每行的 4 位扩展成 6 位(前后各增加 1 位),这样得到一个 48 位的块:

$$\begin{array}{l} r_{32}{}^{(i)}r_1{}^{(i)}\ r_2{}^{(i)}r_3{}^{(i)}\ r_4{}^{(i)}r_5{}^{(i)} \\ r_4{}^{(i)}r_5{}^{(i)}\ r_6{}^{(i)}r_7{}^{(i)}\ r_8{}^{(i)}r_9{}^{(i)} \\ \qquad\qquad\vdots \\ r_{28}{}^{(i)}r_{29}{}^{(i)}r_{30}{}^{(i)}r_{31}{}^{(i)}r_{32}{}^{(i)}r_1{}^{(i)} \end{array}$$

第三步:异或运算。将上面得到的 48 位的块与生成的 48 位密钥按位异或,得到一个新的 48 位的块。

第四步:查表变换。将 48 位的块变换回 32 位的块。如果第三步得到的新块的每一行表示为 $Z=zj_1zj_2zj_3zj_4zj_5zj_6$,以 zj_1、zj_6 为行号,zj_2、zj_3、zj_4、zj_5 为列号查表 1 - 2,得到一个 32 位的块。然后再按照表 1 - 3 进行置换,得到一个新块:$X^{(i)}=x_1{}^{(i)}x_2{}^{(i)}\cdots x_{32}{}^{(i)}$。

表 1－2　替换表

替换函数 S_i	列																	行
	0	1	2	3	4	5	6	7	8	9	10	11	12	13	14	15		↓
S_1	14	4	13	1	2	15	11	8	3	10	6	12	5	9	0	7		0
	0	15	7	4	14	2	13	1	10	6	12	11	9	5	3	8		1
	4	1	14	8	13	6	2	11	15	12	9	7	3	10	5	0		2
	15	12	8	2	4	9	1	7	5	11	3	14	10	0	6	13		3
S_2	15	1	8	14	6	11	3	4	9	7	2	13	12	0	5	10		0
	3	13	4	7	15	2	8	15	12	0	1	10	6	9	11	5		1
	0	14	7	11	10	4	13	1	5	8	12	6	9	3	2	15		2
	13	8	10	1	3	15	4	2	11	6	7	12	0	5	14	9		3
S_3	10	0	9	14	6	3	15	5	1	13	12	7	11	4	2	8		0
	13	7	0	9	3	4	6	10	2	8	5	14	12	11	15	1		1
	13	6	4	9	8	15	3	0	11	1	2	12	5	10	14	7		2
	1	10	13	0	6	9	8	7	4	15	14	3	11	5	2	12		3
S_4	7	13	14	3	0	6	9	10	1	2	8	5	11	12	4	15		0
	13	8	11	5	6	15	0	3	4	7	2	12	1	10	14	9		1
	10	6	9	0	12	11	7	13	15	1	3	14	5	2	8	4		2
	3	15	0	6	10	10	13	8	9	4	5	11	12	7	2	14		3
S_5	2	12	4	1	7	10	11	6	8	5	3	15	13	0	14	9		0
	14	11	2	12	4	7	13	1	5	0	15	10	3	9	8	6		1
	4	2	1	11	10	13	7	8	15	9	12	5	6	3	0	14		2
	11	8	12	7	1	14	2	13	6	15	0	9	10	4	5	3		3
S_6	12	1	10	15	9	2	6	8	0	13	3	4	14	7	5	11		0
	10	15	4	2	7	12	9	5	6	1	13	14	0	11	3	8		1
	9	14	15	5	2	8	12	3	7	0	4	10	1	13	11	6		2
	4	3	2	12	9	5	15	10	11	14	1	7	6	0	8	13		3
S_7	4	11	2	14	15	0	8	13	3	12	9	7	5	10	6	1		0
	13	0	11	7	4	9	1	10	14	3	5	12	2	15	8	6		1
	1	4	11	13	12	3	7	14	10	15	6	8	0	5	9	2		2
	6	11	13	8	1	4	10	7	9	5	0	15	14	2	3	12		3
S_8	13	2	8	4	6	15	11	1	10	9	3	14	5	0	12	7		0
	1	15	13	8	10	3	7	4	12	5	6	11	0	14	9	2		1
	7	11	4	1	9	12	14	2	0	6	10	13	15	3	5	8		2
	2	1	14	7	4	10	8	13	15	12	9	0	3	5	6			3

表 1-3　置换表

16	7	20	21
29	12	28	17
1	15	23	26
5	18	31	10
2	8	24	14
32	27	3	9
19	13	30	6
22	11	4	25

第五步：异或运算与交换传递。$L^{(i)} \oplus X^{(i)}$ 得到 $R^{(i+1)}$，再将 $R^{(i)}$ 送入 $L^{(i+1)}$，这样，我们就得到了 $L^{(i+1)}$ 和 $R^{(i+1)}$。其中，$L^{(i+1)} = R^{(i)}$，$R^{(i+1)} = L^{(i)} \oplus f(R^{(i)}, K^{(i+1)})$（$i=1,2,\cdots,16$）。

上面的处理要执行 16 轮，最后得到 $L^{(17)}$ 和 $R^{(17)}$。

最后一步：反向置换。将 $L^{(17)}$ 和 $R^{(17)}$ 数据块按照表 1-4 进行置换，得到最终的结果。

表 1-4　反向置换表

40	8	48	16	56	24	64	32
39	7	47	15	55	23	63	31
38	6	46	14	54	22	62	30
37	5	45	13	52	21	61	29
36	4	44	12	52	20	60	28
35	3	43	11	51	19	59	27
34	2	42	10	50	18	58	26
33	1	41	9	49	17	57	25

（2）DES 的密钥产生算法。DES 的初始密钥 K 是 64 位，$K=k_1k_2\cdots k_{64}$，其中 $k_8,k_{16},\cdots,k_{64}$ 是奇偶校验位，因此，有效位是 56 位。具体步骤如下：

第一步：丢弃奇偶校验位，按置换表置换位置。56 位的密钥按照表 1-5、表 1-6 换位后得到两个 28 位的子块：

$C^{(0)} = c_1{}^{(0)} c_2{}^{(0)} \cdots c_{28}{}^{(0)} = k_{57}k_{49}\cdots k_{36}$

$D^{(0)} = d_1{}^{(0)} d_2{}^{(0)} \cdots d_{28}{}^{(0)} = k_{63}k_{55}\cdots k_4$

表 1-5　密钥置换表 1

57	49	41	33	25	17	9
1	58	50	42	34	26	18
10	2	59	51	43	35	27
19	11	3	60	52	44	36

表 1-6　密钥置换表 2

63	55	47	39	31	23	15
7	62	54	46	38	30	22
14	6	61	53	45	37	29
21	13	5	28	20	12	4

第二步：循环左移。将 $C^{(0)}$、$D^{(0)}$ 循环左移 $\sigma^{(i)}$ 位，得到 $C^{(1)}$ 和 $D^{(1)}$。其中，$\sigma^{(i)}$ 按表 1-7 取值。

表 1-7　第 *i* 轮左移位数

轮	1	2	3	4	5	6	7	8	9	10	11	12	13	14	15	16
左移位数	1	1	2	2	2	2	2	2	1	2	2	2	2	2	2	1

第三步：拼接与选取。将 $C^{(1)}$ 和 $D^{(1)}$ 拼接在一起，得到 56 位的密钥块：

$$E^{(1)}=e_1{}^{(1)}e_2{}^{(1)}\cdots e_{56}{}^{(1)}=c_1{}^{(1)}c_2{}^{(1)}\cdots c_{28}{}^{(1)}\ d_1{}^{(1)}d_2{}^{(1)}\cdots d_{28}{}^{(1)}$$

然后，按照表 1-8 选取 48 位，得到 DES 第一轮计算所使用的密钥：$K^{(1)}$。

表 1-8　密钥置换表 3

14	17	11	24	1	5
3	28	15	6	21	10
23	19	12	4	26	8
16	7	27	20	13	2
41	52	31	37	47	55
30	40	51	45	33	48
44	49	39	56	34	53
46	42	50	36	29	32

重复上述步骤，就得到了 $K^{(2)}$，$K^{(3)}$，…，$K^{(16)}$。

新的对称加密标准是高级加密标准(advanced encryption standard，AES)，算法上类似 DES，它将数据划分为 128 位的块，密钥长度也变长了，可以是 128 位、192 位或 256 位。如果 DES 加密的信息破解时间是 1 s，则 AES 加密的信息破解就需要 149 万亿年。DES 或 AES 算法虽然步骤很多，看起来很复杂，但大都是异或运算、基于表的置换处理和移位操作，所以并不算太耗时，其加密速度要比 RSA 算法快很多。

2. RSA 算法

DES 算法是公开的，但在应用上有个缺点：接收端必须知道加密的密钥才能进行解密。RSA(Rivest, Shamir, Adelson)是公开密钥的加密算法，其加密密钥和解密密钥不一样。加密、解密密钥是由接收端同时产生的，因此，加密密钥和解密密钥都是成对的。加密密钥是公开的，发送端可以从任何渠道获得；解密密钥是私有的，一般只有接收端才有。RSA 算法应用的基本过程如图 1－8 所示。

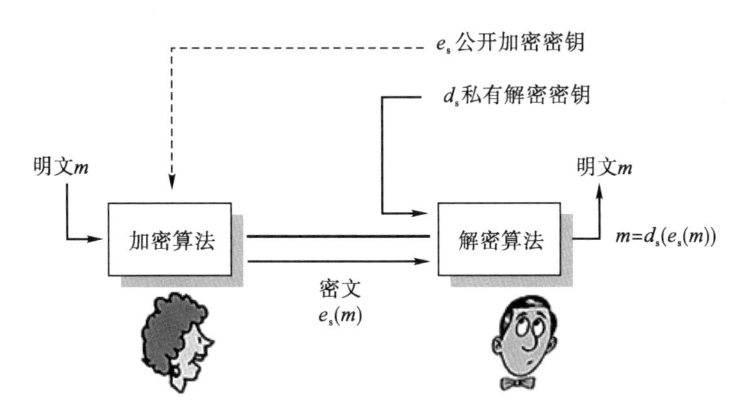

图 1－8　RSA 应用的基本过程

(1)RSA 密钥生成算法。RSA 的密钥生成算法是基于大数定理的，具体算法如下所示：

Choose two large prime numbers p, q;// product is 1024 or 2048 bits long(二进
// 制数据位)

Compute $n = pq$, $z = (p-1)(q-1)$;

Choose e (with $e<n$) that has no common factors with z;//e, z 互质

Choose d such that $ed-1$ is exactly divisible by z; // $ed \bmod z = 1$

Public key is (n, e);Private key is (n, d);

(2)RSA 加密与解密算法。根据 RSA 密钥生成算法生成加密密钥(n,e)和解密密钥(n,d)后，就可以对位模式进行加密和解密了。具体过程如下：

To encrypt bit pattern, m, compute $c = m^e \bmod n$;　//加密，c 就是密文

To decrypt received bit pattern, c, compute $m = c^d \bmod n$;　//解密，m 就是恢
//复的明文

从 RSA 的加密、解密算法可以看出，$m = (m^e \bmod n)^d \bmod n$。由于算法是一样的，都是对 n 取余，所以，也可以用私有密钥加密，而用公开密钥解密。“私有秘钥加密、公开密钥解密”这一过程就起到了“身份认证”的作用。

下面，我们看一个简单的 RSA 算法例子。假定我们选择 $p=5$, $q=7$, 那么 $n=35$, $z=24$, $e=5$(e, z 互质), $d=29$ ($ed-1$ 能被 z 整除)。Public key＝(35,5);Private key＝(35,29)。如果我们对字母 l 进行加密，它在字母表中的顺位是 12，则有：

$c = m^e \bmod n = 12^5 \bmod 35 = 1524832 \bmod 35 = 17$

如果要对此进行解密，则有：

$m = c^d \bmod n = 17^{29} \bmod 35 = 481968572106750915091411825223072000 \bmod 35$
$= 12$

12 对应于字母表中的 l。

由上例可以看出，RSA 算法十分耗时，只适合于对短报文进行加密。如果要对长报文进行加密，则可以选用 DES 或 AES 算法。AES 算法的应用需要交换共享的密钥，共

享密钥的交换也需要保密通信，这个加密可以采用 RSA 算法。如果 RSA 算法用于证书认证机构(Certification Authority,CA)，就形成了证书机制，由第三方来给用户提供发送方的公开密钥，以提升公开密钥的可信性。

3. 数字签名

为了防止 Internet 上的通信方进行身份欺骗，需要进行身份认证。由上之我们可以看出，RSA 算法具有身份认证的功能：用私有密钥进行短报文加密，私有密钥加密的密文发给接收方。如果接收方能用对方的公开密钥解密，就可以证明对方的身份。这一过程就叫作“数字签名”。通常，身份认证时私有密钥加密的密文和明文一同发送给接收方。如果接收方验证了 $e_s(d_s(m)) = = m$（这里，m 表示明文，s 表示发送方），就能证明：

(1) m 是发送方所发的，而不是别的人所发；

(2)发送方发送的是 m，而不是别的报文；

(3)通信内容在网络传输过程中没有被修改。

如果 m 比较长，就需要通过“摘要技术”将其变短后再应用 RSA 算法。这就需要使用好的哈希(Hash)算法来将长报文变为固定长度的短报文，这个短报文通常被称为“指纹”。好的 Hash 算法要求：

(1)计算速度快；

(2)从 Hash 的结果 $H(m)$，无法逆推出原始报文 m；

(3) $H(m)$ 里的每一位与原始报文 m 里的每一位都相关。

常用的报文摘要算法很多，有 MD5(输出固定为 128 位)、SHA－1(输出为 160 位)、SHA－256(输出为 256 位)、支持密钥的报文认证码(message authentication code, MAC)等，源代码都能很容易地找到。

4. HTTPS

HTTPS 是以安全为目标的 HTTP，在 HTTP 的基础上通过传输加密和身份认证保证了传输过程的安全性，它提供了身份认证与加密通信方法。它被广泛用于万维网上安全敏感的通信，如交易支付等方面。国内外的大型互联网公司很多也已经启用了全站 HTTPS，这也是未来互联网发展的趋势。

HTTPS 协议本质上就是 HTTP＋SSL/TLS，即 HTTP 下加入安全套接字层协议(secure socket layer, SSL)或传输层安全协议(transport layer security,TLS)，HTTPS 的安全基础是 SSL，因此加密的详细内容就需要 SSL，用于安全的 HTTP 数据传输，如图 1－9 所示。

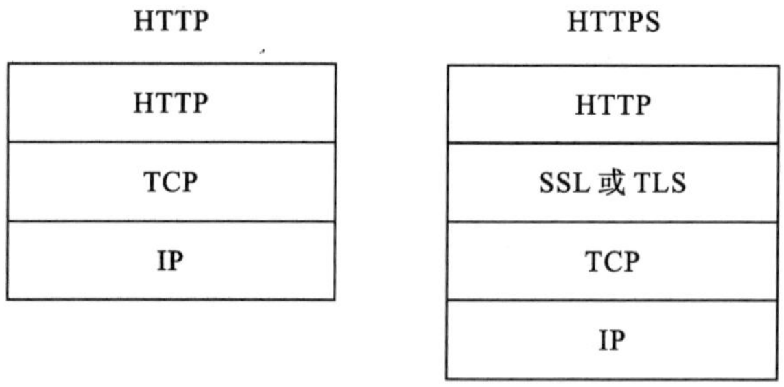

图 1－9　分层模型中的 HTTPS 与 HTTP

HTTPS 在传输的过程中会涉及三个密钥：服务器端的公钥和私钥，用来进行非对称加密；客户端生成的随机密钥，用来进行对称加密。一个 HTTPS 请求可以细分为如图 1-10所示的 8 步：

①客户端向服务器发起 HTTPS 请求，连接到服务器的 443 端口；

②服务器端产生一个密钥对（公钥和私钥）用来对以后信息通信加密使用的对称密钥进行加密，服务器端保存私钥；

③将公钥发送给客户端；

④客户端收到服务器端的证书之后，会对证书进行检查，验证其合法性，如果公钥合法，那么客户端会生成一个用于对称加密的密钥，然后用服务器的公钥对客户端密钥进行非对称加密；

⑤客户端将加密之后的客户端密钥发送给服务器；

⑥服务器接收到客户端发来的密文之后，会用自己的私钥进行解密，得到客户端密钥，然后用客户端密钥对数据进行对称加密；

⑦服务器将加密后的密文发送给客户端；

⑧客户端收到服务器发送来的密文，用客户端密钥对其进行对称解密，得到服务器发送的数据。

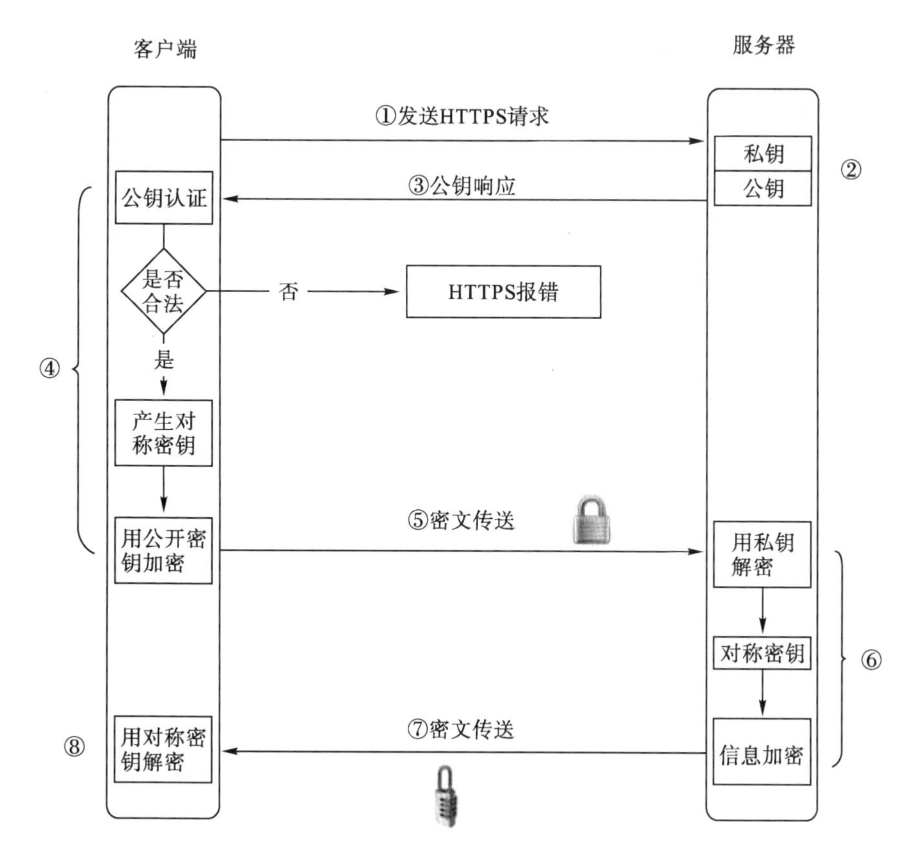

图 1-10　HTTPS 通信过程

HTTPS 与 HTTP 相比，主要是增加了通信的安全性，同等环境下，其访问延时会略有增加。二者的比较如表 1－9 所示。

表 1－9　HTTPS 与 HTTP 的比较

内容	HTTP	HTTPS
传输方式	明文传输，网站或相关服务与用户之间的数据交互无加密，易被监听、破解甚至篡改	在 HTTP 下加入了 SSL，数据加密传输，保护交换数据隐私和完整性
身份认证	无任何身份认证，用户无法通过 HTTP 辨认出网站的真实身份	经过 CA 认证，包括域名管理权限认证、单位身份合法性确认等
使用成本	无使用成本	需要申请 SSL 证书来实现 HTTPS，价格几百元到上万元不等
端口号	80	443
搜索引擎(search engine optimization，SEO)优化	无	百度、谷歌等搜索引擎官方声明提高 HTTPS 网站的排名权重
业务劫持	易被黑客或者恶意认识进行业务劫持	隐私信息加密，防止流量劫持
数据对接	当网站需要与第三方平台进行对接时，如微信小程序、iOS 系统、抖音上链接广告等，通常不被接受	微信小程序、抖音、iOS 等越来越多的平台只接受 HTTPS 这种加密的安全链接
风险保障	无风险保障，当网站数据传输被截取导致重大损失时，只有网站运营者自己承担	拥有 10 万～175 万美元的商业保险，当网站数据传输被破解时，有巨额的保障额度

5. RTP 协议

RTP(real-time transport protocol)是应用层的一个实时传输协议，由两部分构成：RTP 和 RTCP(实时传输控制协议)，由因特网工程任务组(Internet Engineering Task Force，IETF)的多媒体传输工作组于 1996 年发布，编号为 RFC 1889。RTP 通常用于 Internet 上的多媒体通信应用中。RTP 并不能保证应用的实时性，它提供时间戳和序列号，方便接收端进行媒体同步、丢包和重排序检测。其下层通常使用 UDP，许多编程语言如 C＋＋、Python、Java 都实现 RTP 函数，供用户直接调用。

RTP 的报文由头和负载两部分组成，报文头的格式如图 1－11 所示。前 12 字节是固定的，贡献源(contributing source，CSRC)识别符可以有多个也可以没有，实际应用中很少用到。

(1)V：RTP 协议的版本号，2 位长，当前协议版本号为 2。

(2)P：填充标志，1 位长。如果 P＝1，则在该报文的尾部填充一个或多个额外的 8 位组，它们不是有效载荷的一部分。

(3)X：扩展标志，1 位长，如果 X＝1，则在 RTP 的报文头后跟有一个扩展的头。

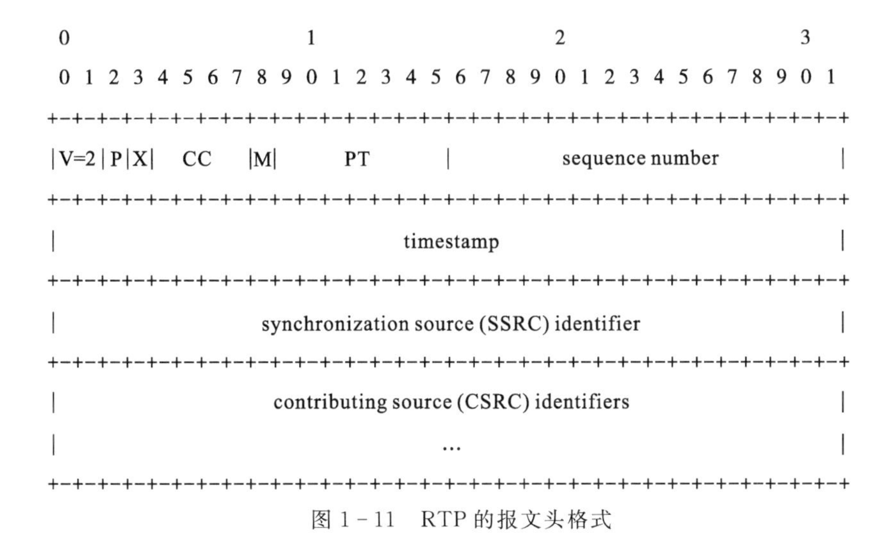

图 1－11　RTP 的报文头格式

(4)CC:CSRC 计数器，4 位长，指示 CSRC 识别符个数。

(5)M:标志位，1 位长，不同的负载有不同的含义。对于视频，标记 1 帧的结束；对于音频，标记会话的开始。

(6)PT(payload type):负载类型，7 位长，用于说明 RTP 报文中负载的类型，如 GSM 音频、H.264 视频等，在流媒体中大部分是用来区分音频流和视频流，这样便于客户端进行解析。

(7)序列号(sequence number):16 位长，用于标识发送端所发送的 RTP 报文的序列号，每发送一个报文，序列号增 1。当下层的承载协议用 UDP 时，网络状况不好的时候，这个字段可以用来检查丢包。当出现网络抖动的情况时，这个字段可以用来对数据进行重新排序。序列号的初始值是随机的，同时音频包和视频包的序列号是分别计数的。

(8)时间戳(time stamp):32 位长，必须使用 90 kHz 时钟频率(程序中的 90000)。时间戳反映了该 RTP 报文的第一个 8 位组的采样时刻。接收端使用时间戳来计算延时和延时抖动，并进行同步控制，也可以根据 RTP 包的时间戳来获得数据包的时序。

(9)同步源(synchronization source, SSRC)识别符:32 位长，用于标识产生媒体流的信息源，接收端可以根据 SSRC 标识符来区分不同的信息源，进行 RTP 报文的分组。

(10)贡献源(CSRC)识别符:每个 CSRC 标识符占 32 位，可以有 0～15 个 CSRC。每个 CSRC 标识了包含在 RTP 报文负载中的所有贡献源。

考虑到在 Internet 这种复杂的环境中举行视频会议，RTP 定义了两种中间系统:混合器(mixer)和转换器(translator)，用于编码转换和防火墙穿越。

RTCP 主要用于应用的 QoS 控制和参与者信息的报告，基于 RTCP 里的信息可以进行流量控制。RTCP 有五种控制报文类型:发送端报告(sender report, SR)报文、接收端报告(receiver report, RR)报文、源端描述(source description items, SDES)报文、结束(BYE)报文和特定应用(APP)报文。具体的报文格式这里不再给出，感兴趣者可以参看 RFC 1889。

1.3.3　搜索引擎应用

搜索引擎是 Internet 的一个应用，帮助用户搜索他们所需要的内容。它把计算机中存储的信息与用户的信息需求相匹配，并把匹配的结果展示给用户。搜索引擎本质上就是一个网络爬虫程序，它不停地向各种网站发送请求，将所得到的网页存储起来进行分析，建立起关键字与统一资源定位器(uniform resource locator，URL)的对应关系，并记录下关键字在多少文档中出现，分别是哪些文档，每个文档分别出现多少次，分别出现在什么位置等信息，基于倒置表形成一个高效的数据库。

(1)索引技术。可以将 WWW 看成一个巨大的图，节点是页面(页面中会包含其他 URL)，边是 URL。搜索引擎的输入就是一个 URL。首先访问这个 URL，将其对应的页面及文档取回本地，抽取其中的关键字，并建立起关键字和这个 URL 的索引；然后依次访问这个页面中包含的 URL，抽取关键字并建立索引。因此，搜索引擎是一个递归函数，按照广度优先搜索机制来访问页面中的 URL。创建索引是个巨大的工程。首先是对文档进行解析和处理。Internet 上的文档格式各种各样，对每一种格式的文档都要有一个对应的解析器，去除各种奇怪符号，提取出有用内容。每一个解析器的实现都是一个繁琐且困难的任务。对于解析后的干净文档，许多重要的自然语言处理算法就要派上用场，进行分词、提取词干、识别词性、抽取关键字、创建索引和元信息等操作。上述操作生成的信息都要保存下来，这样构造倒置表时就可以知道每个关键字出现的位置、次数等信息。创建索引使用的基本数据结构有 URL 表、堆和 Hash 表。其中，URL 表用来存放 URL 指针和文档指针；堆用来存放可变长的 URL 和文档；Hash 表用来存放 Hash 运算后的 URL 值。索引创建的基本过程：首先进行搜索，给递归函数 process_url()输入一个 URL，对这个 URL 执行 Hash 运算，查 Hash 表判断这个 URL 是否已经访问过了。如果访问过就取下一个 URL，如果没访问过，就将 Hash 值存入 Hash 表，访问这个 URL。然后，抽取 URL 对应文档中的关键字并处理好指针关系。

为了提高效率，索引中的关键字和文档都用整型的 ID 表示而不是字符串。关键字 ID 和字符串的映射由项词典(term dictionary)维护，它还存储了关于此关键字的一些其他信息，比如它在多少文档中出现、在文档中出现概率、元信息等，用于搜索排序。高效的搜索引擎，都是并行地运行在机群里，还涉及一些同步和一致性维护操作。

(2)排序。搜索引擎对页面排序使用的基本分数是 IRscore(doc，query)和 PageRank(doc)，前者是文档 doc 对于关键字 query 的信息检索得分(关键字和这篇文档的相关性)，后者就是该文档的 PageRank 得分，二者加权平均。有很多理论可以用来计算 IRscore，如向量空间检索模型(vector space retrieval model)、概率检索模型(probabilistic retrieval model)、统计语言模型(statistical language model)等。PageRank 的作用就是对网页的重要性打分。假设有网页 A 和 B，A 有链接指向 B。如果 A 是一个重要网页，B 的重要性也被提升。这种机制能够惩罚没有被别的链接指向的欺诈网站。

搜索引擎是相关算法和复杂系统实现的结合，它包含了很多技术，如网络爬虫技术、检索排序技术、网页处理技术、大数据处理技术、自然语言处理技术、数据挖掘技术等，这里只给出了基本的原理，目的是为大家开发个性化搜索引擎、垂直搜索引擎、分类搜索引擎、社会化搜索引擎、多媒体搜索引擎等奠定基础。

1.4　Internet传输层技术

传输层给应用层提供进程到进程的通信支持。它使用了端口号,能够将发送端某个进程的报文封装成段,传送到接收端对应进程中。这一层只有两个协议,即UDP和TCP。除了段传送之外,这一层还有复用/解复用、差错检测功能。这里"复用"的含义是应用层不同进程的报文在传输层封装成不同的段传送到网络,信息在传输层不会混合在一起;"解复用"的含义是到达接收端传输层的段,按照目的端口号分别送给各自的进程,不会送错。TCP和UDP协议只运行在端系统上,提供全双工的通信;当路由器的角色是端系统时,它也有传输层和应用层,也要运行这两个协议。

1.4.1　UDP

UDP(user datagram protocol)是用户数据报协议,IETF编号是768。这是一个非常简单的协议,和其下层的IP协议相比,基本上就多了一个端口号承载功能。所以,它和IP协议一样,服务模型都是"尽力而为",即尽力地传送数据。UDP提供的是无连接、不可靠的服务,直接传送段,不需要先建立连接。在网络传输过程中,UDP的前后段之间没有依赖关系,UDP的段可以丢失,也可以乱序(后发的段先到达接收端进程),当然也可以出现差错。出现这些问题时,UDP并没有提供问题恢复的功能。

UDP的段头只有8字节,分为四个字段:源端口号、目的端口号、长度(单位是字节)和校验和(checksum),每个字段都是2字节长。其中的校验和字段是多余的,因为UDP通信允许丢包和出现差错,即便出现差错也不会去处理。实践当中,凡是送达传输层的段,都是没有差错的。如果传输过程中出现差错,数据链路层就会把包含差错的帧丢弃,不会再向上层传送。再者,对于每个段的传送,源端和目的端都会进行校验和计算和验证,这会增加端到端的传送延时。

UDP具有三个特征:简单、段头小、传送速度快。其中,速度快是相对TCP而言的,和TCP相比,UDP通信不需要建立连接,不需要两个端系统开辟缓存、设置变量,也没有任何发送速率控制,它竭尽全力地传送信息。

有许多应用是基于UDP的,其中有些适用于局域网,有些可以运行在Internet上。典型的UDP应用有:网络文件系统(network file system, NFS)、简单网络管理协议(simple network management protocol, SNMP)、动态主机配置协议(dynamic host configuration protocol, DHCP)、简单文件传输协议(trival file transfer protocol, TFTP)。这些应用都是面向局域网的,对实时性和可靠性均有较高的要求。局域网通信一般不太会丢包,使用UDP可以大体上保证实时性。Internet上典型的UDP应用有:流媒体(音视频点播)、可视电话、域名服务(DNS)、路由信息协议(RIP)、路由跟踪(Tracert网络命令)、多播应用以及基于RTP的实时应用(如交互式网络游戏)。

1.4.2　TCP

TCP是传输控制协议(transport control protocol),它只支持点对点的通信,提供面向连接的、可靠的、字节有序的信息传输服务。由于 TCP 能保证数据送达接收端上的进程，所以，Internet 上的大多数应用都是基于 TCP 的。TCP 是一个非常重要的协议，IETF 发布了很多关于 TCP 的 RFC，如 RFC 793、RFC 1122、RFC 1323 等。TCP 包含四个主要技术：可靠性控制、流量控制、拥塞控制和连接管理。由于其功能比较强大，所以段格式也相对比较复杂。TCP 的段格式由两部分组成：段头和负载，具体格式如图 1-12 所示。

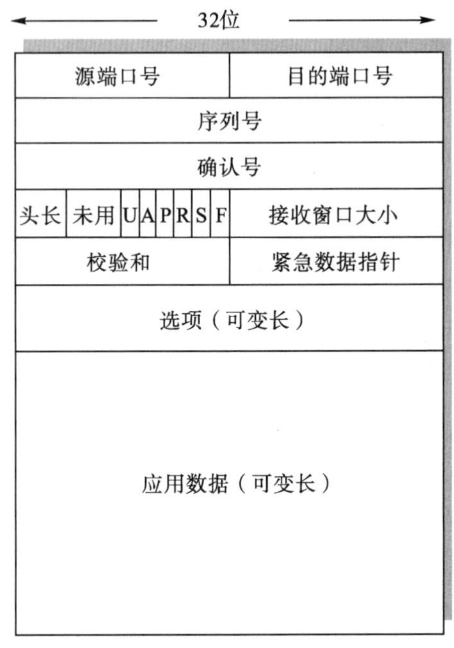

图 1-12　TCP 的段格式

如果不考虑选项，TCP 的段头是 20 个字节长，在图中表示为 5 行。

第一行是源端口号和目的端口号，各占 2 个字节长，用来存放建立套接字时设定的端口号。

第二行是 4 个字节长的段序号，范围是 $0\sim2^{31}-1$ 的整型数，初始序列号是这个范围内的一个随机数。

第三行是确认号，接收端返回源端确认信息时需要填的数值，它等于所收到段的段序号＋该段负载的长度(单位是字节数)。

第四行比较繁琐，由 9 个字段构成。段头长度，占 4 位，可以区别 16 个字；接下来的 6 位是保留位，没有使用。U 是 urgent 的字头，含义是紧急位，表示这个段需要立即向上层传送，实际当中没有使用；A 是确认段标记，A＝1，表示这个段是确认段；P 是 push 的字头，含义和 U 类似，表示赶紧向下传送这个段，实际当中也没有使用。接下来的 R、S、F 三个位与连接管理有关，R＝1 表示重新建立连接；S＝1 表示这个段是同步段，S＝0 表示连接建立结束；F＝1 表示连接关闭。接收窗口就是接收端的空闲缓存。发送端基于这个值来控制发送速率，以免接收端因接收缓存溢出而丢包。

第五行的校验和字段是 16 位，接收端据此来判断所接收的段里是否有差错。实践当中，这个字段是没有用处的，因为接收的段里不会有差错。紧急数据指针占 16 位，指向紧急数据，实际当中用不到这个字段。

最后是可变长的选项字段，用来存放需要协商的最大段长、时间戳、窗口的变化因子等，实际当中也没有使用。缺省的 TCP 最大段长设定为 536 字节。这意味着一个 TCP 段的负载最多是 516 字节。

1. TCP 的可靠性控制

TCP 可靠性控制的基本思想就是“丢包重传”，即发送端发现哪个段丢失了，就重传哪个段。这就要求：

①发送端必须开辟缓存，用以保存发送出去的一些段，一旦有些段丢失了，就可以再发送这些段。

②发送端和接收端要相互协作,以便发送端能知道有些段丢失了。即接收端要有确认机制,告诉发送端它收到了哪些段。发送端要有计时机制,一旦确认段丢失了,也能发现有段丢失。

③要使用段序号对所发送的段进行编号,以便发送端能确定是哪些段丢了。

TCP 正是采用了这些机制,发送端和接收端相互协作实现了“可靠传送”。

(1)TCP 发送端的初始段序号是随机选取的,下一个段的段序号是上一个段的段序号+上一个段的数据域的长度(字节数)。这样设计能增加连接劫持者猜中段序号的难度。发送端开辟的缓存被称为“发送窗口”,如图 1-13 所示,需要几个变量来维护这个窗口。send_base 是基指针,指向发送窗口最左侧的段。当收到一个确认段时,基指针就右移到确认段中确认号指向的段。这意味着接收端确认段之前所有的段都已经收到了;nextseqnum 是可以使用的下一个段序号,发送端每封装一个段,nextseqnum 就右移一位;N 是窗口的大小,当发送窗口满时,就停止发送。如果发送端只发送数据、接收确认信息,其可靠性控制算法如下所示。

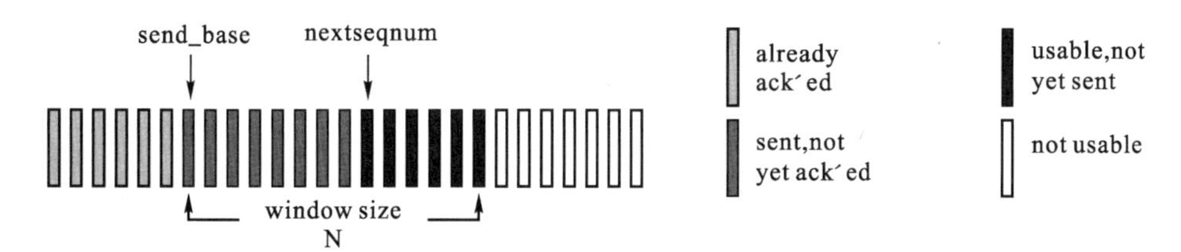

图 1-13　TCP 的发送窗口

TCP 发送端可靠性控制算法:

```
sendbase = initial_sequence number;
nextseqnum = initial_sequence number;//开始时,发送窗口是空的
  loop (forever){
    switch(event)
    event: data received from application above;
    if (nextseqnum-send_base=N)  stop sending; // 发送窗口满时停止发送
    else {
        create TCP segment with sequence number nextseqnum;
          start timer for segment nextseqnum;
          pass segment to IP;//发送
          nextseqnum = nextseqnum + length(data);//下一段的段序号
        event: timer timeout for segment with sequence number y//段 y 超时重传
          retransmit segment with sequence number y;
          compute new timeout interval for segment y;
          restart timer for sequence number y;
         event: ACK received, with ACK field value of y //收到确认段,计时器
                                                          //和基指针处理
         if (y > sendbase){ /* cumulative ACK of all data up to y */
```

```
            cancel all timers for segments with sequence numbers < y;
            sendbase = y;
        }
        else{ /* a duplicate ACK for already ACKed segment */ //收到 3 个相同的
                                                               //确认段,快速重传
            increment number of duplicate ACKs received for y;
            if (count_ack(y) == 3){
      /* TCP fast retransmit */
                resend segment with sequence number y;
                restart timer for segment  y;
        }
    }  /* end of loop forever */
}
```

(2)TCP 接收端确认产生算法。TCP 接收端返回确认段的确认号始终是它期待的那个段的段序号。也就是说,它期待接收哪个段,确认号就是哪个段的段序号。这种确认机制属于"累积确认",它告诉发送端:这个段之前所有的段都正确地收到了,现在就等着接收这个段。一般情况下,接收端是有接收窗口的,用以存放所收到的失序的段。如图 1-14 所示,接收窗口由两个变量来维护,rcv_base 是基指针,它始终指向期待接收的段。如果基指针指向的段到了,基指针就会右移到所期待的段;N 是接收窗口的大小,当接收窗口满时,新到的段就被丢弃。TCP 接收端的确认产生算法如表 1-10 所示。

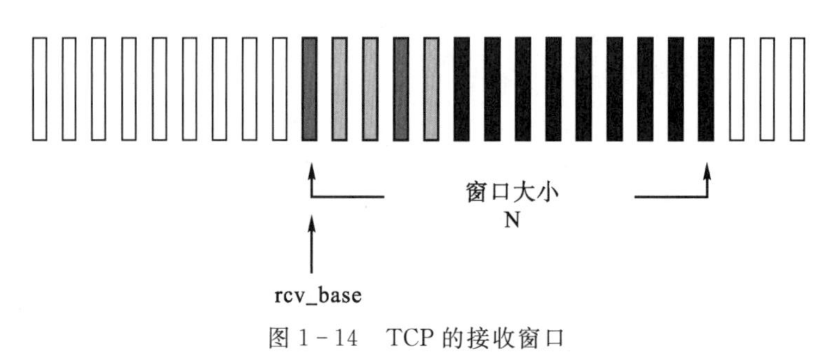

图 1-14 TCP 的接收窗口

表 1-10 TCP 接收端确认产生算法

事件	接收端动作
按序到达一个段,没有间隙,前面所有的段都已确认	延迟确认,做最多 500 ms 的延时,等待下一个段。如果下一个段未到,延时结束时发送 ACK
按序到达一个段,没有间隙,前面一个段正在做延时	立即发送 ACK,累积确认
乱序到达一个段,其段序号比期待的段序号高,检测到间隙	重发 ACK,确认号还是期待段的段序号
到达一个段,位于接收窗口的间隙中	立即给出确认,如果位于最左侧的间隙,右移接收窗口的基指针;否则,标记该段接收

TCP 发送端的可靠性控制算法在接收端也部署一份，接收端的确认产生算法在发送端也部署一份，就能实现可靠的全双工通信了。

(3)TCP 计时器间隔设置。TCP 发送端每发送一个段，就会启动一个逻辑计时器，对这个段的传送进行计时。那么，这个计时器的触发间隔应该是多长呢？如果太长，对丢包的响应就会很慢，影响通信效率；如果太短，就会出现"假丢包"现象，造成大量不必要的重传，浪费网络带宽资源。理想情况下的计时器间隔，应该能反映最近未来的网络状况，应该比接下来的 RTT 略大一点，同时又具有较好的平滑性，避免频繁地设置计时器。因此，应该根据实际测量的 RTT 值，来预测接下来的最新 RTT 值。如果我们把未来最近一个 RTT 值定义为 EstimatedRTT，实际设置计时器时，比这个值略大一点就可以了。计算 EstimatedRTT 有很多种方法，线性的、非线性的预测方法都可以使用。TCP 预测 EstimatedRTT 使用的是"加权运动平均"模型，这个模型使用了很多次历史测量的 RTT 值，而不是只使用刚刚测量得到的 RTT 值。TCP 的 EstimatedRTT 预测模型如下所示：

$$\text{EstimatedRTT}_n = (1-x) * \text{EstimatedRTT}_{n-1} + x * \text{SampleRTT}$$

其中，SampleRTT 是刚刚测量的 RTT 值；$\text{EstimatedRTT}_{n-1}$ 是上一次的预测值；x 的经验取值是 0.125。令 $x=2^{-3}$，方便移位处理，能加速 EstimatedRTT 的计算。这个模型具有很好的平滑性，具有"低通滤波器"的特征，能避免频繁设置计时器。实际计时器的设置值比预测出来的值要大一些，多了一个放大了的偏差值：

$$\text{Timeout} = \text{EstimatedRTT} + 4 * \text{Deviation}_n$$

$$\text{Deviation}_n = (1-y) * \text{Deviation}_{n-1} + y * |\text{SampleRTT} - \text{EstimatedRTT}|$$

其中，y 的经验取值是 0.25；$|\text{SampleRTT} - \text{EstimatedRTT}|$ 是预测误差。当网络状态波动大时，偏差值 Deviation 也大；当网络状态波动小时，Deviation 也小。因此，实际设定的间隔值 Timeout 具有自适应性，能自适应网络的忙闲状况。

2. TCP 的流量控制

由于各种各样的原因(如设备陈旧、打开的应用太多)，TCP 接收端的段处理有可能比较慢，这就很容易造成接收缓存溢出，导致接收端的传输层丢包。要解决这一问题，就需要让 TCP 源端的发送速率和目的端的段处理速率匹配起来，对源端的发送速率进行控制，使之既不会导致接收端丢包，也不会导致源端发送速率过慢，影响通信效率。这种思想就是"流量控制"。因此，本质上，TCP 流量控制就是一种速率匹配的机制。TCP 的流控机制使用了一个重要参数：RcvWindow，它是空闲的接收缓存大小：

$$\text{RcvWindow} = \text{RcvBuffer} - [\text{LastByteRcvd} - \text{LastByteRead}]$$

其中，RcvBuffer 是接收缓存大小；LastByteRcvd 是所接收的最后的字节数，LastByteRead 是传送给应用层的最后字节数，二者的差值就是被占据的接收缓存空间。

这个参数是动态变化的，伴随着确认段的返回，通过段头不断地反馈给源端。源端据此来控制自己的发送速率：所发送的、尚未被确认的数据量不超过 RcvWindow。其基本算法如下：

```
Initially, RcvWindow=RcvBuffer;
LastByteSent-LastByteAcked<=RcvWindow;
When RcvWindow=0, one byte data is still sent to the receiver;
```

当接收缓存满时，如果停止发送数据，很容易导致通信停止(如果一直接收不到确认信息，通信就终止了，即使接收缓存变空，源端也无法感知)。所以，即使接收缓存满了，源端仍然要发送一个字节的数据(段大小是 21 个字节)。当这个很小的段到达接收端时，如果接收端腾出了空间，可以将该段存放进去，接收端就会返回一个确认段，确认段中包含最新的 RcvWindow 值，通信就不会终止。如果这个很小的段到达接收端，接收缓存仍然是满的，这个段被丢弃掉，损失也不大。

TCP 的流控机制一直在有效地工作着。仔细地分析一下，就会发现这个算法还可以进一步优化。在目前 TCP 的控制算法中，源端的数据发送量是根据半个 RTT 之前接收端的空闲接收缓存大小决定的，而真正想匹配的却是半个 RTT 之后接收端接收缓存的大小。如图 1－15 所示，实际上存在一个 RTT 的时差，在这一个 RTT 内，空闲的接收缓存大小很可能发生了变化。如果源端能根据接收端反馈的 RcvWindow 值，通过预测模型(如加权运动平均模型)来预测半个 RTT 之后的 RcvWindow 大小，就能提高匹配的精度，提高 TCP 的通信效率。

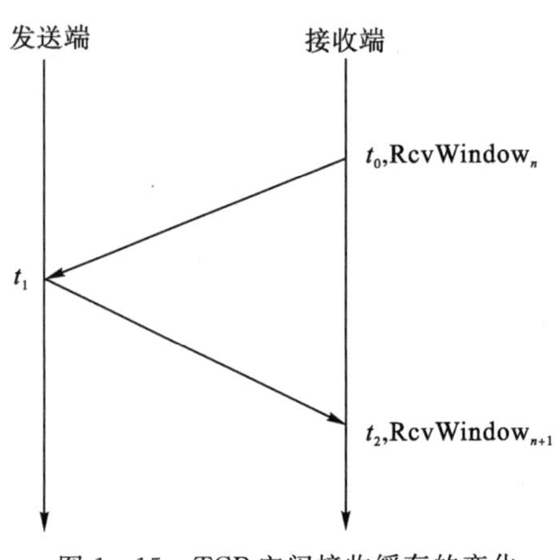

图 1－15　TCP 空闲接收缓存的变化

3. TCP 的连接管理

TCP 的连接管理包括连接建立和连接关闭。使用 TCP 的传输在通信之前必须要先建立连接，这个连接是逻辑上的，只存在于两个端系统上。建立连接的目的就是两个端系统开辟缓存(发送缓存和接收缓存)、设置控制所用的变量、交换初始的段序号。跟电路交换不一样，对于 TCP 连接，Internet 的两个端系统之间物理上并不存在一个专用信道或链路。关闭连接就是两个端系统释放缓存，意味着结束 TCP 通信。

TCP 连接建立。TCP 连接建立的过程分三步，也称“三路握手”。如图 1－16所示，第一路：客户端向服务器发送同步段，进行连接请求，段头里包含初始段序号，同步位 S＝1。第二路：服务器给出连接确认，返回一个“同意连接”的同步段，段头里包含服务器随机选取的初始段序号，同步位 S＝1，确认号＝客户端发送的初始段序号＋1。然后，服务器开辟缓存，设置相关变量。

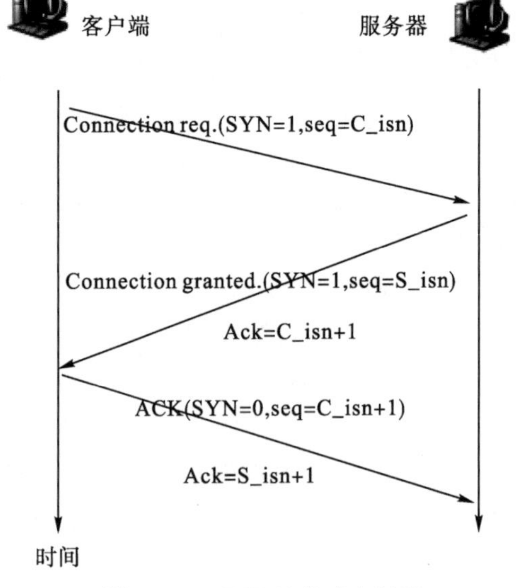

图 1－16　TCP 连接建立过程

第三路：客户端返回一个确认段，其中，S=0，段序号=初始段序号+1，确认号=服务器端发送的初始段序号+1。然后，客户端开辟缓存，设置相关变量。在三路握手过程中，所交换段的负载域均为空。

如果只有前两路握手，所建立的连接称为“半连接”。在半连接中，只有服务器开辟了缓存，客户端并没有开辟缓存。如果一个客户端连续地和服务器建立半连接，很可能导致服务器因资源耗尽而瘫痪。这种半连接攻击方法是一种拒绝服务(denial of service，DoS)攻击。如果多个客户端同时半连接攻击一台服务器或路由器，就能很快地导致服务器或路由器瘫痪，这种攻击方法称为分布式拒绝服务攻击(distributed denial of service，DDoS)。

TCP 连接关闭。TCP 的连接关闭过程分为 4 步，如图 1-17 所示。第一步，客户端向服务器发送 FIN 控制段。第二步，服务器返回确认段，执行连接关闭，同时向客户端发送 FIN 段。第三步，客户端接收到服务器的 FIN 段，返回确认段，等待 30 s 关闭连接。第四步，服务器接收到客户端的确认段，关闭连接，释放缓存。

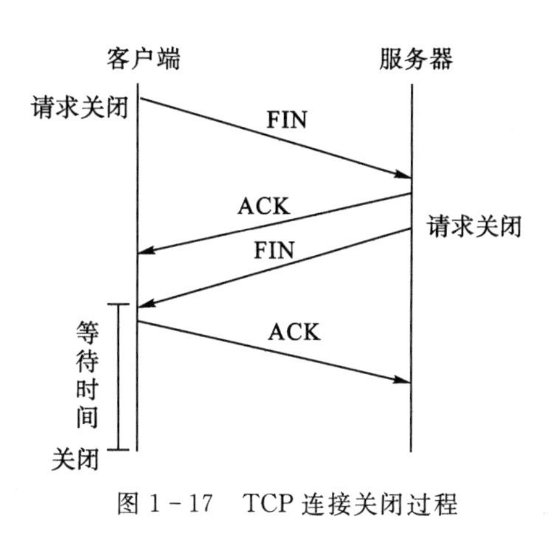

图 1-17　TCP 连接关闭过程

4. TCP 拥塞控制

TCP 流控的目的是尽量避免接收端丢包，而 TCP 拥塞控制的目的则是尽量避免路由器丢包。由于 Internet 基于“极简性”原则设计，路由器不同于 ATM(asynchronous transfer mode)交换机，其功能相对简单，没有提供反馈源端拥塞信息的功能。因此，TCP 的拥塞控制属于“端到端”的拥塞控制方法，要靠端系统自己去感知网络是否拥塞。反映网络是否拥塞的主要参数有两个：网络丢包和延时，其中延时的大小不但与网络忙闲状况有关，还与两个端系统之间的网络距离有关系，据此来判断网络是否拥塞比较困难。TCP 采用的是基于丢包来判定网络是否拥塞。其基本思想：当网络不拥塞时，源端就增大发送窗口；当网络拥塞时，源端就减小发送窗口，从而会降低路由器的数据输入量，让路由器恢复到非拥塞状态。整个控制算法分为两个部分：慢启动和拥塞避免，通过阈值 threshold 这个变量来表示二者的分界点，通过变量 Congwin 来表示拥塞窗口。具体算法如下所示：

```
initialize: Congwin = 1;
for (each segment ACKed)
    Congwin++;
until (loss event OR CongWin >=threshold)
/* slowstart is over    */
/* Congwin > threshold */
Congestion avoidance: while (no loss event) {
    every w segments ACKed:
    Congwin++
    }
```

```
threshold = Congwin/2;
if (loss detected by timeout) {
    Congwin = 1;
    perform slowstart; }
if (loss detected by triple duplicate ACK){
    Congwin = Congwin/2;
    return toCongestion avoidance;}
```

算法的前四行是“慢启动”阶段，其余的是“拥塞避免”阶段。其中，计时器超时导致的丢包，反映了网络进入重度拥塞状态；三个相同的确认段导致的丢包，反映网络进入轻度拥塞状态。拥塞避免算法也叫作 AIMD(additive increase, multiplicative decrease)算法，即“加性增、乘性减”算法，每个 RTT，拥塞窗口+1；如果发生丢包，拥塞窗口减半或减为 1。AIMD 算法具有四个特性：有效性(efficiency)、收敛性(convergence)、公正性(fairness)和友好性(friendship)。

1.5　Internet 网络层技术

Internet 网络层也称 IP 层，端系统和路由器都有这一层。作为转发设备的路由器就工作在这一层，也就是说路由器是在网络层转发数据包的。不同的网络提供的服务模型是不一样的，IP 网络是“瘦内核”网络，只是提供“尽力而为”的数据包传递服务，不能保证任何 QoS 参数。这一层包含的最重要的协议就是 IP 协议，除此之外是路由协议和 ICMP 协议。当然，IP 地址技术也位于这一层。通信时应用层向套接字传递的 IP 地址，就存放 IP 包里。

1.5.1　IP 地址技术

IP 地址与网络接口相对应，如果一台主机有多个网络接口，每个接口都可以拥有一个 IP 地址。IPv4 的地址是 32 位的 0、1 码，应用中采用“点分十进制”表示。IP 地址是分层的，通常，高若干位表示网络部分，低若干位表示主机部分；如果使用了子网划分，主机部分的高若干位表示子网部分，剩余的表示主机部分。这样，一个带子网划分的 32 位 IP 地址就由三部分组成：网络部分、子网部分、主机部分，如图 1-18 所示。

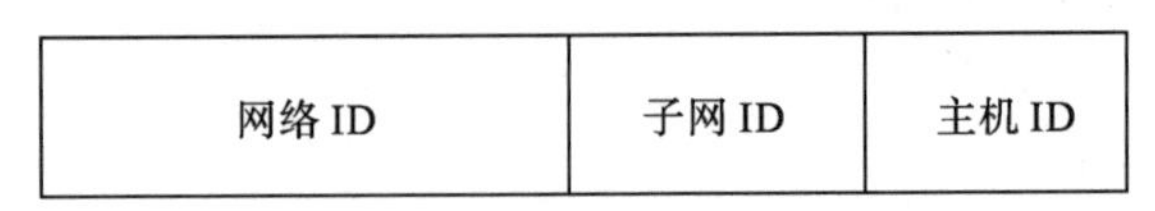

图 1-18　带子网划分的 IP 地址

在 IPv4 网络上，同一网段的 IP 地址，其网络部分必须是相同的；不同网段的 IP 地址，其网络部分必须是不相同的。路由器的每个端口对应于一个网段，因此，连接路由器的链路两端所对应的 IP 地址，其网络部分也必须是一样的。此点是配置路由器时必须注意的。

IPv4 的地址分为 A、B、C、D 四类，如图 1-19 所示。其中 D 类地址是多播通信作为目的地址而使用的地址，除此之外还有一些地址块是保留的，或者仅用于通信，不能分配给主机。还有一些地址是特殊地址，不能分配给主机，但通信时可以使用，如表 1-11 所示。除此之外，还有一些地址是内部地址，也不能分配给用户。这些地址包括：

A：10.0.0.0～10.255.255.255

B：172.16.0.0～172.31.255.255

C：192.168.0.0～ 192.168.255.255

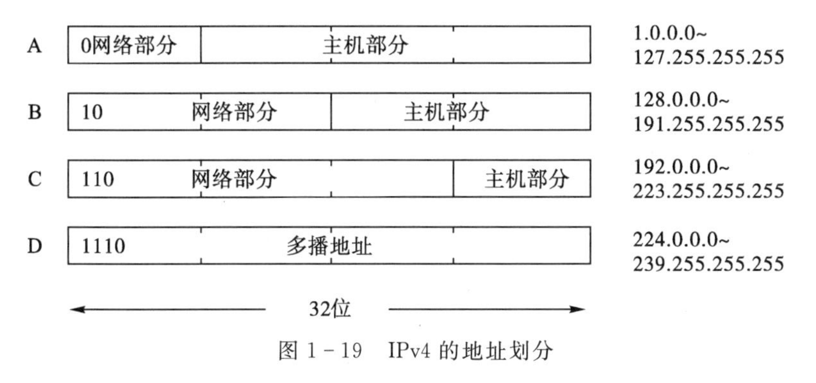

图 1-19　IPv4 的地址划分

表 1-11　特殊 IP 地址

Net-id	Host-id	源地址	目的地址	描述
0	0	√	×	本网络的本主机
0	Host-id	√	×	本网络的一台主机
All　1	All　1	×	√	本网络广播
Net-id	All　1	×	√	某个网络内广播
127	any	√	√	自测试地址

还有一种地址划分方式：CIDR(classless inter-domain routing)，称为无类别域间路由选择，目前主要用于路由器转发数据包。其十进制的地址格式为 a. b. c. d/x，其中 x 是网络部分的长度，剩余的是主机部分的长度。

子网划分的目的是方便网络管理。子网划分必须要使用子网掩码，子网掩码格式如图 1-20 所示。其中，最高位的若干个 1 对应于子网划分的 IP 地址的网络部分，中间的若干个 1 对应于子网划分的 IP 地址的子网部分，尾部的若干个 0 对应于地址的主机部分。如果不进行子网划分，那么，A、B 和 C 类地址的缺省子网掩码分别是：255.0.0.0 、255.255.0.0 和 255.255.255.0 。IP 地址和子网掩码进行按位与操作，其结果就是子网的地址。子网划分中，子网部分和主机部分都不能是全 0 或全 1，这当然会损失很多有效地址。例如，对于 B 类地址块(有效地址数：65534 个)，如果主机部分有 6 位要用作子网 ID，则实际可用的 IP 地址数为$(2^6-2)(2^{10}-2)=63364$ 个。正因为如此，实际当中很少进行子网划分。下面，我们再看一个例子。

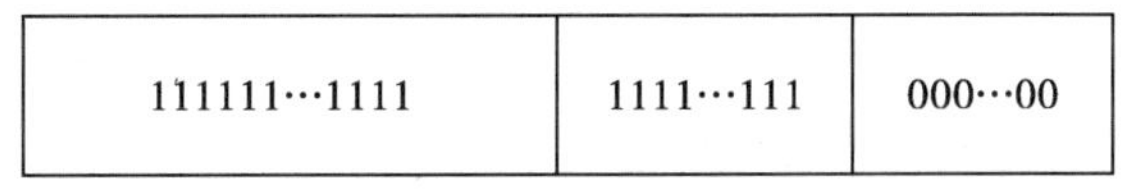

图 1-20　子网掩码

例 1-1 一个小型公司拥有C类的地址块，需要创建10个可用的子网，要求每个子网至少要容纳12台主机。请问，合适的子网掩码是什么？

解 C类地址的网络ID是24位，主机ID是8位，其中主机ID部分的高若干位要用作子网ID。由于需要划分10个子网，这至少需要4位来标识。同时还要求每个子网至少能包容12台主机，则主机部分也至少需要4位来标识。因此，可用的子网掩码是255.255.255.240。

网络地址变换。有效IPv4地址只占整个地址空间的85%，这些有效的地址美国占据了74%。因此，绝大部分国家的IPv4地址都是短缺的。针对这一问题，许多网段使用了假IP地址。网段内部通信时可以使用这些假IP地址直接通信，而和网段外部进行通信时，则由网关进行真假IP地址变换后再进行通信，一个网段的所有假IP地址对应于一个真IP地址。这就是网络地址转换(network address translation，NAT)技术，能有效地解决当前的地址短缺问题。由于真假IP地址映射是1∶N的关系，还需要端口号参数，才能实现使用假IP地址进程和使用真IP地址进程之间的1∶1映射。进行地址和端口号变换的网关就叫作"NAT网关"，运行NAT协议，维护一个NAT表。NAT网关一般集成在该网段的路由器上，完成出入该网段数据包的地址和端口号变换工作，如图1-21所示。很显然，这种变换是跨层的，涉及网络层和传输层，来回都要进行地址和端口号变换，这会降低通信效率。NAT表的配置可以由NAT管理员手工配置，也可以通过互联网网关设备(internet gateway device，IGD)协议自动配置，配置NAT表后，将真IP地址和端口条项向外部进行广播。

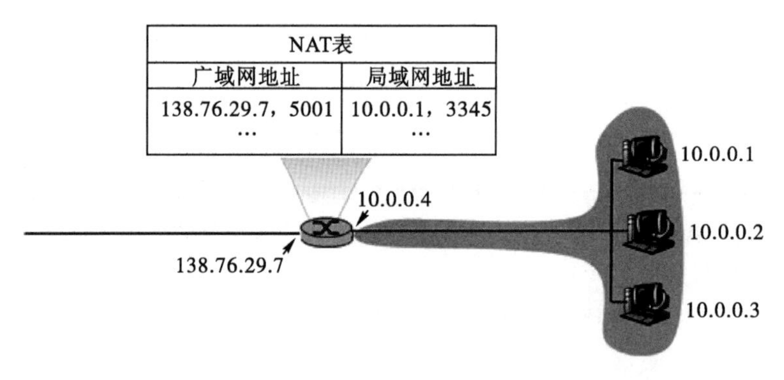

图1-21 NAT架构

1.5.2 互联网协议(IP)

IP(internet protocol)是TCP/IP体系中网络层的一个协议，是最基础、最核心的Internet协议。就是基于IP协议，实现了大规模、异构网络的互联互通。IP提供的是尽力而为的数据包传递、IP包的分割与重组服务。它是基于"极简性"原则设计的，可以包容各种各样的链路。

IP的包格式如图1-22所示，由包头和数据域两部分组成。包头中可变长的选项从来没有使用过，如果不考虑这个字段，IP包头也是20字节长。

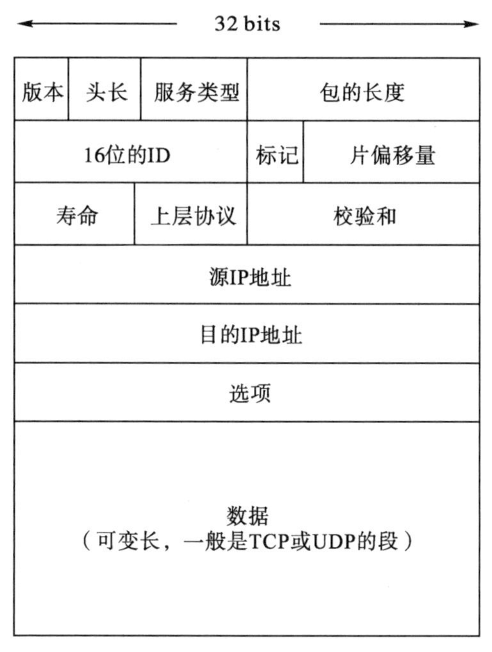

图 1－22　IP 包的格式

图 1－22 中第一行的第一个字段 ver 是 4 位长的版本号，对于 IPv4 网络，这个值是 4；接着的 head.len 是 4 位长的头字段，可以区别 16 个字；8 位长的 type of service 是服务类型字段，用来标识需要接受什么级别的服务，在 IPv4 网络中，这个字段没有启用；length 字段标识包的长度，单位是字节。

图中的第二行是对 IP 包分片用的，当链路层的帧过小，无法容纳 IP 包时，就需要拆分这个包，实践中很少用到包分片，因为绝大部分链路的帧都远大于 IP 包的大小。左侧的字段是 16 位的 ID，所拆分出来的多个片，形成多个小的 IP 包，这些小的包中，ID 都是一样的，表示来自于同一个大的 IP 包；中间的 flgs 是 1 位长的分片标记，前面的片中，这一位均为 1，最后一个片中，这一位是 0，表示分片的结束；接下来的 fragment offset 是片偏移量。

第三行中的 time to live 就是 8 位长的 TTL 字段，表示这个 IP 包的寿命，每历经一个路由器，TTL 减 1，如果 TTL＝0，就丢弃这个包。中间 8 位长的 upper layer，标识负载中封装的是什么数据。如果封装的是 TCP 段，upper layer 的值是 6；如果是 UDP 段，upper layer 的值是 17；如果封装的是 ICMP 报文，upper layer 的值就是 1。接下来 16 位长的 checksum 是校验和，实践当中它仍然是多余的，只会让包处理的速度变慢。

接下来的两行分别是 32 位长的源、目的 IP 地址字段，或许目的 IP 地址字段在前会更好一些。

选项字段可以用来存放时间戳、路由令牌、经过哪些路由器等信息，实践中未启用这个字段。

1.5.3　互联网控制报文协议(ICMP)

ICMP(internet control message protocol)是 Internet 控制报文协议,用于差错报告和连通性检查。它位于网络层的上半部,在 IP 层之上,ICMP 的报文直接封装在 IP 包里。ICMP 报文由类型、代码、校验和和可变长的数据域组成,类型和代码的不同组合,具有不同的含义。常用的组合如表 1-12 所示,其中检查网络是否能通信的网络命令 ping 就使用了组合(8,0)和(0,0),跟踪路由器的网络命令 tracert 就使用了组合(11,0)。

表 1-12　ICMP 常用的类型和代码组合

类型	代码	描述
0	0	回声应答 (pang)
3	0	目的网络不可达
3	1	目的主机不可达
3	2	目的协议不可达
3	3	目的端口不可达
3	6	目的网络未知
3	7	目的主机未知
8	0	回声请求 (ping)
9	0	路由广告
10	0	路由发现
11	0	TTL 触发
12	0	IP 头存在错误或二义性

1.5.4　路由技术

目前 IPv4 网络的内核是由数以万计的路由器构成的交换网。如果把路由器看作节点、链路看作边、链路上的传输代价看作权重,就可以将这个交换网抽象成一个巨大的带权图。路由技术的基本思想就是求这个图中任意两点之间的最优路径。最优路径就是总代价最小的路径,也称为最短路径。每台路由器基于图求出自己到任意目的节点的最短路径,这就能够形成路由表。收到一个数据包,根据包中的目的地址就知道转发给哪个邻居节点了。可由于这个图太大,存储和计算都异常困难,形成的路由表也太大,查询起来非常慢,不能应用于实践当中。实践当中,每个 ISP 管理自己的路由器,这些路由器在管理上具有独立性,通常称为一个"自治系统(autonomous system, AS)"。因此,Internet 上的路由是基于 AS 的路由,也就是说,是"分片"路由。一个 AS 内的路由器数量就不是很多了,计算代价小,维护的路由表也比较小。因此,Internet 上的路由算法和协议就分为两类:AS 内的路由算法/协议和 AS 之间的路由算法/协议。普遍使用的 AS 内的路由算法有 LS 算法和 DV 算法。

1. LS 路由算法

LS(link-state)算法就是链路状态算法,也称迪杰斯特拉(Dijkstra)算法,是基于带权图的求解最短路径算法。每一台路由器需要维护一个 AS 的全局拓扑图,每台路由器基于这张图求出自己到其他每一节点的最短路径,形成(或者维护)路由表。算法用到这几个变量:c(i,j),节点 i 和节点 j 之间的代价,如果 i 和 j 不相邻,则这个值为∞;D(v),源到 v 节点的距离,即源到 v 这条路径的总代价;p(v),源到 v 路径上当前节点的前继节点;N,最短距离已经知道的节点的集合。求图 1 - 23 中 A 到每个目的节点的 LS 算法如下所示:

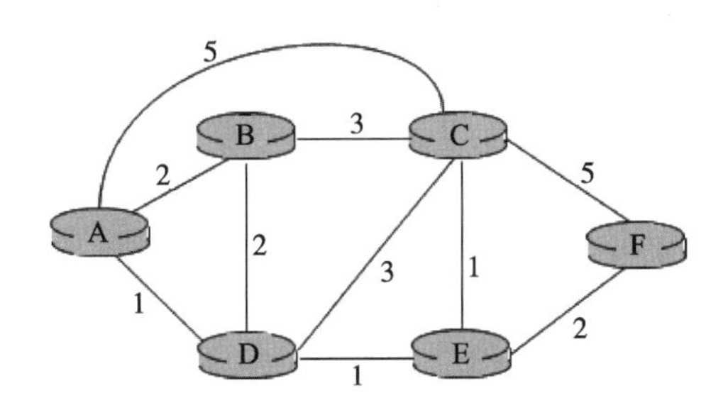

图 1 - 23　一个 AS 的拓扑图

```
Initialization:
    N = {A};
    for all nodes v
      if v adjacent to A
        then D(v) = c(A,v);
        else D(v) = infinity;
Loop
    find w not in N such that D(w) is a minimum;
    add w to N;
    update D(v) for all v adjacent to w and not in N:
       D(v) = min( D(v), D(w) + c(w,v) );
    /* new cost to v is either old cost to v or known shortest path cost to w
plus cost from w to v */
  until all nodes in N
```

有多少个节点 n,就需要多少次迭代,复杂度为 $O(n^2)$,可以进一步优化到 $O(n\log n)$。这个算法的执行步骤和结果如图 1 - 24 所示。在图 1 - 24 中,如果路由器 A 的接口编号分别是 1、2、3,对应的链路分别是 AD 链路、AB 链路和 AC 链路,那么 A 内形成的路由表如表 1 - 13 所示。

Step	start N	D(B),p(B)	D(C),p(C)	D(D),p(D)	D(E),p(E)	D(F),p(F)
0	A	2,A	5,A	1,A	infinity	infinity
1	AD	2,A	4,D		2,D	infinity
2	ADE	2,A	3,E			4,E
3	ADEB		3,E			4,E
4	ADEBC					4,E
5	ADEBCF					

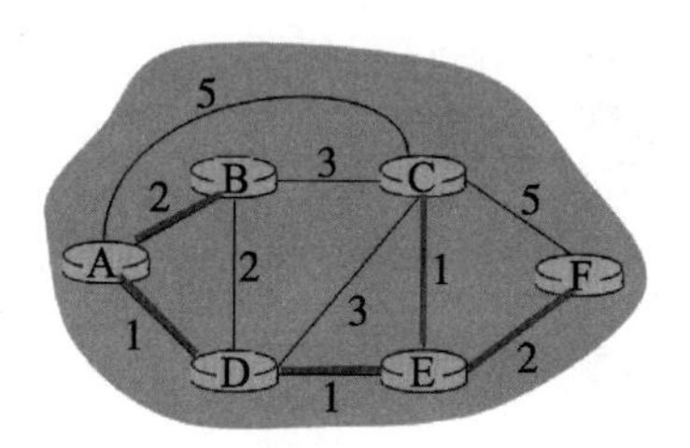

图 1-24 LS 算法的步骤及执行结果

表 1-13 路由器 A 中的简化路由表

目的地址	接口	总代价
B	2	2
D	1	1
E	1	2
C	1	3
F	1	4

2. DV 路由算法

DV(distance vector)算法是距离矢量路由算法，它比 LS 算法简单，不要求路由器维护 AS 的拓扑图，只需要知道有哪些邻居，邻居之间的代价是多少，如果发现了它到某个节点的最短路径，就立即将这条路径通告给所有邻居。DV 算法用到了距离表这个数据结构：$D^X(Y,Z)$，表示“X 通过邻居 Z 到 Y 的距离”，公式为

$$D^X(Y,Z) = c(X,Z) + \min_w\{D^Z(Y,w)\}$$

这个公式的含义是，X 通过邻居 Z 到 Y 的距离等于“X 和 Z 之间的代价”加上“Z 到 Y 的最短距离”。$\min_w\{D^Z(Y,w)\}$表示的是 Z 到 Y 有 w 条路径，取最短的那一条路径。

对于任一节点 X，DV 算法可以描述如下：

```
Initialization:
   for all adjacent nodes v:
      D^X(*,v) = ∞;          /* the * operator means "for all rows" */
      D^X(v,v) = c(X,v);
   for all destinations, y
```

```
        send min_w D^X(y,w) to each neighbor;    /* w over all X's neighbors */
    loop
    wait (until I see a link cost change to neighbor V or until I receive update
from neighbor V)
    if (c(X,V) changes by d)    /* change cost to all dest's via neighbor v by d */
        /* note: d could be positive or negative */
        for all destinations y:  D^X(y,V) = D^X(y,V) + d;
    else if (update received from V to destination Y)    /* shortest path from V to
some Y has changed */
        /* V has sent a new value for its  min_w D^V(Y,w) */
        /* call this received new value is "newval" */
        for the single destination y: D^X(Y,V) = c(X,V) + newval;
    if we have a new min_w D^X(Y,w)for any destination Y
        send new value of min_w D^X(Y,w) to all neighbors;
    forever
```

对于图 1 - 25 所示的 AS，路由器 E(假定其到 A 的接口编号为 1，到 B 的接口号为 2，到 D 的接口号是 3)运行 DV 算法，形成的简化路由表如表 1 - 14 所示。

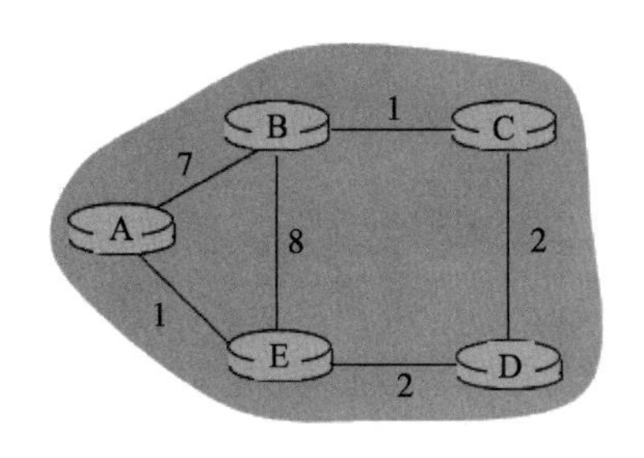

图 1 - 25　一个 AS 的组成

表 1 - 14　路由器 E 中的简化路由表

目的节点	接口	代价
A	1	1
B	3	5
C	3	4
D	3	2

DV 算法具有四个特点：分布性、迭代、异步性和自终止。分布性：每个节点只和邻居交互。迭代：如果一个节点发现到某个目的节点的最短路径发生变化，新的最短路径信息就广告给邻居节点，从而触发邻居节点计算，如果导致新的最短路径，又会广告它的邻居，逐层外推。异步性：只需跟邻居交互，不需要知道所有的节点信息，自行计算。自终止：一个节点和邻居的链路没有变化，也没有接收到邻居发来的信息，就暂停计算，进入等待状态。DV 算法相对比较简单，实践当中，其应用没有 LS 算法广泛。这个算法存在着"计数到无穷大"问题，即当链路的代价突然增加或者链路断开时，算法的收敛速度非常慢。下面，我们通过一个例子来说明"计数到无穷大"问题。

例 1 - 2　对于如图 1 - 26 所示的 AS，如果 XY 链路上的代价突然变为 60，DV 算法的执行过程如何？

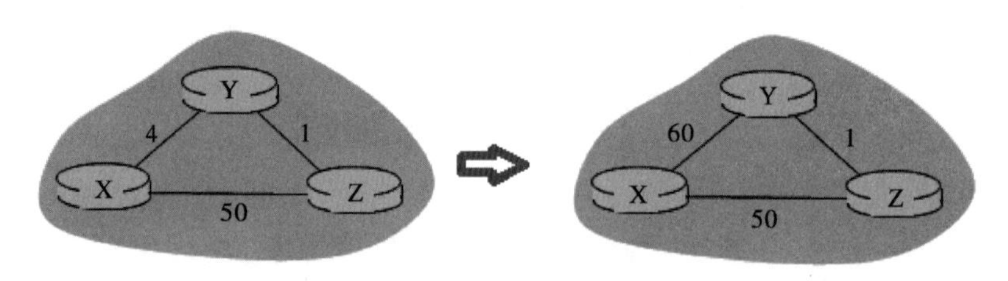

图 1－26　AS 链路代价变化

解　链路代价发生变化后，Y 和 Z 的距离表如图 1－27 所示，需要经过 40 多步的通信，DV 算法才能收敛。

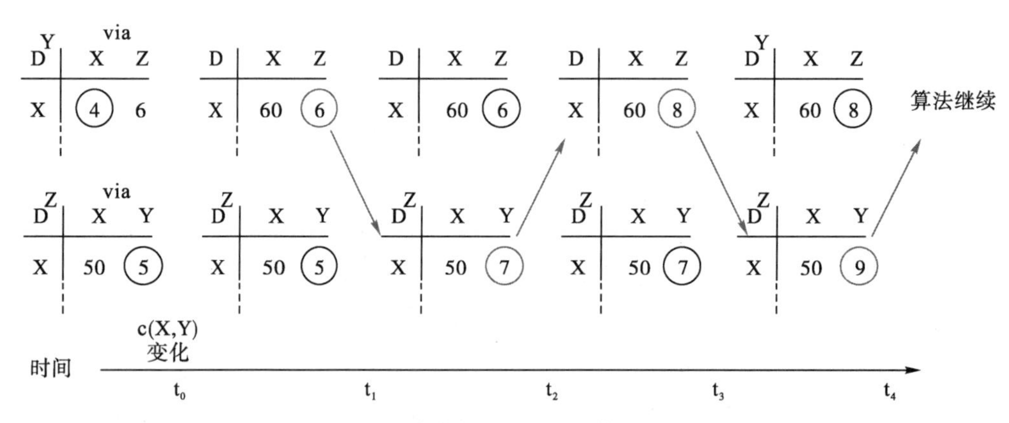

图 1－27　链路代价增大后 DV 算法的执行过程

如果链路上的代价变小，DV 算法的收敛速度就很快了，也可以说是“好消息传得快”。对于上例，如果 XY 的代价从 4 变为 1，则 DV 算法的执行过程如图 1－28 所示。

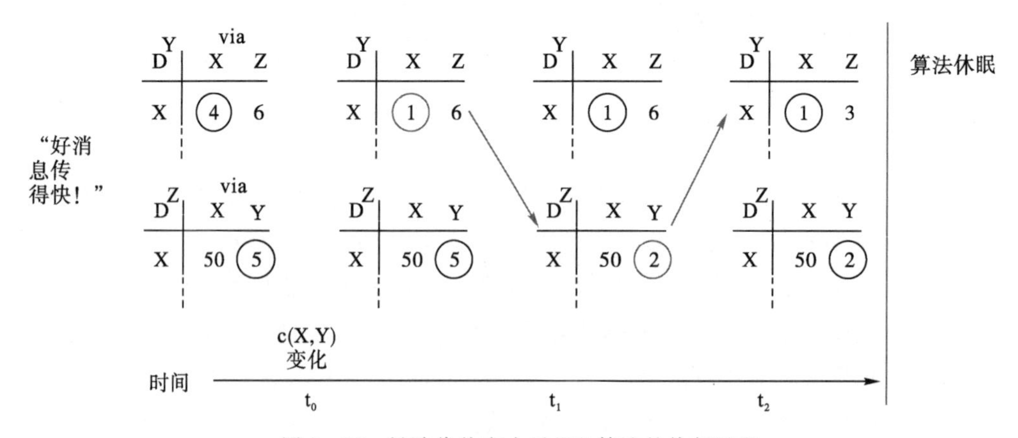

图 1－28　链路代价变小后 DV 算法的执行过程

解决“计数到无穷大”问题的一种方法是“引入毒性逆向路径”，即将路由表中数据包从不经过的路径代价设定为无穷大。对于图 1－26 里的左图，由于 Z 和 X 之间从不直接通信，于是，路由器 Z 就告诉 Y，它到 X 的距离是∞，则 Y 通过 Z 到 X 的距离也变为∞。

此后，如果 XY 链路代价突然变为 60，则 DV 算法的执行过程如图 1-29 所示，经过三步通信，算法就收敛了。

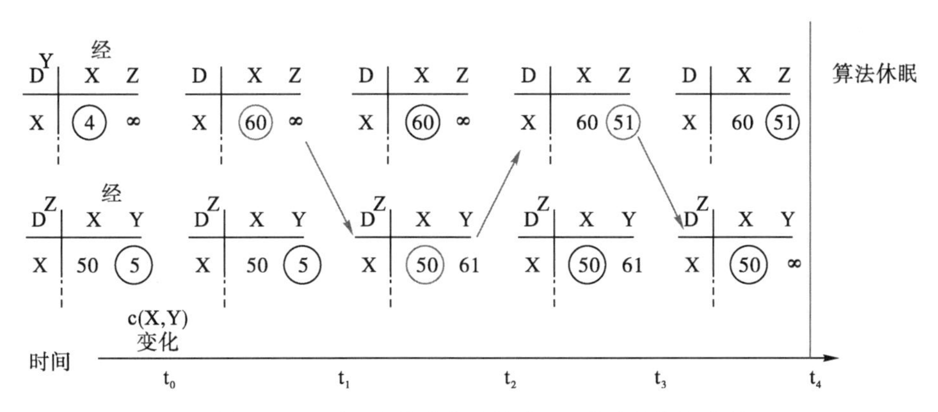

图 1-29　引入毒性逆向路径时 DV 算法的执行过程

实际应用当中，运行 DV 算法的 AS，其链路上的代价通常都缺省为 1。AS 内两点之间的距离用跳数来表示。

3. AS 之间的路由算法

LS 和 DV 算法都是 AS 内的路由算法，只运行在 AS 内部。连接两个 AS 的路由器分别位于两个 AS 的边缘，通常被称为“边界网关”或“边界路由器”。这些边界网关上还要运行一个路径矢量算法，这个算法属于 AS 之间的路由算法；维护的是 AS 之间的路由表。也就是说，边界网关上要运行两个路由算法：AS 内的路由算法和 AS 间的路由算法；维护两个路由表：AS 内的路由表和 AS 间的路由表。路径矢量算法类似于 DV 算法，但维护的是路径信息，即到达某个 AS 的整条路径，路由表里的目的地址都是边界网关的地址。例如，边界网关 X 和网关 Z 有一条路径：Path (X,Z) = X,Y1,Y2,Y3,…,Z(这里的 Y 也是边界网关)，缺省情况下，X 会将这条路径信息广告给其邻居。邻居收到这条信息后，它就获得了一条到 Z 的新路径，如果这条新路径比其原来到 Z 的路径跳数更少，它就会保留这条路径，否则就丢弃这条新路径信息。另外，X 还会把这条路径信息广告给其 AS 内的所有路由器，使得 AS 内的所有路由器都知道通过 X 到 Z 有这么一条路径。至于这些 AS 内的路由器是否选择这条路径信息，取决于这条路径是否比其到 Z 的其他路径更短。

网关获得一条路径信息，是否通告给其邻居网关，很大程度上依赖于网关管理员配置的策略。由于经济或商业竞争，管理员很可能这样配置网关：不将路径信息告知属于另一 ISP 的邻居网关。

4. AS 内的路由协议

围绕 AS 内的路由算法和 AS 之间的路由算法，形成了 AS 内的路由协议和 AS 间的路由协议。AS 内的路由协议称为“内部网关协议”，IPv4 使用的主要内部协议包括 RIP、OSPF 和 EIGRP，AS 之间的路由协议只有 BGP。

RIP(routing information protocol)是路由信息协议，其核心就是 DV 算法。RIP 工作在应用层，其进程 route-d 使用 UDP 的 520 端口来发送和接收报文。RIP 有两种报

文:请求报文和响应报文。其他主要内容包括:

(1)最远距离限制为15跳,因此,RIP仅适用于较小的AS。

(2)每30 s通过响应报文向邻居通告一次距离矢量,为了防止内爆,后续报文的发送延时是[25,35]内的随机值。

(3)为了限制路由环路,规定每次距离矢量通告最多到达25个路由器。

(4)如果180 s后没有收到邻居的响应报文,就认为该邻居的链路断开了,将路由表中该项的距离设定为16,意味着该路径无效。如果再经过120 s后,还没有收到该邻居的响应报文,就从路由表中删除该项。

(5)当最短距离发生变化时,立即向邻居广告变化后的信息。

最新版本是RIPv2,可以支持CIDR和多播通信。

OSPF(open shortest path first)是开放的最短路径优先路由协议,其核心是基于全局拓扑图的LS算法,避免了路由环路,是广泛使用的一种动态路由协议,新的版本是OSPFv2。OSPF报文有5种,如表1-15所示。OSPF报文传送不使用TCP或UDP,它直接封装在IP包里,以多播的方式进行通信,因此,它工作在网络层。

表1-15 OSPF报文类型

报文类型	报文作用
Hello报文	周期性发送,用来发现和维持OSPF邻居关系
DD报文(database description packet)	描述本地链路状态数据库的摘要信息,用于两台路由器进行数据库同步
LSR报文(link state request packet)	用于向对方请求所需的LSA; 路由器只有在OSPF邻居双方成功交换DD报文后才会向对方发出LSR报文
LSU报文(link state update packet)	用于向对方发送其所需要的LSA
LSAck报文(link state acknowledgment packet)	用来对收到的LSA进行确认

缺省的链路代价是10^8/链路带宽,它也可以由路由器管理员来配置。OSPF的更新报文包含和每个邻居的连接状态,每30 min周期性地向整个AS进行多播。和RIPv2相比,OSPF具有一些新的特征:

(1)安全性提高了,所有的OSPF报文均需经过认证,防止恶意入侵或路由欺骗。

(2)允许使用多个代价相同的最短路径,而RIP只使用其中的一条。

(3)对于一条链路,传送不同类型的业务,代价配置可以不一样。例如,卫星链路传输尽力而为的普通业务时代价小,而传输实时业务时代价大。不同的业务导致不同的最短路径树。

(4)集成支持单播和多播,多播时使用的拓扑数据直接来自于OSPF拓扑数据。

(5)支持大的AS分区域,即分层OSPF(见图1-30),每个区域分别运行OSPF。连接每个区域的边界路由器叫作“区域边界路由器(area border router)”,连接区域边界路由器的路由器叫作“骨干路由器”,由边界路由器和骨干路由器构成的区域叫作“骨干区域”。

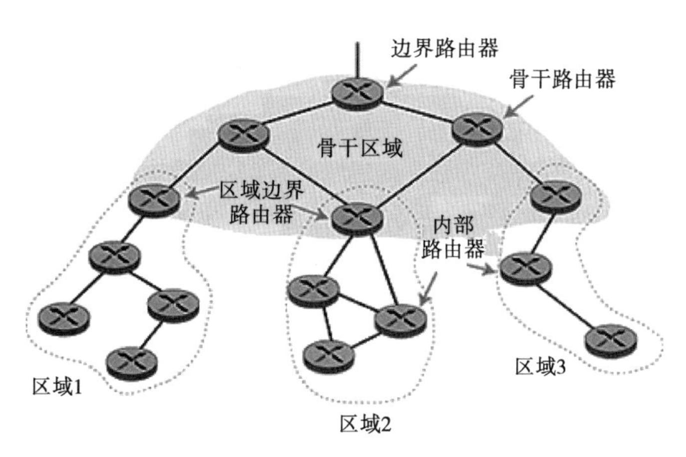

图 1-30　分层的 OSPF

EIGRP(enhanced internal gateway routing protocol)是增强型内部网关路由协议，是思科于 1997 年开发的新版本路由协议。EIGRP 的核心是扩散更新(diffusing update algorithm,DUAL)算法，综合了 DV 和 LS 算法的优点。允许链路上的代价是延时、带宽、可靠性、负载等，允许 AS 内可以多达 255 台路由器，DUAL 算法的收敛速度快，能够确保不会形成路由环路。EIGRP 不进行周期性的路由更新，只在路径或代价发生变化后，才把变化后的路径信息发送出去(增量式更新)。报文传送可以使用单播和多播通信方式，单播时使用 RTP 封装路由报文，通过 TCP 进行传送。

5. 边界网关协议(BGP)

BGP (border gateway protocol)是边界网关协议，运行在 AS 之间，是世界统一的 AS 之间的路由协议，目前的版本是 BGP4。BGP 的核心算法是和距离矢量算法类似的路径矢量算法，用来确定 AS 可达信息，在策略的控制之下实现 AS 之间无环路的域间路由。当一个边界网关获取到一条路径信息时，是否将这条路径信息广告给其他邻居，这取决于管理员设置的策略。边界网关所做的主要工作有以下三项：

(1)从直接相连的邻居网关那里接收并过滤路由信息。

(2)路由选择，当一个数据包要去往网络 X 时，选取哪条路径。当到达同一目的地存在多条路由时，BGP 按照设定的策略选取路由。

(3)缺省情况下，向邻居网关发送路径信息。

BGP 报文交换使用 TCP，目的端口号为 179，通过认证和通用 TTL 安全机制(generalized TTL security mechanism,GTSM)来增强通信的安全性。BGP 有四种不同类型的报文：

(1)open 报文，用来和邻居网关建立 TCP 连接并认证发送端网关。

(2)update 报文，用来更新路径，即广告一条新路径或撤销一条路径。

(3)keepalive 报文，用来对 open 报文进行确认，没有 update 报文传送时也保持连接。当用于保持连接时，这个报文需要周期性地发送。

(4)notification 报文，用来报告差错和关闭连接。

1.5.5 路由器

路由器是连接两个或多个网络的嵌入式系统，是 Internet 的互联设备。作为数据包转发设备，它工作在网络层，从输入端口接收数据包，提取目的 IP 地址的网络部分，用以查找路由表，找到匹配的输出端口，将数据包转发到输出端口。作为端系统，它可以工作在应用层，通过 UDP 或 TCP 进行通信。路由器的每一个端口都可以配置一个 IP 地址。

图 1－31 是一个路由器实例，串口用来接网络，以太网口用来连接交换机或主机；Console 端口是控制端口，连接配置路由器的主机；Auxiliary 端口是辅助配置端口，连接到网络上，用以远程配置路由器。Console 端口和配置主机的连线是专用的反转线，连接到主机的 9 帧串口上，如图 1－32 所示。配置主机进入“超级终端”模式，设定好通信参数后就可以按照路由器的操作手册配置路由器了。

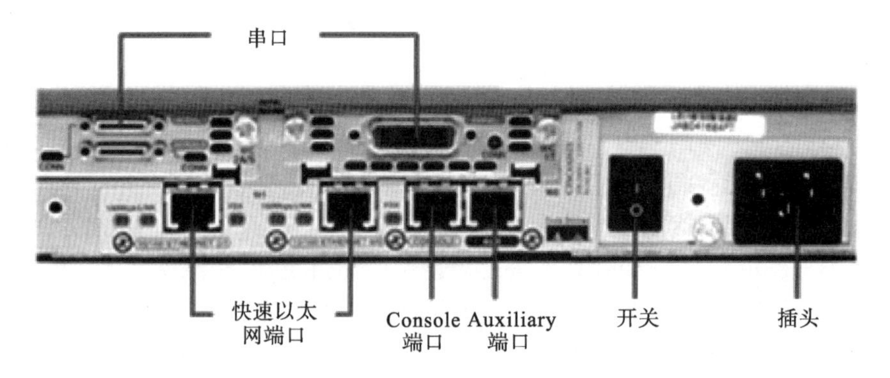

图 1－31　一个路由器实例

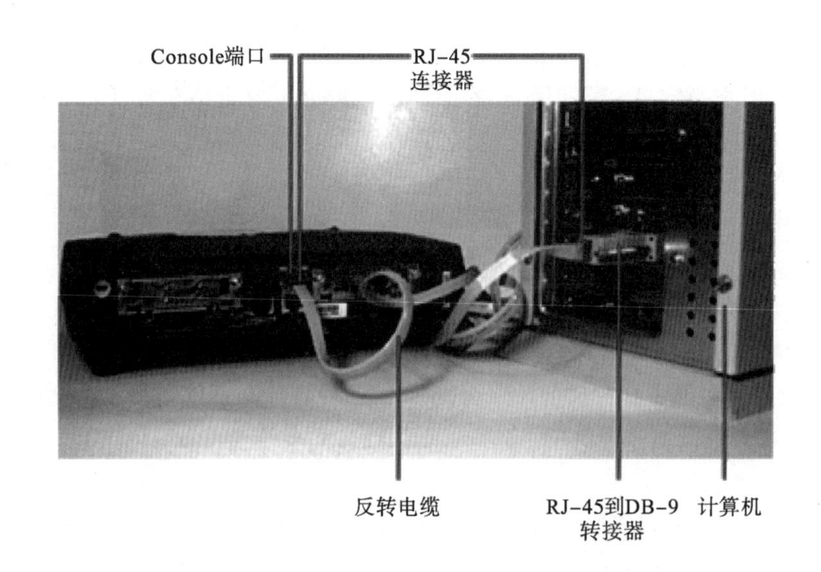

图 1－32　反转线连接的配置主机和路由器

逻辑上，路由器的网络端口有输入端口和输出端口，数据包到达输入端口要先进入队列进行排队，队头的数据包通过路由器的交换网络转发到输出端口的缓存，排队等待输出到链路上。如果数据到达率超过了路由器交换能力，输入缓存很容易变满，新到的数据包会因为缓存变满而被丢弃。另外，行头阻塞(不同的队头数据包同时要转发到同一输出端口)也是导致输入缓存溢出的一个原因。同样，路由器输出缓存溢出也会导致丢包。

1.6　本章小结

本章描述的都是 IPv4 网络的基础技术，从应用层到物理层，讲述了不同计算机网络链路资源的使用方式，Internet 的架构、组成、协议、丢包、延时及分层模型；描述了应用层的 QoS 需求、安全通信原理、HTTPS、RTP 以及搜索引擎技术。传输层只有两个协议：UDP 和 TCP，描述了 UDP 和 TCP 的一般特征；重点描述了 TCP 的四个技术：可靠性控制、流量控制、拥塞控制和连接管理。网络层包括 IP、地址技术、ICMP 和路由技术；Internet 路由是基于 AS 的路由，常用的 AS 内部路由协议是 RIP 和 OSPF，包含的算法分别是 DV 算法和 LS 算法，AS 之间的路由协议是 BGP，这是基于策略和路径矢量的协议。

第2章　多播技术

2.1　多播的定义与应用

2.1.1　多播的概念

传统的IP通信有两种方式：一种是一个发送端和一个接收端之间的通信，即单播(unicasting)；第二种是一个发送端将一个报文同时发送给网络中所有的接收端，即广播(broadcasting)。发送端将一个报文同时发送给网络中的部分主机而非所有主机的通信方式就是多播(multicasting)，它是介于两者之间的一种通信方式。如果所有参与通信的端系统构成了一个小组，多播就是在这个小组内进行广播通信。因此，早期把这种通信方式称为组播，现在很多文献还把这种通信称为组播，但规范的名称是多播。多播的本质就是“一点发送、多点同时接收”，表示为1∶m。这里的“同时”是相对的。如果广播通信表示为1∶n($n>m$)、单播通信表示为1∶1，那么，当$m=1$时多播通信就是单播通信；当$m=n$时多播通信就是广播通信。因此，单播和广播只不过是多播的两个极端或两种特殊情形，本质上这三种通信其实就是一种——多播。

多播是斯坦福大学的博士生Steve Deering于20世纪90年代初提出并验证的，它明显区别于多次单播。图2-1示意了多次单播和多播，圆表示路由器、三角表示需要信息的接收端；左边是多次单播，源端要发送多份相同的信息，网络主干上有多份相同的信息在传输。右边是多播，源端只发送一份信息，主干上只有一份信息在传输。路由器会根据其哪些接口有多播用户，来决定将这份信息复制并转发到那些接口。可见，多播路由器不再是无状态的路由器了，它需要建立并维护多播连接状态信息，即哪些接口有多播成员存在，分别是哪个多播组，哪个接口什么时候没有成员存在了。如果某个接口没有成员了，就不需要再向那个接口转发多播信息。

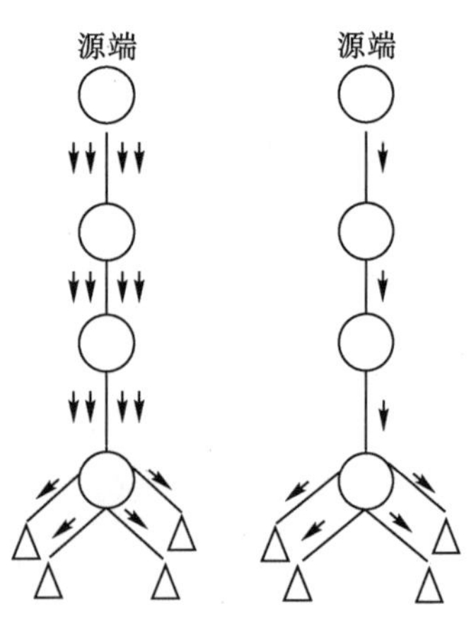

图2-1　多次单播与多播

2.1.2　多播的应用

越来越多的网络应用需要使用多播通信。最典型的多播应用是视频会议和在线课堂，除此之外还有群聊、软件更新、共享数据分发、网站Cache更新、多成员网络游戏、广告推送、新闻推送、短视频推送、状态监视等。这些应用如果使用多播通信，就会节省主干网络的带宽,不需要额外的服务器系统支持,接收端接收信息的同步性也很好。目前国内的 IPv4 网络大部分都不支持多播,群聊、群发应用都是“仿真”实现了多播。这些应用的典型架构是以多点控制单元(multipoint control unit,MCU,由一台或多台服务器组成)为中心的星形架构。发送端把要发的信息以单播的方式发送给 MCU,MCU 再把这个信息以单播的方式依次发送给每一个接收端。这种“仿真”多播导致主干网络上有多份相同的信息在传输,这显然浪费了网络资源。

2.2　主机组的构建与维护

2.2.1　主机组

多播通信要求目的地址必须是 D 类地址:224.0.0.0～239.255.255.255,但能够用作用户多播通信的地址范围是:224.0.1.0～238.255.255.255,可用于全球范围;224.0.0.0～224.0.0.255 是局部链接多播地址,这是为路由协议和其他用途保留的地址;239.0.0.0～239.255.255.255 是管理权限多播地址,供组织内部使用,类似于私有 IP 地址,不能用于 Internet。使用相同的多播地址接收多播数据包的所有主机就构成了一个主机组,也称为多播组。所选定的这个多播地址通常也用作主机组的 ID,编程实现的时候可由用户选定并输入。

主机组具有下列特征:

(1)一个主机组的成员是动态的,一台主机可以随时加入或离开主机组。

(2)源端可以在也可以不在主机组内,当源端不在主机组内时,它可以向主机组发送信息,但不能接收信息。

(3)一台主机可以加入多个主机组,主机组 ID 不一样。

(4)主机组内成员的个数、地理位置不受限制。

(5)组成员信息不需要明确知道。

2.2.2　IGMP

IGMP(Internet group management protocol)是 Internet 组管理协议,运行在主机和其直接相连的路由器之间,用于构建和维护主机组,也称“组成员关系协议(group membership protocol)”。成员利用这个协议向路由器申请加入或离开某个主机组,或者响应路由器的查询;路由器利用这个协议查询其某个接口是否有多播成员存在。因此,IGMP 运行在 Internet 的边缘上,是一种“主机-路由器”协议,而不是“主机-主机”协议,它不能跨越路由器。

1. 报文类型

IGMP 只有四种报文类型:

(1)通用成员关系查询报文(general membership query message),由路由器发送,用于查询其一个接口是否有多播组存在。

(2)特定成员关系查询报文(specific membership query message),由路由器发送,用

于查询其一个接口是否有某个多播组存在。当路由器收到“离开组报文”时，必须要判断子网中是否有组员存在，此时就会发送特定成员关系查询报文。为了防止查询报文丢弃，路由器会每隔 1 s 分别发送两个特定成员关系查询报文。

(3)成员关系报告报文(membership report message)，由主机发送，用于主机向路由器报告它想加入某个多播组。当接收到路由器发送的查询报文时，它也可以用来向路由器报告它是某个多播组的成员。

(4)离开组报文(leave group message)，由主机发送，向路由器报告其离开了多播组，一般这也意味着它退出了应用。这个报文是可选项，当用户离开应用时，可以不发送这个报文，对多播应用没有影响。

发送这四种报文使用的目的 IP 地址都是事先选定的多播地址，即组号。因此，不管发送的是哪一种报文，整个网段内所有的成员(包括路由器)都能收到。在局域网内，多播等价于广播。

IGMP 的报文格式十分简单，只有 4 个字段，如图 2-2 所示。8 位长的类型字段用来区别上述的四种报文；8 位长的最大响应时间，用来设定响应报文返回的最长延时，缺省值是 10 s；32 位长的组地址字段，就是多播应用使用的地址；16 位的校验和字段用来检查报文内是否有差错，实践当中这个字段没什么用途。

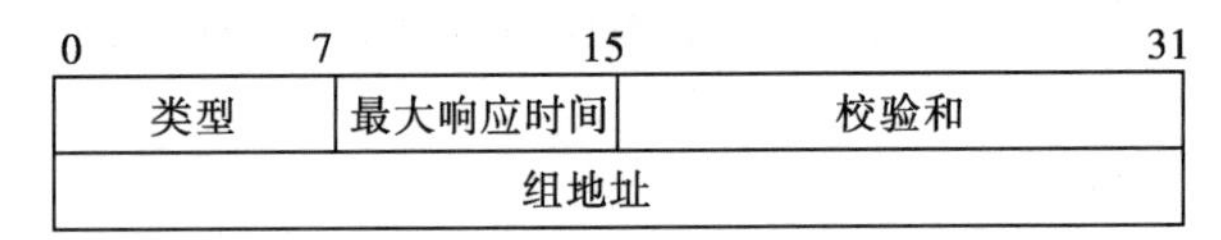

图 2-2　IGMPv2 报文格式

当一个应用首次加入一个多播组时，需要主动向路由器发送一个成员关系报告报文。路由器收到这个报告报文，就会记录下多播地址和路由器的接口号。以后路由器收到目的地址是这个多播地址的数据包，就会向这个接口转发。主机发送的成员关系报告包也会被网段内的其他成员接收到，但其他成员会丢弃这个包，不会对此进行响应。对于路由器而言，它只关心其某个接口有没有特定多播组的成员存在，并不关心有多少个成员。有一个成员，路由器收到多播包就必须向这个接口转发。即便这个接口有 1000 个成员存在，路由器也只是向这个接口转发一个多播包。

2. 反馈抑制

路由器发送“通用成员关系查询报文”时，使用的目的地址是 224.0.0.1；发送“特定成员关系查询报文”时，使用的目的地址则是多播组地址。如果连续三次通用查询(每次查询的默认间隔是 60 s)都没有收到响应报文，则认为该网段没有成员存在。路由器不管是发送通用查询还是特定查询报文，最大响应时间字段里都必须要设定一个值。每一个成员接收到查询报文时，都会做一个 0 至最大响应时间的随机延时。随机延时结束后，如果没有收到来自其他成员的“成员关系报告报文”，就立即发送自己的成员关系报告报文；否则，就取消发送成员关系报告报文。这种机制叫作“反馈抑制”，可以有效地抑制反馈风暴，避免路由器“内爆”。如果没有这种机制，当一个网段内成员个数比较多时，每一个成员都响应路由器的查询，短时间内就会有很多响应报文发送到路由器，这就很容易导致路由器“瘫痪”。这种反馈抑制机制，避免了不必要的重复传送，还能降低网段内的业务流量。

2.3　多播路由技术

多播技术的架构由边缘和内核两部分组成，如图 2-3 所示。IGMP 解决了多播的边缘问题，还需要一种技术来解决多播内核问题，即路由器如何将多播数据包传送到每一个接收端，同时又保证冗余数据最少。这种技术就是多播路由。

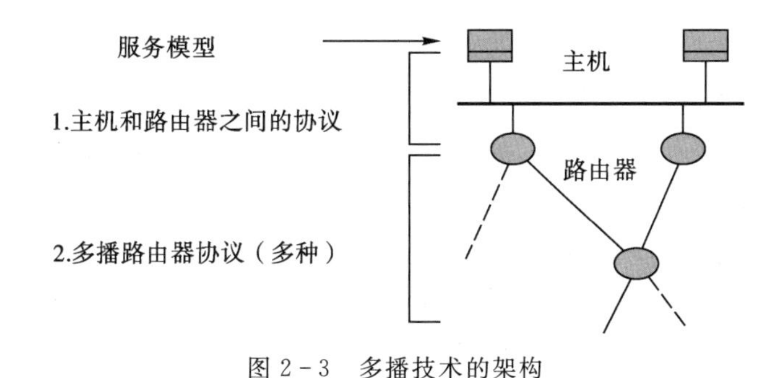

图 2-3　多播技术的架构

2.3.1　多播路由算法

多播路由的基本思想是把源端发送的多播数据包传送到每一个接收端，同时又要尽力避免在主干网络上产生冗余业务。如果能够建立一棵树，使得每一个连接有成员的路由器都在这棵树上，同时这棵树又不包含未连接有成员的枝，在这棵树上广播数据包，就能实现多播。实际上就是这么做的，这棵树就被称为“多播树”。因此，多播路由的本质就是构建并维护多播树。

多播树有两种类型：静态多播树和动态多播树。静态多播树是指多播树构建完成后，不再轻易地变化，不管源端如何变化，这棵树的结构不会改变，既不会多一个枝，也不会少一个枝，改变的只是数据的流向。静态多播树也称组共享树。动态多播树是指树的结构随着源端变化而变化的树，发送端变了以后，这棵树的结构就改变了。有可能原来的某些枝就没有了，也可能会新增加一些枝。例如，图 2-4 是由多播路由器节点构成的多播树拓扑图，假定 A、B、E、F 是成员节点（连接有成员的路由器）。当 A 是源端时，多播树的拓扑结构如图 2-5 所示；当 B 是源端时，多播树的拓扑结构就变成如图 2-6 所示。

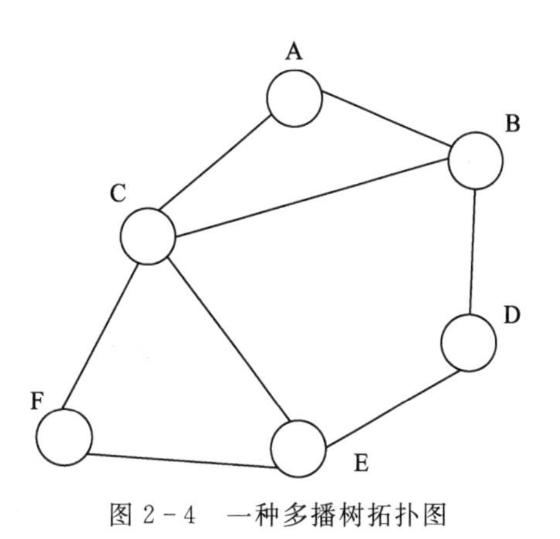

图 2-4　一种多播树拓扑图

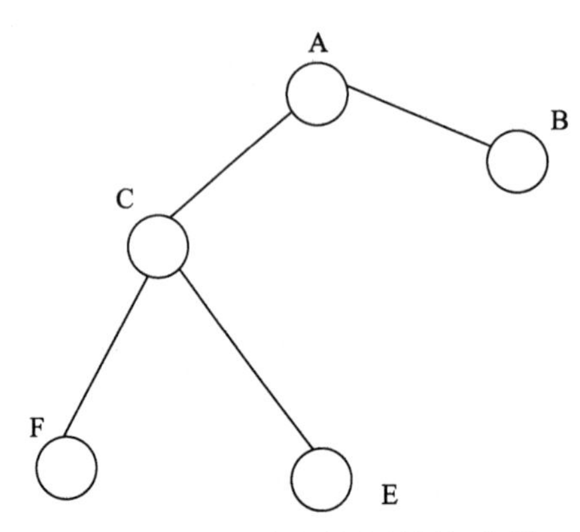

图 2-5 以 A 为根的多播树拓扑图

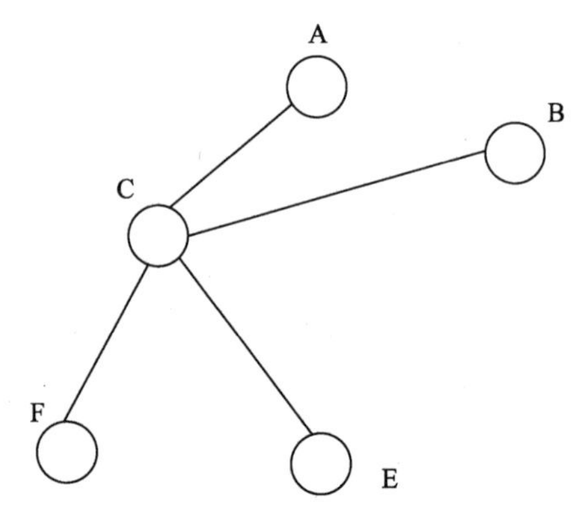

图 2-6 以 B 为根的多播树拓扑图

1. 静态树构建算法

一种很容易想到的方法是基于总代价最小(链路代价之和最小)的法则来构建多播树,这样构建的多播树叫作最小代价树。这种方法最早是由 Steiner 提出的,因此,这样的树也称 Steiner 树。例如图 2-7 中,A、B、E、F 是成员路由器,边上的数字是链路代价。按照总代价最小法则构建的多播树拓扑图如图 2-8 所示。求解 Steiner 树是一个 np-complete 问题,最优解很可能工程上不可行。这是因为求解的约束条件过于严格;还必须要知道所有的链路信息;不能直接使用单播路由表中的数据;如果链路上的代价是动态变化的,求解算法会一直运行,很难收敛;最终构建的多播树很可能导致数据接收的同步性很差(图 2-8 就是如此)。

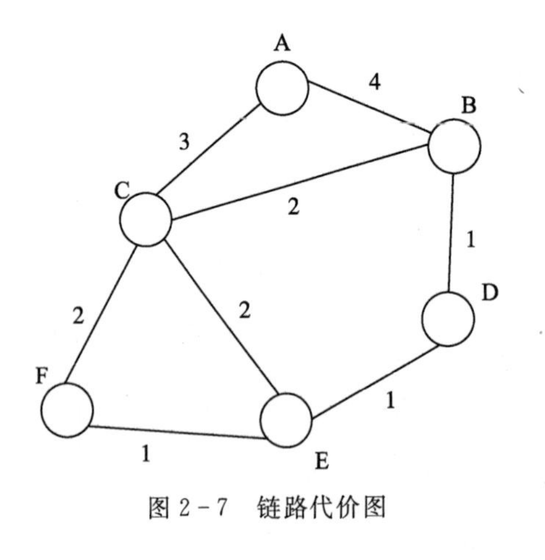

图 2-7 链路代价图

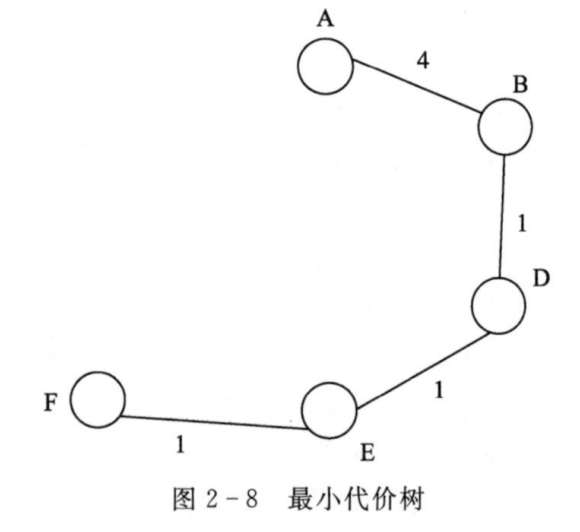

图 2-8 最小代价树

基于中心的树的构建算法。首先在多播成员路由器节点中选择一个中心节点;然后,每一个成员节点以单播的方式(走最优路径)向中心节点发送“加入报文”,“加入报文”或者到达中心节点,或者到达已经在多播树上的节点;让“加入报文”经过的路径变为多播树上一个枝。例如图 2-9 中,A、B、E、F 是成员节点,E 是选定的中心节点。按照这个多播树构建算法,形成的多播树就如粗线所示,这棵树就是一种“组共享的树”。基于中心的树的构建算法,直接使用了单播路由表里的信息,并没有增加额外的计算开销。

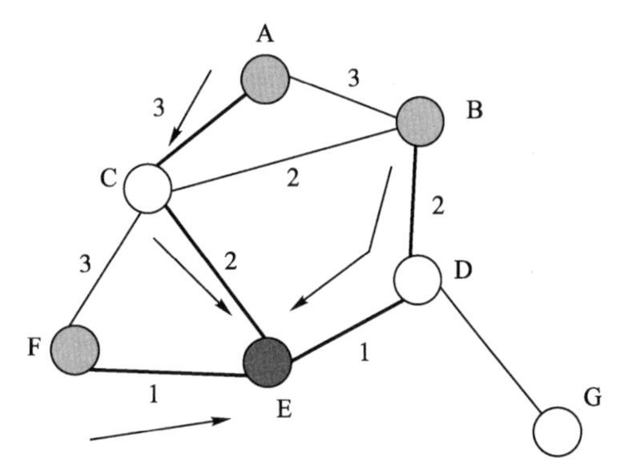

图2-9　以E节点为中心的多播树

2. 动态树构建算法

动态树是指树的结构随着源端的切换而变化的多播树,源端不同,树的结构就不一样。很显然,要构建这样的多播树,源端就是最关键的要素,它是多播树的根节点。目前,工程上实际使用的算法有两个:一个是基于源的树构建算法,另一个是"反向路径转发(reverse path forwarding,RPF)"算法。

(1)基于源的多播树的构建。如果路由器的单播路由协议是OSPF,运行的是LS算法,那么,源端路由器本身就已经维护了一棵以自己为根的最优路径树,它是从根节点到每一个目的节点的最优路径的集合。因此,每一个成员路由器在路由广播时只需要增加一条"我是成员节点"信息,源端路由器就能知道哪些路由器是成员节点了。源节点基于全局最优路径树,只保留到每一个成员节点的最优路径,就获得了一棵以源端为根的多播树。图2-10是A节点通过单播路由算法维护的一棵最优路径树。B、E和F为成员节点,通过"我是成员节点"路由广播后,源端A维护的多播树就是粗线给出的一棵树。

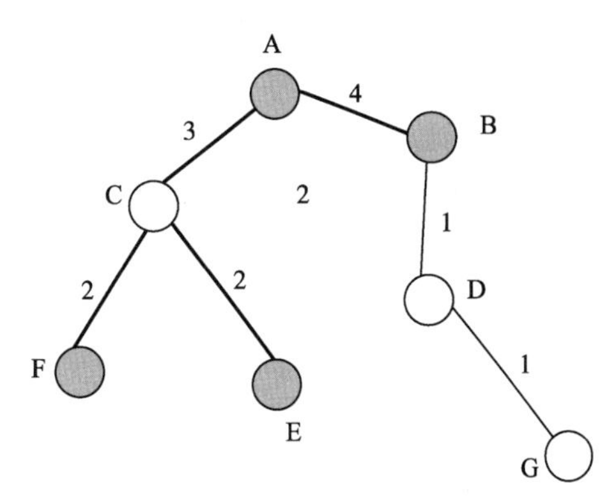

图2-10　基于源端A的多播树构建

基于源的多播树的构建算法十分简单,不需要所有链路的状态,也没有增加路由器的计算开销,只需要在成员节点路由广告时增加一条"我是成员节点"信息。一般情况下,当切换源端时,多播树的结构也会改变,不同的源就有不同的多播树。但此算法强烈地依赖于LS算法,仅适用于安装OSPF协议的路由器。

(2)RPF多播路由算法。纯RPF算法是一种广播路由算法,RPF多播路由算法本质上就是一种基于广播的路由算法。它由三部分组成:RPF、剪枝和嫁接,刚开始时是广播通信的。纯RPF算法描述如下:

When a router receives a multicast packet, remember the source address(S) and its interface(I);

If I belongs to the shortest path from this router to the S, forward the packet to all its interfaces except I;

Otherwise, discard it;

RPF 算法并不要求路由器知道从自己到源端完整的最短路径,即反向最短路径,它只需要知道下一跳在不在反向最短路径上就可以了。因此,这个算法可以直接使用 DV 算法或 LS 算法维护的信息,来判定接口 I 在不在反向最短路径上。对于图 2-11 所示的拓扑结构,假定路由器 A 是发送端所在的源节点,B、E、F 是成员路由器节点。当 A 收到一个多播数据包时,除了输入接口外,会扩散(flooding)到每一个输出接口。于是,C 和 B 都会收到这个数据包。B 收到这个数据包,其输入接口在反向最短路径上,于是将这个数据包扩散到所有的输出接口;C 收到 B 转发的数据包,识别出这个输入接口(细线对应的接口)不在其反向最短路径上,于是就丢弃这个数据包;类似地,B 收到 C 转发来的数据包也会丢弃。C 收到 A 转发来的数据包,由于输入接口在反向最短路径上,也会扩散这个数据包,于是,E 和 F 就收到了这个数据包;D 收到 B 转发来的数据包,会扩散到 E 和 G 节点;E 识别出 D 和 E 之间的接口不在反向最短路径上,就丢弃这个数据包。类似地,F 和 E 也会收到对方转发来的数据包,D 也会收到 E 转发来的数据包,但都会丢弃它们。D 和 G 不是成员节点,但也收到了数据包。由此可见,纯 RPF 是一个广播路由算法。还需要剪枝算法,把冗余的枝剪掉。

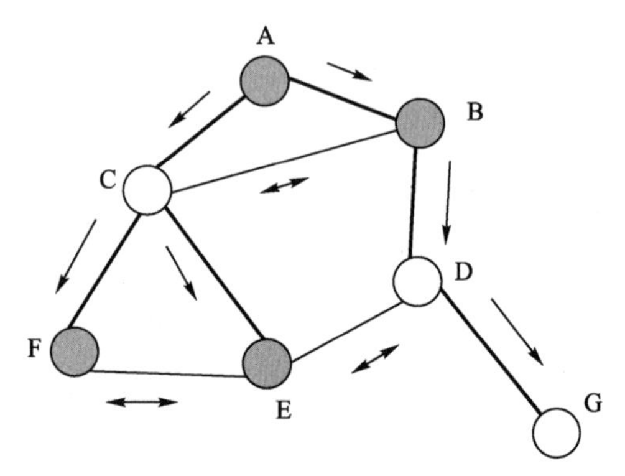

图 2-11　RPF 算法执行示意图

剪枝算法的目的是剪去冗余的枝。对于图 2-11 来说,BDG 就是多余的枝。RPF 剪枝算法描述如下:

Disabling discarding packet interface;

If a router has no attached hosts joined to the group, send a prune msg to its upstream router;

If a router receives prune msgs from all its downstream routers, send prune msg to its upstream router;

其中,剪枝报文(prune message)就是"无成员报告报文",告诉其上行路由器,它这里没有多播成员存在。对于图 2-11 所示拓扑结构,剪枝后如图 2-12 所示。剪枝以后,它就是一棵多播树,多播数据包就可以在这棵树上广播了,不再有冗余数据包传输。

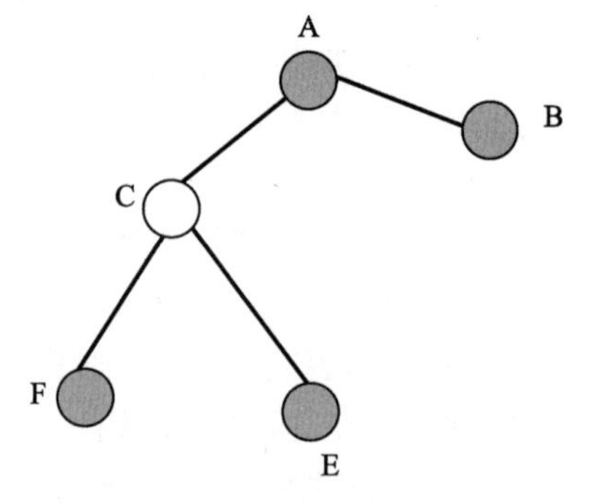

图 2-12　剪枝后的多播树

基于 RPF 的多播可以称为"扩散与剪枝

(flooding and pruning)”。刚开始的多播数据包是在整个网络上扩散的，它要求一个路由器必须知道其哪些下行路由器需要接收多播数据包。这儿还有一个问题：被剪掉的枝或一个新成员路由器如何加入多播应用？这就需要“嫁接”技术，来吸纳新成员节点。

嫁接就是当一个路由器变为成员节点时，向上行路由器发送“嫁接报文(graft message)”。上行路由器如果不是成员节点，它再将嫁接报文向上行转发，嫁接报文经过的路径成为多播树上的枝。另一种方法是周期性地恢复减掉的枝，然后再次执行剪枝，这样也能够吸纳新成员。

2.3.2　多播路由协议

多播路由的本质就是构建多播树。基于上面的多播树构建方法形成了四个主要的多播路由协议：DVMRP(distance vector multicast routing protocol, RFC 1075)、MOSPF(multicast open shortest path first, RFC 1584)、CBT(core-based tree)、PIM (protocol independent multicast, RFC 2362)。目前这四个协议在多播网或实验性的多播网上都得到了应用。

1. DVMRP

DVMRP 是距离矢量多播路由协议，它的核心是基于 RPF 的多播路由算法，依赖于 DV 算法来判断反向最短路径。DVMRP 运行在 AS 内，其报文直接封装在 IP 包里，每分钟执行一次路由交换，报文扩散的跳数上限是 32 跳。这个协议提供了 7 种报文类型：DVMRP Probe、DVMRP Report、DVMRP Prune、DVMRP Graft、DVMRP Graft Acknowledgement、DVMRP Ask Neighbors、DVMRP Neighbors。从名字上就能看出这些报文的用途，所有包的目的地址都是 224.0.0.4。DVMRP 成功地运行在 Mbone(多播骨干网)上，对应的进程是 mrouted，跨越 AS 使用了隧道技术。

2. MOSPF

MOSPF 是多播开放的最短路径优先协议，是对 OSPF 的一种扩展，运行在 AS 内，也称“多播扩展 OSPF 协议”。MOSPF 扩展了 OSPF 的链路状态通告，通告中包含了一个新的选项：本节点是否是多播成员，包含哪些多播组。运行 OSPF 的路由器本身就维护着一棵以自己为根的到所有目的节点的最优路径树。基于多播成员信息广告，以特定源节点为根、到达每一个多播成员的多播树就能很容易地建立起来，无成员存在的那些枝会被剪掉。MOSPF 不支持隧道技术，没有得到广泛应用。

3. CBT

CBT 是有核树协议，其核心是基于中心的树的构建算法，构建出来的树是所有成员共享的静态树。围绕中心树的构建算法，定义了一些通信使用的报文，它适合于成员节点稀疏分布的情况。CBT 构建使用了两种报文：JOIN_REQUEST 报文和 JOIN_ACK 报文。边缘成员路由器节点向中心节点以单播的方式发送 JOIN_REQUEST 报文，中心节点或已经成为成员的节点返回 JOIN_ACK 报文，对收到的 JOIN_REQUEST 报文进行响应，这样就很容易地构建出了一棵 CBT。在多播通信过程中，还需对这棵树进行维护，以剪掉不再包含成员的枝。CBT 协议提供了维护有核树的报文，维护过程如下：下行成员节点周期性地向其上行节点发送 ECHO_REQUEST 报文，以表明自己仍然是一个活动的成员，上行节点返回 ECHO_REPLY 报文进行响应；如果下行成员节点几次发送 ECHO_REQUEST 报文，都没有收到 ECHO_REPLY 报文，则多播一个 FLUSH_TREE 报文，去除从自己到该上行节点的枝。然后，向中心单播 FLUSH_TREE 报文，重新加入 CBT。类似地，如果上行节点几个周期后还没有收到下行节点的 ECHO_REQUEST 报文，则认为该下行节点不再是成员了，剪掉这个枝。

4. PIM

PIM 是协议无关的多播协议，它能和任一种单播路由协议协作，不管是 RIP 还是 OSPF。这里的"协议无关"是指不依赖于某一特定单播路由协议，而非真的和单播路由协议无关。PIM 定义了两种模式：密集模式(dense-mode)和稀疏模式(sparse-mode)。当 AS 内多播成员比较多时，使用密集模式，反之则使用稀疏模式。在密集模式中，PIM 依赖于 DVMRP，使用多播 RPF 算法来构建和维护多播树；在稀疏模式中，如果采用剪枝方法，则需要剪掉的枝就太多了，剪枝的开销太大。因此，采用"汇合点树"或基于源的多播树构建方法。在 PIM 中，"Core"的角色换成了汇合点(rendezvous point，RP)。汇合点树(rendezvous point tree，RPT)和 CBT 的构建方法类似。多播数据传送时，多播源沿最短路径向 RP 发送数据，再由 RP 沿最短路径将数据分发到各个接收端，这一点和 CBT 略有不同。对于多播树的维护，边缘路由器节点周期性地向汇合点发送 JOIN 报文，为了节省资源，汇合点并不对其进行确认，取而代之的是多播一个 STOP-JOIN 报文，告知每一个成员节点：当没有接收者存在时，不要再向汇合点发送 JOIN 报文。PIM 的两种工作模式可以互相切换，已成功地运行在 UUnet 多播网上。

5. AS 间多播路由

目前支持基于 IPv4 的多播网尚没有统一的 AS 间路由协议。MBone 采用隧道技术来跨越 AS，UUnet 则使用多播源发现协议(multicast source discovery protocol，MSDP)和多播边界网关协议(multicast BGP，MBGP)来实现 AS 间多播，MSDP 和 MBGP 需要联合使用。前者用来发现其他 AS 里的多播源，后者是对 BGP4 的扩展，提供了一种多播 RPF 检查方法。在 MSDP 中，不同 AS 里的 RP 之间采用 TCP 交换 SA(source active)报文；MBGP 能够向邻居网关通告多播源的路径信息。当 RP 或成员节点向其他 AS 的多播源发送 JOIN 报文时，通过 MBGP 提供的路由反向到达多播源。

多播路由协议的评价参数。评价一个多播路由协议好坏尚没有统一的标准，可以从以下几个方面来评价：可扩展性、依赖性、业务量、业务集中度、最优性和同步性。可扩展性是指增加多播组或成员是否容易，越容易越好。依赖性是指对单播路由协议的需求。这是一个两难问题，单播路由协议如果能很好地支持多播路由，多播路由往往就比较简单，但通用性就比较差。业务量是指额外接收到的业务量，即不必要的业务量。不必要的业务量越少越好。业务集中度是指多播树上业务的分布是否均匀，越均匀越好，越集中越不好。最优性是指多播包的转发路径是否最短。同步性的评价指标是所有接收端接收到多播信息的时间差，这个时间差越小越好。

2.3.3 多播应用的程序设计

这里给出的是基于 Winsock 的 C 语言多播程序设计方法。需要强调的是，只有

UDP 支持多播通信,所以,多播编程需要建立 UDP 的套接字。多播应用程序可以简单地分为两部分:发送端部分和接收端部分。

1. 发送部分

发送部分的程序大致可以分为以下 4 步。

第一步:使用 socket()函数建立 UDP 套接字,并进行端口绑定。其代码如下:

```
sock=socket(AF _INET ,SOCK _DGRAM,0);
sock _addr. sin _family=AF _INET;
sock _addr . sin _addr. s _addr=INADDR _ANY;
sock _addr. sin _port=htons(port);//host byte →network byte
bind(sock,(lpSockaddr)&sock _addr, sizeof(sock _addr))
```

其中,地址是本机 IP 地址或 INADDR _ANY,端口号要大于 1024。

第二步:设置多播通信范围。设置多播通信范围需要使用 setsockopt()函数,其代码如下:

```
setsockopt(sock, IPPROTO _IP, IP _MUTICAST _TTL, &ttl, sizeof(ttl) );
```

函数中的关键参数是 ttl,其取值大小决定了多播的范围。参数 ttl 的取值及对应的多播范围如表 2 - 1 所示。

表 2 - 1　参取 ttl 取值及其对应的多播范围

0	本机
1	本网段
32	本网
64	本地区
128	本大洲
255	全世界

第三步:设置缺省的多播接口。确定哪一个接口加入多播组,设置多播通信接口的函数如下:

```
setsockopt(sock, IPPROTO _IP, IP _MUTICAST _TTL, &addr, sizeof(addr) );
```

这里的 addr 是本机 IP 地址。

第四步:发送数据包。在调用 sendto()函数发送多播数据包之前,需要处理一下目的地址的结构,其代码如下:

```
dest _addr. sin _family= AF _INET;
dest _addr. sin _addr. s _addr=inet _addr;
dest _addr. sin _port=htons( port );//主机字节转换为网络字节
sendto(sock, buf, strlen(buf),0,(struct sockaddr FAR * )&dest _addr,
sizeof(dest_addr));
```

2. 接收部分

接收部分的程序可以分为以下几步。

第一步：申请加入多播组，成为多播成员。这需要通过选项设置函数来实现：

```
setsockopt( sock, IPPROTO_IP, IP_ADD_MEMBERSHIP, &mreq, sizeof(mreq) );
```

其中，结构变量 mreq 定义如下：

```
struct  ip_mreq {
    struct  in_addr  imr_multiaddr; //multicast address
    struct  in_addr imr_interface; //多播接口，可以使用缺省接口
}
```

第二步：设置接收缓存。示例代码如下：

```
const char FAR * optval=5000;
int optlen=4;
setsockopt( sock, SOL_SOCKET, SO_RCVBUF, (char FAR * )&optval, optlen);
```

第三步：接收信息。当一个多播数据包到达主机时，Winsock 会产生 FD_READ 事件，此时就可以调用 recvfrom()函数来接收数据了：

```
recvfrom( sock, lpBuffer, 1024, 0, (srtuct sockaddr FAR * )&from, (int FAR * )
&fromlen);
```

其中，from 是源端的 IP 地址。

如果需要多个进程绑定同一个端口，可以使用下面的选项设置函数：

```
setsockopt(sock, SOL_SOCKET, SO_REUSEADDR, &one, sizeof(one) );
```

当退出多播应用时，可以使用选项设置函数，通知路由器该节点离开了多播组：

```
setsockopt (sock, IPPROTO_IP, IP_DROP_MEMBERSHIP, &mreq, sizeof(mreq) );
```

这里需说明，该函数调用不是必需的，程序中可以没有这个语句。

2.4　本章小结

本章讲述了多播的概念、架构和原理。多播是一点发送、部分点同时接收的通信方式，单播和广播是多播通信的两个边界，Internet 上的通信方式可以统一为多播通信。多播架构由两部分组成，即多播边缘和多播内核。多播边缘实现多播组的管理功能，这依赖于 IGMP 或 ICMPv6 协议；多播内核实现多播路由功能，负责将源端发送的数据包优化地传送到每一个接收端，这依赖于多播路由协议。主要的多播路由协议有 DVMRP、MOSPF、CBT 和 PIM，它们包含基于源的多播树构建算法和基于中心的多播树构建算法。目前 IPv4 网络还不能完全支持多播应用，在 IPv6 网络上，多播将是一种很常态的通信模式。

第 3 章　软件定义网络

3.1　SDN 的概念

1. SDN 简介

软件定义网络(software defined network, SDN)是斯坦福大学于 2009 年提出的一种新型网络架构,在这种架构中,控制平面和转发平面分离,可通过软件编程方式定义和控制网络,实现网络资源的灵活分配,从而提高网络通信的质量。SDN 的基本思想是让应用而不是带有固定模式的协议来控制网络,以充分地利用网络资源;网络运营商能更好地控制基础设施,降低整个网络的运营成本。SDN 将整个网络的垂直方向变得开放、可编程,让人们更容易、更有效地使用网络资源。SDN 是网络虚拟化的一种实现。目前,有不少企业将 SDN 技术用在了自己的网络构建上。

2. SDN 的用途

IP 网络的生存能力很强,得益于其分布式架构。但目前的网络设备和管理过于复杂,需要繁琐的人工配置,无法满足快速网络调整的需求。传统网络通常部署网管系统作为管理平面,而控制平面和数据平面分布在每个设备上运行。如果需要对设备软件进行升级,还需要在每台设备上进行操作,工作效率很低。SDN 能很好地解决这些问题。SDN 的可编程性和开放性,使得我们可以快速地开发新的网络业务,加速业务创新。如果希望在网络上部署新的业务,可以通过针对 SDN 软件的修改实现网络快速编程,业务快速上线。大型网络公司可以利用 SDN 掌握的深层信息,通过编程优化和提升网络体验;ISP 和企业网络管理员可以利用 SDN 简化网络管理、保证 QoS;网络技术研究学者可以利用 SDN 快速地部署和检验创新的网络技术。

3.2　SDN 的架构

SDN 架构自顶向下分为三层:应用层、控制层和数据层,也称应用平面、控制平面和数据平面,如图 3 - 1 所示。其中,数据平面由路由器、交换机等网络通用设备组成,各个网络设备之间通过不同规则形成的 SDN 数据通路连接。数据平面也叫作转发平面或设备平面,由转发设备组成,它的功能相对简单,只负责数据转发。控制平面包含了 SDN 控制器,它掌握着全局网络信息,负责各种转发规则的控制,是 SDN 的中心。它控制着网络拓扑、管理着网络设备,创建并下发流表。应用平面包含各种基于 SDN 的网络应用,用户无需关心底层细节就可以编程、部署新的应用,网络管理也位于这个平面。

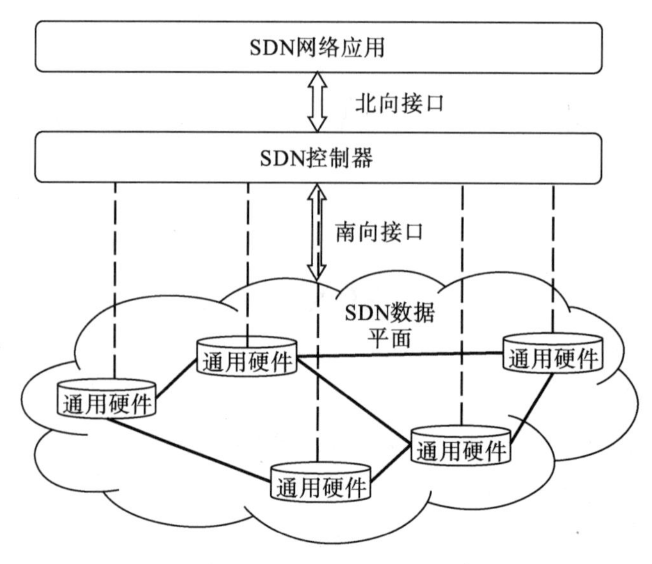

图 3-1 SDN 的三层架构

控制平面与数据平面之间通过南向接口进行双向通信。南向接口(southbound interface, SBI)具有统一的通信标准,负责将控制器中的转发规则下发至转发设备。控制平面与应用平面之间通过北向接口(northbound interface, NBI)进行通信,而 NBI 尚没有统一的标准,它允许用户根据自身需求定制开发各种网络管理应用。SDN 中的接口具有开放性,以控制器为逻辑中心(控制器可以是多个),南向接口负责与数据平面进行通信;北向接口负责与应用平面进行通信;东西向接口负责各控制器之间的通信。最主流的南向接口使用 OpenFlow 协议。OpenFlow 基于流(flow)的概念来匹配转发规则,每一个交换设备都维护一个流表(flow table),依据流表中的转发规则进行转发,而流表的建立、维护和下发都是由控制器完成的。应用程序通过北向接口编程来调用所需的各种网络资源,实现对网络的快速配置和部署。东西向接口使控制器具有可扩展性,便于负载均衡和性能提升。

传统的网络是平坦的架构,在垂直方向上是相对封闭的。SDN 在架构上要比传统的网络架构复杂一些,垂直方向上进行了分层。图 3-2 给出了这两种架构的比较。

在 SDN 的三层架构中,由控制器组成的控制平面是核心,它拥有全局的网络信息,控制着转发设备的转发规则。其主要功能包括:拓扑管理、路由优化、网络虚拟化、QoS 控制、设备管理和接口适配等。它向上通过北向接口接收应用传递的控制策略,向下通过南向接口下发流表和转发规则。南向接口和北向接口都是开放的通信管道,目前南向接口大多采用 OpenFlow,北向接口也是可编程的 API,由用户自己定义,例如 REST API、Java API。

SDN 有四个主要的技术特征:

(1)控制平面与数据平面分离;

(2)开放的可编程接口;

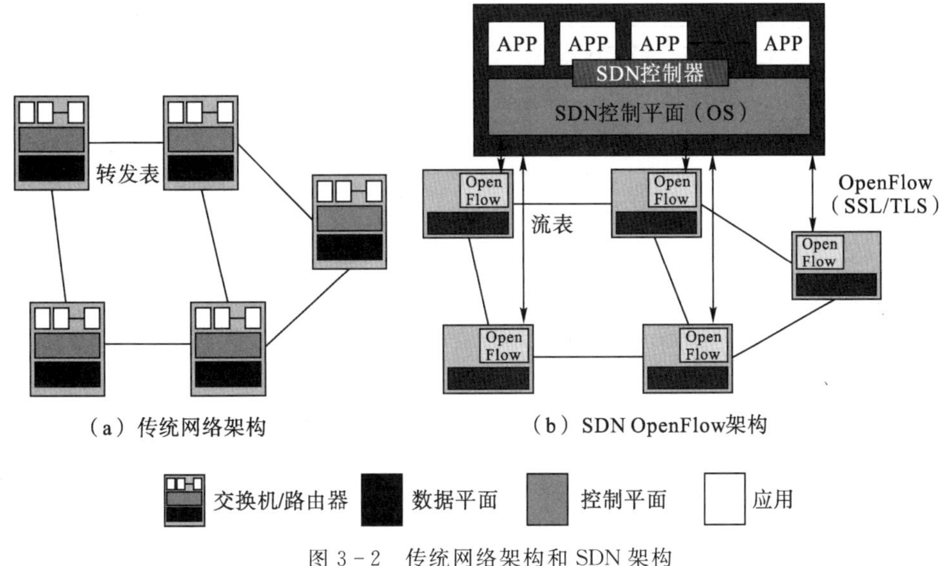

图 3－2　传统网络架构和 SDN 架构

(3)集中式的网络控制；

(4)网络服务的自动应用控制。

SDN 的本质是网络软件化，提升网络的可编程能力，是一次网络架构的重构，而不是一种新特性、新功能。SDN 将比原来网络架构更好、更快、更简单地实现各种功能特性。

3.3　SDN 的关键技术

3.3.1　应用平面

应用平面包括 SDN 应用逻辑与 NBI 驱动。应用平面通过 NBI 与 SDN 控制器进行交互。在应用逻辑的实现上可以基于 SDN 理念改造传统应用的交付能力，比如负载均衡、访问控制、应用加速等。可以通过软件实现的应用交付能力，降低系统的开支和成本；实现网络设备的虚拟化和集中控制；支持网络系统的快速部署，在故障出现时能够快速地发现与解决问题；提供更高的智能，支持自动化运作，实现应用感知的网络。

SDN 应用平面提供用户所需的定制服务，这些服务大体可分为两类：一类是典型的网络应用，如 Web、FTP、E-mail、P2P、互联网目录服务等，这些应用面向普通的网络用户；另一类服务是网络管理与控制，如网络负载均衡、网络安全控制、业务监控、拓扑发现、转发规则部署等，这类应用面向网络管理员。应用层通过 SBI 部署这些应用，图 3－3 给出了应用层的组成。

应用平面通过 NBI 给用户提供编程接口。用户通过编程实现网络配置、资源调度和满足 QoS 需求的业务部署。不同类型的用户设计不同的程序，实现各自的目的。

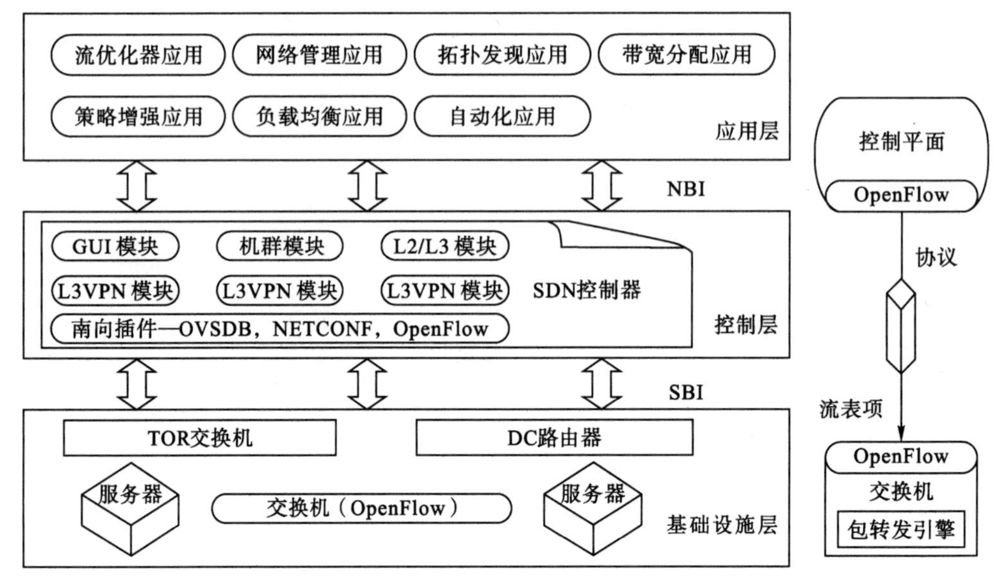

图 3-3　SDN 架构中的应用

3.3.2　控制平面

SDN 控制平面主要由一个或者多个控制器组成，包含有 SDN 的操作系统。控制平面建立本地数据集，用以创建转发表项。其中，用来存放网络拓扑的数据集叫作路由信息库(routing information base, RIB)；转发表项通常叫作转发信息库(forwarding information base, FIB)。一方面，控制器通过 SBI 对底层网络交换设备进行集中管理、状态监测、转发决策以处理和调度数据平面的流量；另一方面，控制器通过 NBI 向上层应用开放多个层次的可编程能力，允许网络用户根据特定的应用场景灵活地制定各种网络策略，实现应用平面部署的各种服务。控制平面包含的关键技术包括：链路发现、拓扑管理、策略定制、流表项分发、路由协议、QoS 保证、访问控制、防火墙、镜像等。

典型的控制器架构如图 3-4 所示，下部为控制器的架构，由两个子层组成：网络基础服务层和基本功能层。需要适配的协议主要包含两类：一类是用来跟底层交换设备进行信息交互的南向接口协议，第二类是控制多个控制器之间进行信息交互的东西向接口协议。模块管理允许在不停止控制器运行的情况下加载新的应用模块，实现上层业务变化前后底层网络环境的无缝切换；事件机制定义了事件处理相关的操作，包括创建事件、触发事件、事件处理等操作。事件作为消息的通知者，在模块之间划定了清晰的界限，提高了应用程序的可维护性和重用性；任务日志模块提供基本日志功能。开发者可以用它来快速地调试自己的应用程序，网络管理人员可以用它来高效、便捷地维护 SDN。交换机管理：控制器从资源数据库中得到底层交换机信息，并将这些信息以更加直观的方式提供给用户以及上层应用服务的开发者；拓扑管理：控制器从资源数据库中提取到链路、交换机和主机的信息后，就会形成整个网络的拓扑结构图；路由、转发策略提供数据包或帧的转发策略，如基于 MAC 地址的二层转发、基于 IP 地址的三层转发，或者用户自己开发的转发策略。

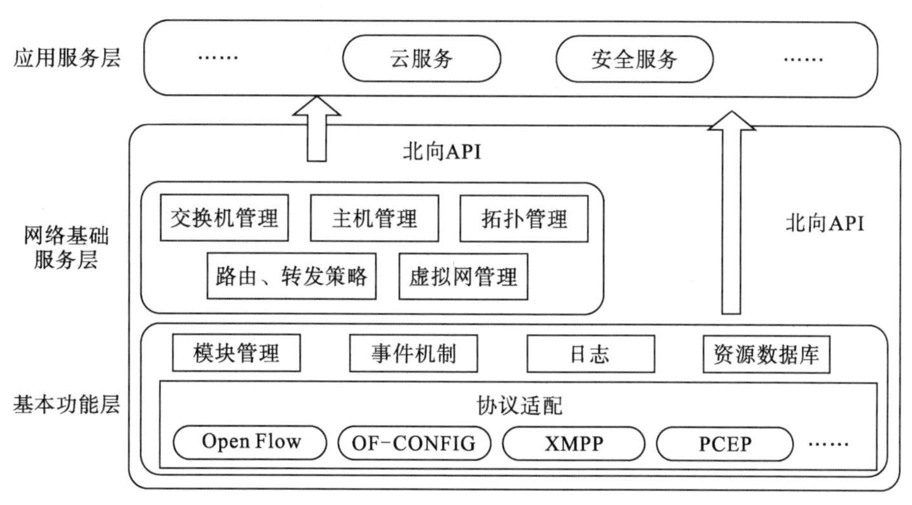

图 3-4　典型控制器的架构

目前，已经有一些开源的控制器，如 FloodLight、Nox/Pox、Trema、Becon、OpenDaylight 等。

3.3.3　数据平面

数据平面是一个由物理转发设备（支持 SDN 的路由器、交换机）或虚拟转发设备组成的网状结构（参见表 3-1），每个转发设备本身并不运行路由协议或路由算法，只是解析数据包，根据控制器下发的流表转发数据包。若与其中一个表项匹配成功则执行相应处理动作，若无匹配项则上交控制器，由其决定处理决策。数据平面基于流（如 OpenFlow）与控制器进行通信，控制器分析数据平面上报的信息，更新并下发转发规则。

3.3.4　传统网络与 SDN 的比较

相比于传统网络，SDN 具有很多优点：SDN 打破了网络与设备供应商的绑定，提高了新业务的部署速度，可以从整个网络层面对流量进行优化；在 SDN 网络中，开发人员和用户，都可以更多地发挥自己的想象，创建所需要的任务，而不再受各种协议的约束；SDN 通过编程来控制网络的行为，实现支持 QoS 的网络应用。

表 3-1 给出了 SDN 与传统网络的比较。

表 3-1　SDN 与传统网络比较

SDN	传统网络
控制与数据转发分离，两者均容易扩展	逻辑控制和数据转发位于同一设备中
集中式/集成式控制	分布式控制，控制分散到每台转发设备上
基于流表的转发	基于目的地址和转发表的转发
便于应用更新和网络控制	应用更新和网络控制较为困难

3.4　OpenFlow

OpenFlow 是 SDN 中控制平面与转发平面之间的通信管道，包含两者之间的通信协议，也是两者之间的接口，要求控制平面中的控制器和转发平面中的设备都要支持这些协议。OpenFlow 网络由 OpenFlow 转发设备、OpenFlow 控制器、用于连接设备和控制器的安全通道(secure channel)以及 OpenFlow 表项组成。其中，OpenFlow 转发设备和 OpenFlow 控制器是组成 OpenFlow 网络的实体，要求能够支持安全信道和 OpenFlow 表项。图 3-5 给出了 OpenFlow 控制器、协议和转发设备之间的关系；其中，OpenFlow 交换设备的概念结构如图 3-6 所示。

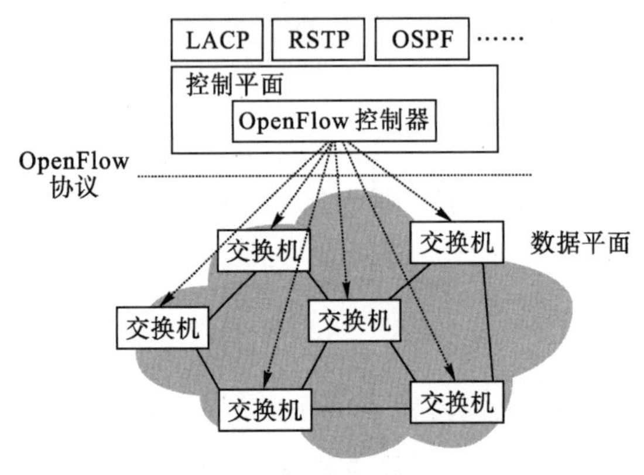

图 3-5　OpenFlow 控制器、协议及转发设备

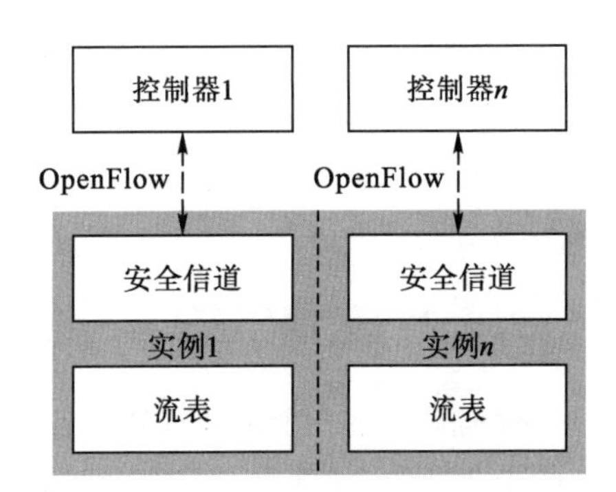

图 3-6　OpenFlow 交换设备结构

3.4.1　OpenFlow 交换机

OpenFlow 逻辑交换机由一个或多个流表、一个或多个到外部控制器的通道以及一个组表构成，如图 3-7 所示。它们执行数据包的检查和转发，基于 OpenFlow 协议接受控制器的管理。控制器通过 OpenFlow 协议主动或被动地对数据包做出响应，对流表中的流表项进行添加、删除和更新操作。交换机中的每一个流表都包含一组流表项；每个流表项包括匹配字段、计数器和指令，用于匹配数据包。

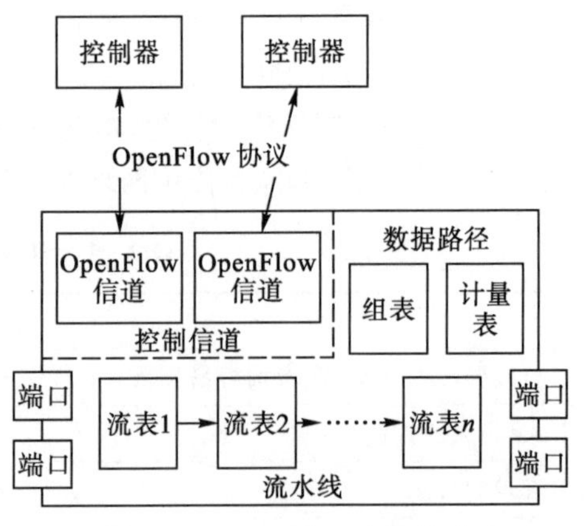

图 3-7　OpenFlow 交换机组成

匹配过程从第一个流表开始，并可能继续匹配流水线上的其他流表。流表项按照优先级从每个表的第一个匹配项对数据包进行匹配。如果找到匹配的项，则执行特定流表项的相关指令。如果在流表中找不到匹配项，结果取决于 table-miss 流表项的配

置，数据包可被转发到 OpenFlow 控制器、丢弃或者可以继续到下一个流表。

与每个流表项相关的指令包含动作和修改流水线处理的信息。包含在指令中的操作描述了数据包的转发、修改和组表的处理。流水线处理指令允许数据包被发送到后续流表中做进一步处理，并允许数据包以元数据的形式在流表之间传递。当与匹配流表项相关联的指令集未指定下一个表时，流水线处理停止，此时数据包通常会被修改并转发。匹配到的数据包会转发到一个端口（通常为一个物理端口，也可能是交换机定义的逻辑端口或协议定义的保留端口）。也可以将数据包转发到一个组，这个组指定了额外的处理。组代表 Flooding 指令集和更复杂的转发语义（如多路径、快速重路由和链路聚合）。

组表由组表项组成，每个组表项都包含一个具有特定规范的动作桶列表，这些动作桶依赖于组类型。数据包发送依赖于一个或多个动作桶中的动作。

端口（port）就是网络接口，OpenFlow 交换机之间通过 OpenFlow 端口在逻辑上相互连接。交换机从输入端口接收数据包，经由流水线处理后会转发至输出端口。一个 OpenFlow 交换机必须支持三种类型的端口：物理端口、逻辑端口和保留端口。保留端口指定通用的转发动作，如发送到控制器、Flooding 或其他转发动作。使用 OpenFlow 配置协议，可能会随时增加或删除交换机上的端口。交换机也可以根据端口下层的情况来改变端口的状态，这些改变需要告知控制器，由控制器进行相应的处理。

1. 流表

OpenFlow 交换机有两种类型：OpenFlow-only，OpenFLow-hybrid。在 OpenFlow-only 的交换机上只能由 OpenFlow 流水线来处理数据包。OpenFlow-hybrid 交换机同时支持 OpenFlow 操作及传统二层以太网交换机、VLAN、三层路由（IPv4，IPv6）、QoS 保证等操作。OpenFlow 流水线包含一个或多个流表，每个流表有多个流表项。OpenFlow 流水线定义了数据包与流表交互的方式，如图 3-8 所示。流表从 0 开始按序编号，处理过程分为两个阶段，入口处理与出口处理。两个阶段由第一个出口流表分开。流水线处理

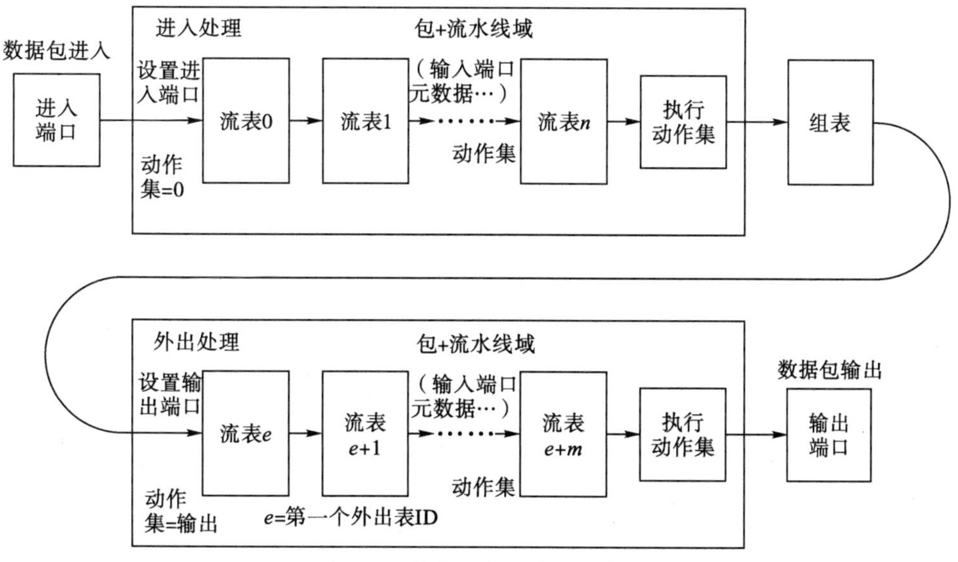

图 3-8　数据包流经处理流水线

总是从第一个流表开始入口处理，数据包首先与 0 号流表的流表项匹配，是否使用其他输入流表取决于匹配的结果。如果结果是将数据包转发到输出端口，交换机会在输出端口执行出口处理，大多数情况下数据包会被送出交换机。

当通过流表进行处理时，流水线将该数据包与流表中的流表项进行匹配，如果匹配到流表项，则包含在该流表项中的指令集被执行。这些指令可能明确地将数据包指向另一个流表，在下一个流表再次重复相同的过程。流表项只能指导数据包发送到大于其自己的流表号的流表，流水线处理只能前进，不能后退。如果匹配的流表项不指导数据包发送到另一个流表，当前阶段的流水线处理就终止了，数据包与相关的动作集一起被处理，通常是执行转发。如果数据包与流表中的流表项不匹配，则这是 table-miss 行为。table-miss 流表项可以灵活地指定如何处理不匹配的数据包（丢弃、将它们传递给另一个表、发送给控制器）。很少有数据包没有被流表项完全处理而流水线处理出现停止的情况，不处理数据包的行动集或会将其指向另一个表。如果没有 table-miss 流入口，数据包被丢弃；如果发现一个无效的 ttl，数据包可能会被发送到控制器。

一个流表中包含多个流表项，在新版本中，每个流表项由 7 部分组成，如图 3－9 所示，分别是：匹配域，用来识别该表项对应的 flow；优先级，定义流表项的匹配优先顺序；计数器，用于保存与该表项相关的统计信息；指令，匹配表项后需要对数据分组执行的动作；失效时间；Cookie，由控制器选择的不透明数据值，控制器用来过滤统计数据，进行流改变和删除；标记，在一个流表中，匹配字段和优先级共同确定的唯一流表项。优先级为 0 的流表项、所有字段通配的流表项为 table-miss 流表项。

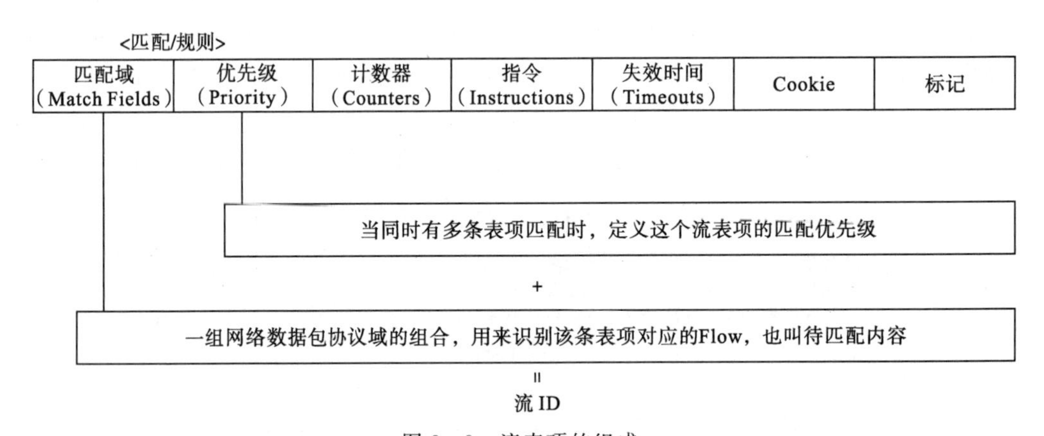

图 3－9　流表项的组成

2. 流表匹配

OpenFlow 交换机在接收到一个数据包后，从第一个流表开始并基于流水线的方式进行查找。数据匹配字段从数据包中提取，用于表查找的数据包匹配字段依赖于数据包类型，这些类型通常包括各种数据包的报头字段，如：以太网源地址或 IPv4 地址。除了通过数据包报头进行匹配，也可以通过入口端口和元数据字段进行匹配。元数据可以用来在一个交换机的不同表中传递信息。报文匹配字段标识报文的当前状态，如果在前一个表中使用 Apply-Actions 改变了数据包的报头，那么这些变化也会在数据包匹配字段中反映。数据包匹配字段中的值用于查找匹配的流表项，如果流表项字段具有值 ANY，它就可以匹配报头中的所有可能值。数据包与表进行匹配，优先级最高的表项必须被选择，且与选择流表项相关的计数器会被更新，选定流表项的指令集也被执行。若多个匹配的流表项有相同的最高优先级，所选择的流表项被确定为未定义表项。OpenFlow V1.5 引进了外出表（见图 3-8），细化了输出动作，可以在输出端口处理数据包。当一个数据包输出到某个端口时，首先会从第一个外出流表开始处理，由流表项定义处理方式并且转发给其他外出流表。原先由控制器指定输出的相关操作，引进外出流表后，现在将这一功能下放到交换机中，提高数据包的处理效率。

流表匹配的过程如图 3-10 所示。其中“包输入”涉及的操作包括：清空动作集、初始化流水线域、从流表 0 开始匹配。进入段的执行指令集包含的动作有：更新指令集、更新包头、更新匹配集域、更新流水线域，如果需要克隆包到外出段。执行动作集包括：更新

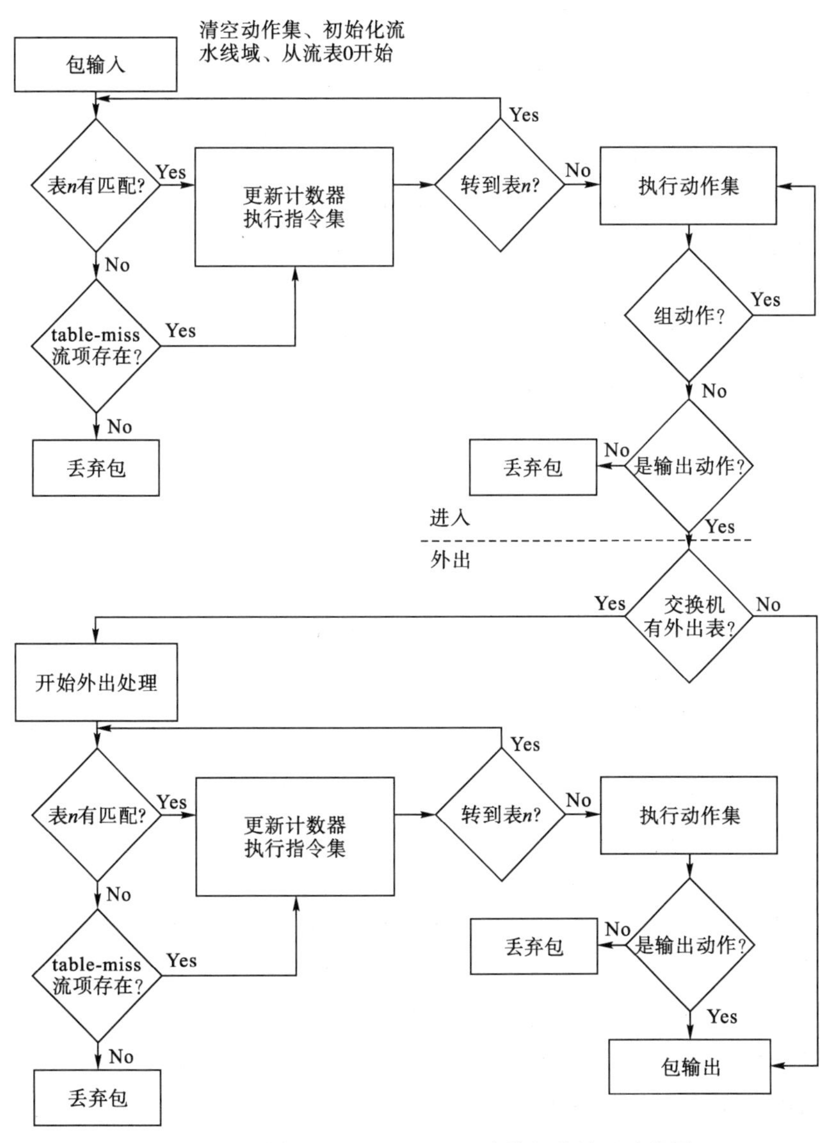

图 3-10 数据包流经 OpenFlow 交换机的处理流程图

包头、更新匹配集域、更新流水线域。外出段的执行指令集包含的内容与进入段的执行指令集一样，外出段的执行动作集所包含的内容与进入段的一样。

3.4.2 OpenFlow 协议

OpenFlow 协议目前可以划分为两部分：一是线路协议(wire protocol)，二是配置与管理协议。OpenFlow 协议运行在 OpenFlow 控制器和转发设备之间，新的版本是 OpenFlow V1.5。线路协议的主要用途包括：建立控制会话、定义报文结构、采集统计信息、定义转发设备的基本结构。控制器通过配置与管理协议对交换机进行管理和配置，接收交换机信息并向交换机发送数据包。协议内容被封装在 OpenFlow 协议规定的报文中，在交换机和控制器之间传输，运行在安全传输层协议和 TCP 连接上。

OpenFlow 协议支持三种报文类型：controller-to-switch(控制器到交换设备)，asynchronous(异步)和 symmetric(对称)，三种报文类型又分别包含多个子报文类型。controller-to-switch 报文是控制器发送给交换设备的，主要用于管理和获取交换设备的状态、管理流表项、获取统计信息等；asynchronous 报文是交换设备发送给控制器的，用于网络事件和交换机状态变化更新；symmetric 报文是在没有请求的情况下由交换设备或控制器发出，对方接收，用于建立和保持 TCP 连接。OpenFlow 报文格式一般由两部分组成：头和负载，如图 3-11 所示。其中头部包含的内容有版本号、类型、长度和事件 ID，不同类型的报文，其负载信息不同。

协议版本	报文类型	报文(包括头部)长度	与包有关的事件 ID(回复配对请求时使用相同的 ID)	负载

图 3-11 OpenFlow 报文基本格式

3.4.3 SDN 控制器

SDN 控制器位于 SDN 架构中的控制平面，上面承接应用，下面承接网络硬件设备，通过 OpenFlow 的 SBI 指导设备的转发。SDN 控制器是通过安全通道和 OpenFlow 交换机进行通信的，安全通道由控制面网络建立，不受 OpenFlow 交换机中的流表项的影响。在 OpenFlow 中，安全通道通过 TLS 来实现，控制器与交换机之间通过服务器证书和客户机证书进行认证。通过东西向接口，实现多控制器机群。SDN 控制器功能上可以分为两个子层：网络基础服务层和基本功能层，能提供很多功能，如图 3-4 所示。

网络基础服务层包括交换机和主机的管理，网络拓扑管理，交换设备的路由、转发策略的构建与维护，虚拟网络的管理等；基本功能层主要包括模块管理、事件处理、日志管理、协议适配以及资源数据库维护。其中，资源数据库是指存放拓扑数据的路由信息库(routing information base, RIB)和存放流表的转发信息库(forward information base,

FIB)。协议适配主要包含 SBI 和东西向接口协议。图 3-4 中的 XMPP 是可扩展通信和表示协议(extensible messaging and presence protocol)、PCEP 是路径计算单元协议(path computation element protocol),南向接口协议的一种。

SDN 控制器可以有多个,以便解决控制器过载和容错问题。OpenFlow 交换机可以与多个控制器建立安全的连接。控制器可以有三种角色:OFPCR-ROLE-EQUAL、OFPCR-ROLE-SLAVE 和 OFPCR-ROLE-MASTER。OFPCR-ROLE-EQUAL 角色能够完全访问交换机,可以接收交换机的所有异步报文。OFPCR-ROLE-SLAVE 角色只能主动读取交换机的信息,除了端口信息,不接收交换机的异步报文。OFPCR-ROLE-MASTER 角色也能完全访问交换机,但控制器中只能有一个这样的角色。当一个控制器切换到此角色时,原来的 OFPCR-ROLE-MASTER 控制器必须改变为 OFPCR-ROLE-SLAVE 角色。

开源的 OpenFlow 控制器有 Beacon、FloodLight、Nox/Pox、Trema 等。

OF-Config 协议。OF-Config(OpenFlow management and configuration protocol)是一种配置 OpenFlow 交换机的协议,是 OpenFlow 的伴侣协议,其与 OpenFlow 的关系如图 3-12 所示。OF-Config 支持在多个配置点上对同一个交换机进行配置,同时也支持同一个配置点对多个交换机进行配置,从而满足实际网络配置和运维的需求。

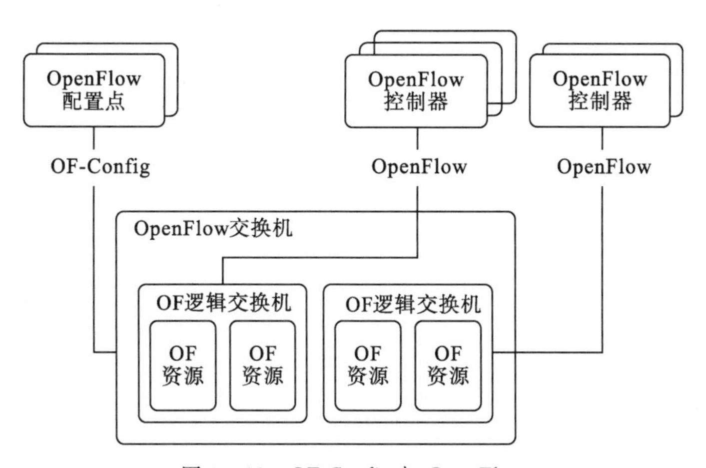

图 3-12　OF-Config 与 OpenFlow

OF-Config 协议定义了一系列基于 XML 描述的数据结构,用于描述协议的动作和内容。通过 OpenFlow 配置点来远程配置控制器信息、交换机特性以及端口和队列等相关资源,从而完成交换机的配置。OpenFlow 配置点本质上就是运行着 OF-Config 客户端进程的计算机,其可以是普通的服务器,也可以运行在部署控制器的系统中。

OF-Config 很好地弥补了 OpenFlow 协议规范之外的内容。在 OpenFlow 协议的 SDN 框架中,OF-Config 需完成交换机的配置工作,包括将其连接到指定的控制器。当交换机和控制器连接建立之后,将通过 OpenFlow 协议来传递信息。从面向对象的角度看,OpenFlow 协议规范的范围仅负责指导交换机对数据流进行操作而无法对交换机的资源进行配置,而配置部分工作由独立 OF-Config IG 协议来完成,这个设计非常符合面向对象的设计理念。OpenFlow 逻辑交换机的某些属性可以通过 OpenFlow 协议和 OF-Config 协议两种方式来进行配置,所以两个协议也有相互重叠的地方。

3.5 SDN 可编程性

SDN 本质上具有"控制和转发分离""设备资源虚拟化"和"硬件及软件可编程"三大特性,其中可编程性是 SDN 最重要的属性。SDN 为开发者们提供强大的编程接口,从而使网络有了很好的编程能力。对上层应用的开发者来说,SDN 的编程接口主要体现在 NBI 上,它提供了丰富的 API,开发者可以在此基础上设计自己的应用而不必关心底层的硬件细节。通过不同的 SBI,SDN 控制器就可以兼容不同的硬件设备,同时可以在设备中实现上层应用的逻辑。应用开发人员通过控制器提供的 API 来实现网络自动化、网络编排和网络操作,完成网络的配置和 QoS 支持。

SDN 可编程的典型实现方式有两种:一是脚本编程,它能将传统的调用级接口(call level interface, CLI)封装起来,提高网络配置的效率;二是编程语言编程,如 Java、Python、C++编程,或者是发布订阅接口(XMPP、Thrift、I2RS)等,按照应用需求实现对网络资源的再分配,保证应用的服务质量和提升网络资源的利用率。这里的 I2RS 是路由系统接口(interface to the routing system)。

3.6 SDN 实例

1. Juniper SDN

Juniper SDN 是一种基于 SDN 技术的云数据中心网络,包含的 SDN 框架是基于 Java的框架,通过 RESTful API 进行编程。Juniper SDN 框架如图 3-13 所示。Juniper SDN 框架作为一个快速的原型化环境,方便开发新的、有用的网络应用。它拥有简单而出色的脚本接口,这个接口混合了 SDK 的概念,增强了 API。其基本概念是,传统控制器的基本网络应用服务组件(例如,拓扑、路径计算和路径配置)可以有几个源。这些服务源将通过插件架构提供多种服务,所创建的通用应用服务提供有自己的北向 API。控制器系统没有存储接口,其服务更像是一个服务总线。路径计算服务包含有 Junos 约束式最短路径优先(constrained shortest path first,CSPF)算法,可以通过插件基础架构来访问它。路径供给服务通过多个 SBI 提供,并通过它们的关联插件进行访问,这些协议包括 NETCONF、路径计算单元(path computation element, PCE)、OpenFlow。拓扑服务也是通过多个插件提供的,包括 BGP-TE/LS、ALTO,以及方便系统配置的静态文件输入模块。在图 3-13 中,ALTO(application layer traffic optimization)是应用层业务优化模块,PCEP(path computation element communication protocol)库是路径计算元素模块。

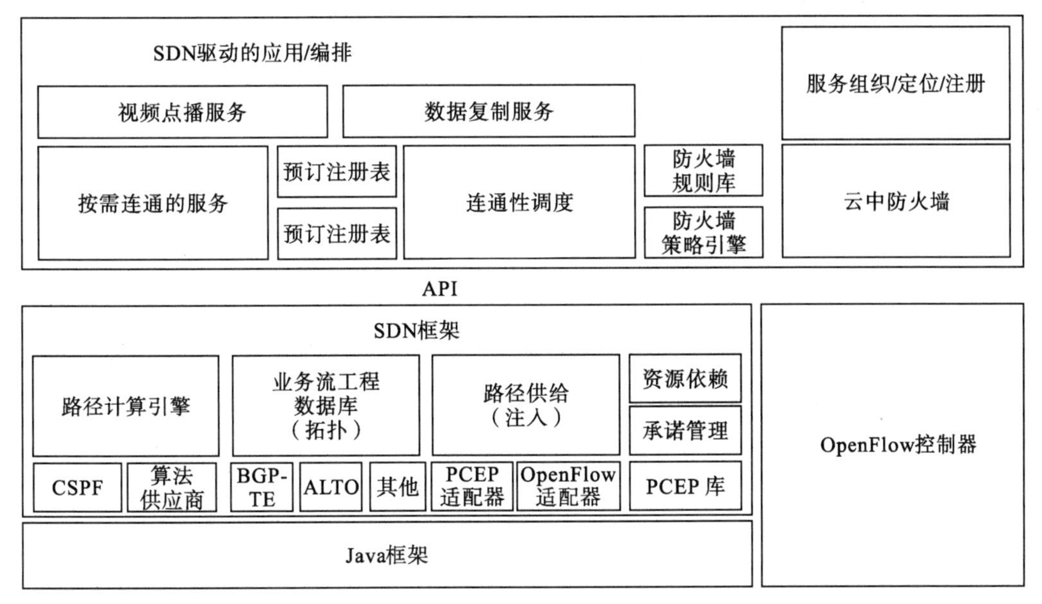

图 3－13　Juniper SDN 框架

类似地，Open Daylight 的理想框架如图 3－14 所示，感兴趣者可查阅相关文献，这里不再详述。

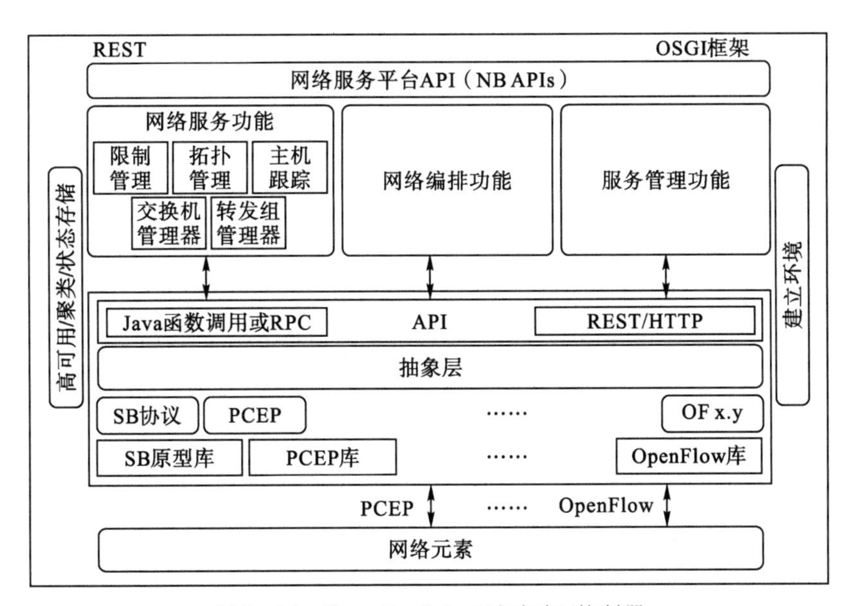

图 3－14　Open Daylight 理想框架/控制器

2. 入侵检测/威胁缓解

入侵检测系统（intrusion detection system，IDS）或威胁缓解系统（threat mitigation system）通过部署规则的内部边界来使得网络服务元素（虚拟的或真实的）上的负载最小。根据这些规则，未知的业务将转发给 IDS。根据 IDS 的分析结果，是否允许业务通过的特殊流表项，通过 API 调用安装到 OpenFlow 控制器上，导致的动作将会是丢弃这个流。这个规则可以下发到入口交换机上。理想情况下，这个反馈回路会创建一个学习系统，以便增加默认的规则和策略来捕获所学的行为。如图 3-15 所示。

OpenFlow 自动保护：OF 方法与 IDS 结合，自动控制一个流；OF 交换机与 OF 控制器协作。

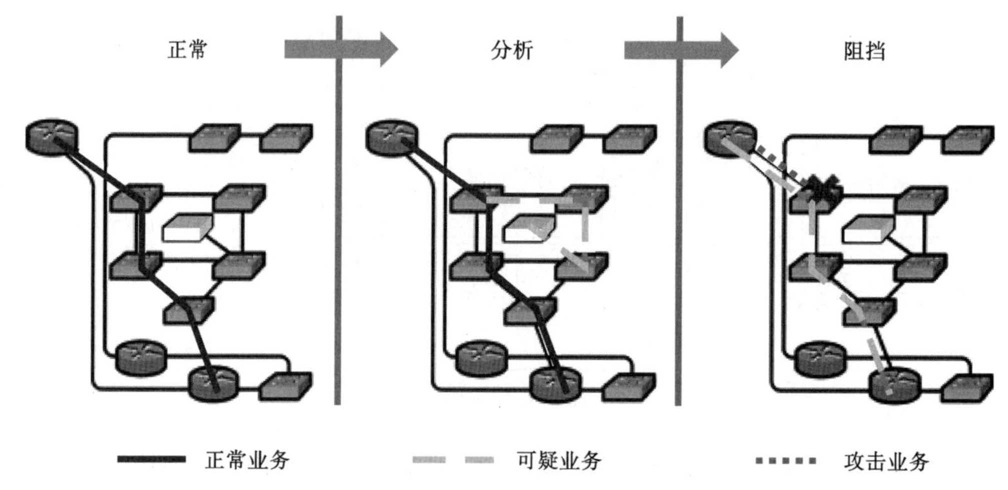

图 3-15　使用 OpenFlow 的动态威胁缓解

3.7　本章小结

SDN 是一种新型的网络架构模型，也是互联网技术最近十年来的一个重要进展。SDN 实现了控制平面和转发平面分离，可通过软件编程方式定义和控制网络，实现网络资源的灵活分配，从而能提高网络通信的质量。本章重点讲述了 SDN 的三层架构：应用平面、控制平面和数据平面，这三种平面以控制平面为核心；介绍了这三种平面的组成和关键技术。OpenFlow 是 SDN 中控制平面与转发平面之间的通信管道和通信协议，涉及 SDN 控制器和 SDN 交换机的组成，其核心是流表的构成和处理。最后给出了 SDN 应用的两个实例。

第4章　P2P网络

4.1　P2P网络概述

1. P2P网络的概念

在计算领域里，P2P(peer-to-peer)是一种对等关系，也是一种分散式计算模型，不同于集中式的C/S计算模型。P2P中的peer是指同等的对象，它可以是信息的生产者、消费者，也可以是信息的分发者或存储者。

P2P网络就是通信时身份对等的计算机网络，它是Internet上的一种覆盖网络或抽象网络。P2P网络本质上就是一种网络应用软件，运行这种软件的端系统之间就构成了一种抽象网络。因此，它也是一种分布式的Internet应用。在这种应用中，通信的双方是对等关系，互为客户端、互为服务器。与所使用的网络终端设备无关，P2P是指网络通信的模式，即对等的通信模式。

2. P2P网络的用途

P2P网络基于分散式计算模型，能够解决C/S模型中存在的一些挑战性问题，如承载热点应用时服务器过载问题、服务器必须一直在线、服务器的IP地址或主机名不能轻易改变等问题。P2P网络能够很好地利用客户端上的资源或服务。由于Internet上客户端的数量要远远多于服务器的数量，所以客户端上的资源总量也会超过服务器上的资源总量。到目前为止，虽然Internet上已经有了一些P2P系统，但总体来说，Internet客户端上的资源还没有被充分地利用。P2P网络被《财富》杂志评为影响互联网的四大科技之一。

3. P2P应用

Internet上每天都运行着一些P2P应用，典型的应用包括：KaZaA、Skype、BT、Napster、Morpheus、微信、QQ以及联盟链等，分述如下。

(1)KaZaA：Internet上的一种点对点文件共享工具，利用这种软件可以共享音乐、影片、软件、游戏、图片以及普通文件等。

(2)Skype：Internet上的一种即时通信(instant messaging, IM)软件，其具备IM所需的功能，比如网络电话、视频聊天、多人语音会议、多人聊天、传送文件、文字聊天等功能。

(3)BT：一种P2P下载工具，是一种高效的大型文件分发系统。

(4)Napster：一种MP3文件共享系统。

(5)Morpheus：一种照片文件共享系统。

P2P技术还可以用来开发一些新的网络应用，如区块链应用、远程会诊、分布式搜索、流媒体直播等。

4.2　P2P 文件分发与 C/S 文件分发示例

将服务器上大小为 F 的文件分发到 N 台主机上，网络示意图如图 4-1 所示。请检查一下 C/S 模式和 P2P 模式下分别所需的分发时间。其中，u_s表示服务器的上传带宽，u_i表示客户端主机 i 的上传带宽，d_i表示客户端主机 i 的下载带宽。网络带宽是充足的，忽略文件在网络内核上的传送时间。

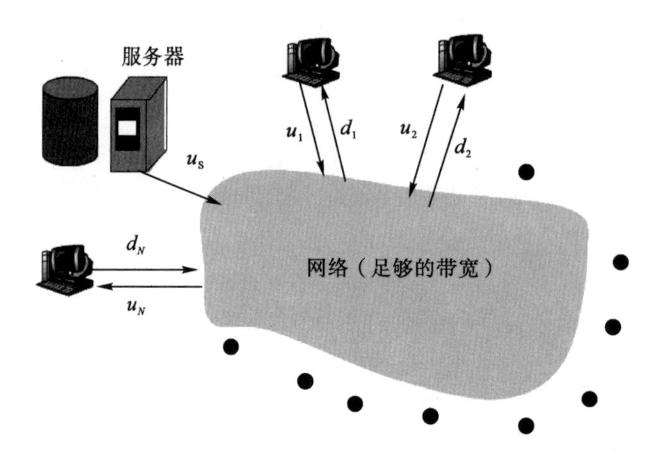

图 4-1　典型的网络应用架构

1. C/S 模式下的文件分发时间。

服务器将 N 份文件串行发送到网络的时间为文件总量除以链路的上传带宽，即 NF/u_s；客户端 i 从网络上下载一份文件的时间开销是文件大小除以客户端 i 的下载带宽，即 F/d_i。那么，服务器将 N 份文件发送至 N 个客户端的总时间为

$$d_{cs}= NF/u_s+\sum F/d_i$$

这个时间随着 N 的增加是线性增加的。

2. P2P 模式下的文件分发时间

服务器上传一份文件至网络的时间是 F/u_s，客户端 1 从网络上下载该文件的时间是 F/d_1。因此，服务器把文件传送至客户端 1 需要的时间就是 $F/u_s+ F/d_1$。此时，图 4-1 所示的网络上就有两份大小为 F 的相同文件了。客户端 2 和客户端 3 分别从服务器和客户端 1 同时下载文件，所需要的时间为 $\max(F/u_s, F/u_1)$。下载完毕后，网络上就有 4 份相同的文件，客户端 4～7 可以从 4 个文件源同时下载了，依次类推。最终，N 个客户端都拥有一份文件所需要的总时间为

$$d_{P2P}= (F/u_s+F/d_1)+ \max(F/u_s, F/u_1)+F/d_{min}+\cdots$$

这种情形下的文件分发总时间随着 N 的增加略有增加，而非线性增加。如果客户端的上传速率是 u、$F/u=1$ h、$u_s=10u$、$d_{min}\geqslant u_s$，则 C/S 和 P2P 模式的文件分发时间趋势如图 4-2 所示。可见，P2P 模式下的文件分发效率要远高于 C/S 模式下的文件分发效率。

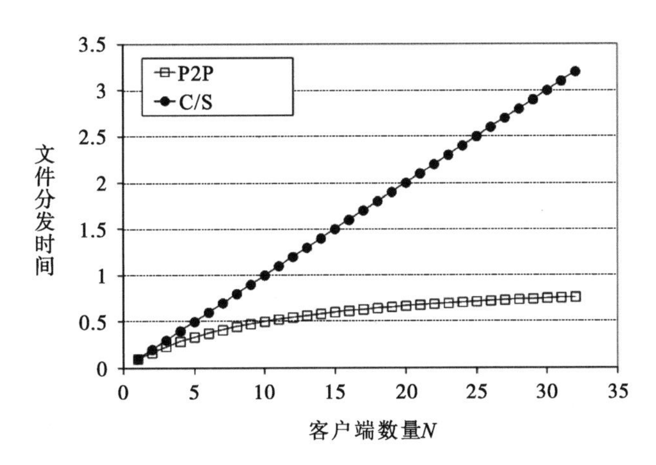

图 4-2　P2P 和 C/S 模式下的文件分发时间随客户端数量增加的变化趋势

4.3　P2P 网络原理

4.3.1　结构化与非结构化

P2P 网络本质上就是应用层的一种应用软件，可以使用开放的或私有的应用协议，根据应用的 QoS 需求的不同，其下层可以采用 TCP 或 UDP 协议。文件传送时，两个端系统之间可以直接进行传送。在 Internet 上，运行相同应用软件的所有客户端就构成了一个面向特定应用的覆盖网，这个覆盖网就是 P2P 网络，也称为 P2P 系统，它工作在 Internet上。在这个覆盖网上，用户可以上传或下载共享的文件，也可以直接进行通信。

P2P 网络可以是结构化的，也可以是非结构化的。在结构化的 P2P 网络中，抽象网络的拓扑结构是严格控制的，共享的文件也不是随机存放任意节点上的，而是放在指定位置上，以利于后续的查询和下载。在结构化的 P2P 网络中，通常会有一个提供查询服务的 Web 服务器。当用户想要查询一个文件时，Web 服务器根据用户的地理位置信息，返回距离用户最近的内容服务器的地址或链接，用户从这个内容服务器上下载所需要的文件。例如，CAN 网络（内容可寻址的网络）就是结构化的 P2P 网络，内容定位十分容易。类似的 P2P 网络还有 Pastry 和 Chord。P2P 网络一般是指非结构化的 P2P 网络。在非结构化的 P2P 网络中，拓扑结构和文件放置都没有精确地控制，文件存放位置是随机的，不依赖于拓扑知识，完全取决于用户。Napster、Gnutella、KaZaA、即时通信系统都是典型的非结构化的 P2P 网络。本章讲述的都是非结构化的 P2P 网络。

4.3.2　P2P 网络架构

P2P 网络有三种模型：集中式模型、分散式模型和分层式模型，其中分层式模型也叫混合式架构。

1. 集中式模型

在集中式的模型中，有一个或一组服务器，运行服务端软件，主要提供目录服务。客户端软件知道服务器的 IP 地址，当它运行时，它会主动和服务器建立 TCP 连接，上传自己要共享的文件名及对应的元文件信息。这样，服务器就获取了每一个活跃客户端的 IP 地址和文件名，在服务器上形成一个目录数据库，向用户提供查询服务。因此，每一个活跃的客户端和服务器之间就形成了一种覆盖网，如图 4-3 所示。

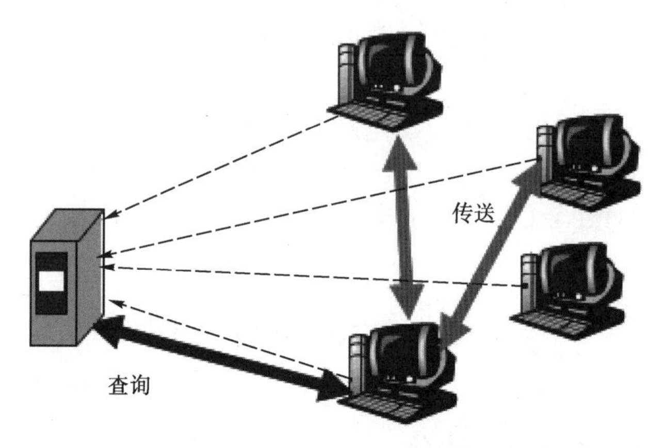

图 4-3 集中式的 P2P 网络架构

当一个客户端需要某个文件时，它就可以通过客户端软件查询这个目录。如果命中就会得到相应 peer 的 IP 地址，与其建立一个或多个 TCP 连接，下载所需的文件。如果找到多个 peer，可以分别与其建立 TCP 连接，从多个 peer 上同时下载文件。

服务器与每一个活跃的 peer 维持一个心跳信号，一旦心跳停止，就会从目录中删去其所共享的信息。服务器还可以提供基于关键字或基于内容描述的检索服务，这取决于服务器端软件的实现。

集中式 P2P 网络的特征：内容定位是集中的、文件传送是完全分散的，内容定位的效率高。这种架构的优点：简单、容易实现。缺点：①目录服务器必须一直在线，且每一个 peer 都需要知道这个服务器；②存在服务器瓶颈和单点故障问题，如果服务器发生故障，整个覆盖网络就没有了；③如果用户共享的文件涉及侵权问题，则很容易被发现。2001 年，Napster 就因内容侵权问题被罚了 2600 万美元。

采用集中式架构的 P2P 网络例子除了 Napster，还有微信、QQ 等即时通信系统。

2. 分散式模型

分散式架构中，没有目录服务器来提供目录服务，也不知道内容的位置。为了构建覆盖网络，需要两个种子节点来引导，种子节点可以是普通的 peer，也可以是服务商提供的服务器。使用这种网络，需要首先基于搜索技术来发现内容位置，然后进行直接的文件对等传送。但在此之前，P2P 网络必须要先构建起来。

(1)分散式 P2P 网络的构建。每一个 peer 从特定的网站或从下载的客户端软件中获取“种子”节点的 IP 地址；每个活跃的客户端软件与种子节点建立 TCP 连接，初步形成一个覆盖网；接着，任意的 peer 节点(例如 X 节点)向其所有邻居节点发送带有 peer 个数

(类似于 IP 包中的 TTL)限制的"ping 报文",邻居节点 Y 收到"ping 报文",将其扩散给 Y 的邻居节点(例如 Z 节点);Z 节点收到"ping 报文",返给 X 一个"pong 报文",报文中包含其 IP 地址、共享文件数量和总的文件大小;X 和所有的 Z 节点建立 TCP 连接;依次类推,构建出一个几乎全互联的覆盖网络。这个过程,如图 4-4 所示。

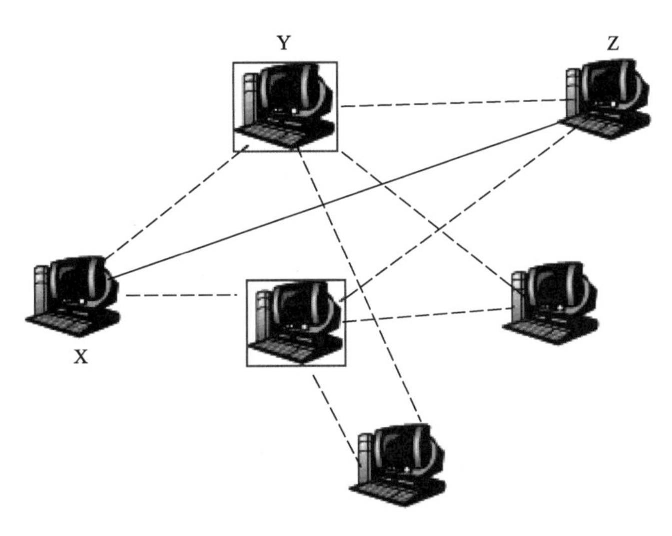

图 4-4　分散式 P2P 网络构建

(2)内容定位与文件传送。当一个用户(例如,图 4-5 中的 R)需要文件时,便向其邻居发送一个带 peer 数限制的查询报文。如果该邻居包含有匹配的文件,就返回一个命中报文,报文中包含命中节点的 IP 地址和文件名;否则,将这个查询报文转发给其每个邻居(发送查询报文的客户端除外)。这个过程叫作查询扩散。一旦匹配成功,该 peer 就会原路返回(沿着查询报文的逆向路径)一个命中报文。逆向路径上的每一个中间 peer 都会缓存一份信息(IP 地址,文件名),以便以后能快速地响应查询;R 节点和返回命中报文的每一个原始 peer 建立 TCP 连接,进行点对点或点对多点的直接文件传送。

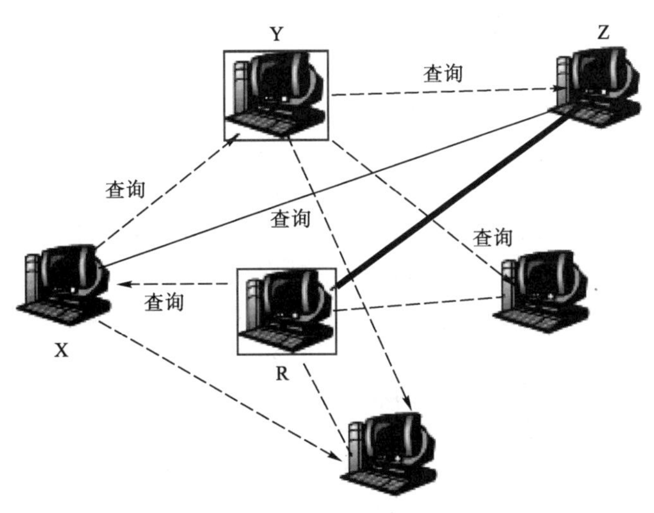

图 4-5　分散式 P2P 网络查询扩散

(3)分散式 P2P 网络架构的优缺点。优点:①每一个 peer 职责相似,高度分散,无集中式的目录服务器;②攻击或关闭这个覆盖网络较为困难。缺点:①需要种子节点来引导建立覆盖网;②覆盖网上的查询业务量过大;③由于有查询半径的限制,所需的内容即便存在于覆盖网上,有可能查不到;④覆盖网络的维护十分困难。

(4)分散式 P2P 网络实例 1——Gnutella。Gnutella 是美国在线(Americal Online)开发的一个开源的 P2P 软件,完全分散式覆盖网架构,主要用于文件共享。引导节点由服务商部署,其 IP 地址很容易获得。当一个 peer 想加入覆盖网时,它和引导服务器建立连接进行通信,获取已经在网络上的某些 peer 的 IP 地址。然后,ping 这些 peer,选取 RTT 值较小的节点建立 TCP 连接,完成入网过程,这个过程如图 4-6 所示。此后,如果需要文件,就向邻居发送查询报文。如果有命中报文返回,就可以进行 P2P 文件传送了。

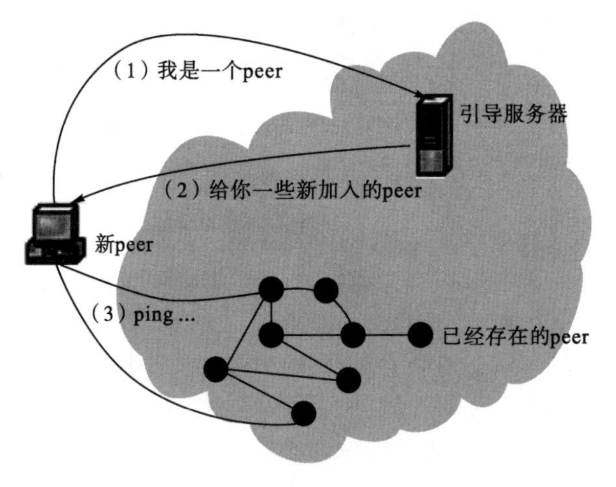

图 4-6 peer 加入 Gnutella 网络的过程

(5)分散式 P2P 网络实例 2——BitTorrent。BitTorrent(常简写为 BT,比特洪流)是最常用的大文件分发应用,它采用分散式模型,能支持 1000 个用户同时下载文件。曾几何时,Internet 的某些区域一半以上的业务是 BT 业务。其系统组成如图 4-7 所示,其中,Torrent(洪流)是指所有上线的 peer;Tracker 是跟踪服务器,跟踪位流中的 peer。Tracker 负责各个用户之间的协作,对发布的文件内容并不关心,也不传输文件内容,因此 Tracker 可以用很少的带宽支持大量的用户。除此之外,BT 还有 Web 服务器,用来提供 Tracker URL 和元文件服务。

新的 peer 通过网站获取 Tracker 的链接信息,到 Tracker 访问并注册,得到一组活跃 peer 的 IP 地址。然后与之建立 TCP 连接,从而加入洪流中,即加入 BT 网络中。peer 加入或离开洪流都是动态的,当一个 peer 完成文件下载,它可以选择继续留在洪流中,也可以选择离开。

BT 中的文件是按块组织或索引的,块大小一般是 256 KB。任一时刻,不同的 peer 可能拥有不同的文件块子集。一个 peer 会周期性地请求其每一个邻居节点所拥有的文件块列表。然后按照稀有文件块优先的原则,请求自己所需要的文件块。一个 peer 在下载文件时,同时允许别的 peer 从自己这儿下载文件。因此,洪流中的 peer 越多,文件下载的速度就越快。

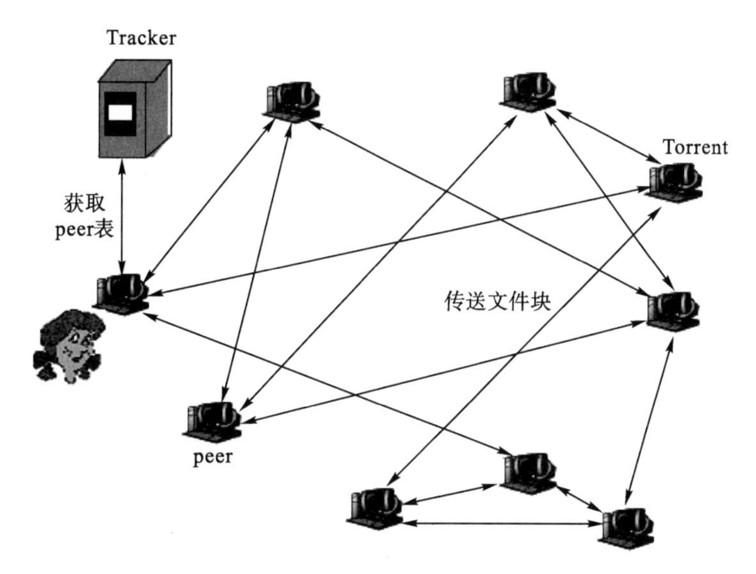

图 4-7　BT 网络的组成

(6)聪明的下载许可算法。目的 peer 允许同时有 4 个邻居下载文件块,从众多发出下载请求的邻居中,选择 4 个正在以最高速度发送文件块的邻居。每 10 s,重新选择发送文件速度排名前四的邻居。每 30 s,再从所有请求下载的邻居中随机选择一个(也可能是发送文件速度排名前四的邻居中的一个),允许其下载文件块。这 5 个邻居之外的其他请求者,在队列里排队等待。

3. 分层式模型

分层式模型是集中式架构和分散式架构的一种折中或混合,如图 4-8 所示。在这种架构中,没有显式的服务器来提供目录服务,但需要组长节点来提供目录服务。组长节点一般是富资源的客户端,拥有较高的网络带宽和很强的责任心,也叫作超节点。组长也可以是一个普通的 peer,因此,它有两个角色。一个普通的 peer 需要关联一个组长,一般选择 RTT 较小的组长作为关联对象。peer 和其组长之间是集中式架构,组长之间是分散式架构。

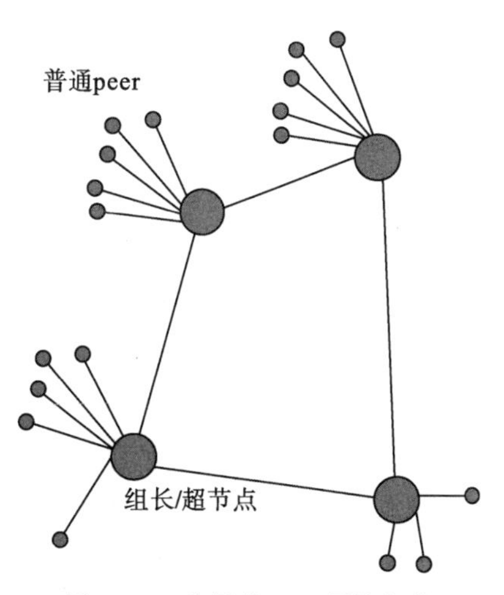

图 4-8　分层的 P2P 网络架构

当一个 peer 启动其 P2P 应用时,它与组长建立 TCP 连接,将自己共享的文件名、IP 地址和元文件信息发布到组长节点。因此,组长节点跟踪其所有孩子节点的内容,维护一个目录,保持与孩子节点之间的心跳信号。组长节点还可以缓存一些热点内容或热点内容的位置信息,以便提供快速的查询响应。

如果一个 peer 需要某个文件,它首先查询其组长节点上目录。如果没有命中,组长节点则将这个查询报文在组长之间进行扩散。一旦某个或某些组长节点与查询报文匹配,会返回源节点一个查询命中的报文,该报文中包含目的节点的 IP 地址和目标文件信息。源 peer 和一个或多个目的 peer 就可以建立 TCP 连接,进行文件传送了。为了防止"内爆",源 peer 会对命中报文的个数进行限定,比如,限定为 5 个,多余的命中报文会被过滤掉。

分层架构的 P2P 网络还涉及其他一些技术。对于热点内容,可能会出现请求文件传送者众多的问题,P2P 软件在实现时可以对下载 peer 数量进行限制,比如允许 3～7 个 peer 同时下载文件,其余的请求 peer 排队等待。采取"激励式的优先级"下载机制,当有多个 peer 请求下载时,让那些平时贡献文件比较多、下载文件比较少的 peer 优先下载。支持从多个目的 peer 同时下载文件。

分层式模型的优缺点。分层的 P2P 架构具有这样几个优点:①目录数据库比较小,每个组长一般只关联 200～500 个 peer;②查询扩散的范围不是很大,只限于部分组长之间;③组长之间是分散式架构,网络的健壮性比较好。分层的 P2P 架构也有一些缺点:①需要富资源的超节点;②超节点很容易过载;③管理和维护覆盖网较为困难。

分层式模型实例——KaZaA。KaZaA 是分层架构的 P2P 网络,功能强大、界面直观,主要用于音乐、视频、游戏文件共享。在美国它是比 Napster 和 Gnutella 更为流行的应用,在线用户超过了 300 万个,共享的内容大小超过了 3 PB。KaZaA 支持基于关键字的搜索,可以配置命中报文数量,采用激励式的下载优先级机制。KaZaA 指派高带宽、富资源、可用性强的节点作为超节点,指派过程对用户透明。覆盖网大约包含一万个超节点,每个超节点跟踪 200～500 个 peer。KaZaA 设置专用服务器来认证用户,还有存放超节点列表的专用服务器。下载的软件中包含潜在的超节点列表和服务器的列表,新的 peer 查看这些列表,找到某些正在运行的超节点。或者访问专用服务器,获取最新的列表。然后,ping 其中的 5 个超节点,选取 RTT 值最小的超节点,建立 TCP 连接。如果关联的超节点发生故障,peer 就从最新的列表中选择一个新的超节点。

KaZaA 查询。当一个 peer 需要一个文件时,首先把查询报文发送到其关联的超节点。超节点如果有匹配项,就返回命中报文;如果达到了 X 个匹配,则本次查询结束。否则,超节点会将查询报文转发到部分邻居超节点(比如,10 个邻居超节点),如果返回 X 个命中报文,则查询结束;否则,源超节点就进一步转发查询报文(扩展要转发的邻居节点个数),直到满足 X 个匹配。

KaZaA 的并行下载与断点恢复。如果在多个 peer 上找到了目标文件,用户可以选择从多个 peer 并行下载文件,从不同的节点请求不同的字节范围;用户还可以规定最大的下载节点数量。如果目标节点发生了故障,停止传送文件,就自动地选择新的目标节点,从断点处接着传送。

4.3.3 P2P 网络中的搜索算法

P2P 网络包含一些挑战性的问题,如提高搜索效率、最小延时的覆盖拓扑维护、文件提供者的匿名性、文件缓存、文件的完整性保证等。本节只介绍如何提高搜索目的 peer 的效率问题,其余的关键技术请查阅相关文献。

非结构化的 P2P 网络最为灵活,具有很强的实用性,部署也十分广泛。搜索机制是

P2P网络性能的一个重要指标。经典的搜索算法如广度优先搜索和深度优先搜索效率都不是很高,广播搜索效率很高,但会引起太多的网络业务,浪费 Internet 带宽资源,影响非 P2P 用户使用网络。和深度优先搜索方法相比,广度优先搜索总体上性能要好一些。如果目标 peer 存在,广度优先搜索最终肯定能找到它,而且找到的是距离请求者最近的那些 peer;在深度优先搜索算法中,即便能找到目标 peer,往往距离请求者也比较远,还可能沿着树中的一个枝下去,很长时间也没有命中结果返回。

P2P 网络中一个好的搜索算法需要满足以下四个标准:①搜索效率要高,即查询的响应速度快;②peer 上的负载要小,即网络中每个 peer 上不能有太多的额外业务;③Internet 上的负载要尽量小,不能给路由器带来过多的额外业务流量;④稀有文件也能找得到。要满足以上标准,需要减少查询报文的数量、减少查询报文经历的跳数和每一跳的延时,或者使用某些启发式的搜索方法,选择捷径进行搜索。针对稀有文件搜索问题,减少命中时间的一种好方法就是复制稀有文件,多处缓存,使其变得不那么稀有。

提高 P2P 网络中搜索效率常用的方法有:①随机搜索方法;②基于内容索引的方法;③基于统计的方法;④基于兴趣的方法;④文件缓存和复制等。

1. 随机搜索方法

随机搜索方法是指一类方法,其基本思想是随机地选取邻居节点或随机扩展查询半径。常用的算法有逐步扩展环大小搜索、迭代加深搜索以及 K 个行者随机游走搜索等。

(1)逐步扩展环大小搜索。这种方法采用带跳数限制的扩散搜索机制。开始时,将查询报文扩散到所有的邻居节点,使用较小的 TTL 值;如果命中个数没有达到要求,增加 TTL 值再进行扩散搜索,如此往复,直到命中报文的个数达到要求为止。这种方法的搜索效率较高,虽然对搜索半径做了一定限制,但带来的额外业务量还是比较大。

(2)迭代加深搜索。这种方法的思想是,设置一个 TTL 序列,如:(a,b,c),开始的查询扩散使用 TTL$=a$;如果查询结果没有满足要求,则从 TTL 减到 0 的节点开始,使用 TTL$=b$,再进行查询扩散;依次使用 TTL 的序列值,直到查询命中报文数满足要求为止。这种方法的搜索效率较高,产生的额外业务量比逐步扩展环大小搜索的方法要少一些。

(3)K 个行者随机游走搜索。这种方法的思想是,从所有的邻居节点中随机选取 K 个,将相同的查询报文发给这 K 个邻居;如果查询失败,则这 K 个邻居节点,分别再从其邻居节点(已经收到查询报文的节点除外)中随机选取一个节点,将查询报文转发至这个节点;依次递进,直到满足查询要求。这种方法本质上就是 K 路并行搜索,搜索效率较高,额外的业务量比上面的方法要少一些,是广度优先搜索和深度优先搜索的一种折中,响应时间要比广度优先搜索小。

2. 基于内容索引的搜索方法

这种方法要求每一个 peer 维护一个文件索引,索引中的记录项是可用的文件在哪些 peer 上,即文件名和目标节点 IP 地址的映射(Filename,IPs)。这种映射关系本质上相当于多个 URL。开始时,索引为空,随着查询的进行,每当查询命中,命中报文逐跳原路返回经过中间的 peer 时,该 peer 就记录下文件名和目标 peer 的 IP 地址,在索引中增加一项。因此,索引的构建是一个自学习的过程,无需用户干预。对于一个节点而言,当其接收到一个查询时，它会首先查询自己的索引，如果自己共享了该文件或索引中有对应的记录项，则立即返回查询命中报文；如果是索引命中，它会代表目标节点返回响应报文，不管目标节点是在线的还是离线的。这种搜索方法大大减少了网络上查询报文的数量，大大减少了查询响应时间，但要求每一个 peer 学习并维护一个内容索引。使用频率很低的记录项会从索引中删去，以保持索引不会太大。

3. 基于统计的搜索方法

顾名思义，这种搜索机制要求每个 peer 对以前的搜索结果进行统计，根据统计结果建立路由索引，指导搜索。具体算法分为三步：

(1)搜索结果统计。对于以前的查询，记录从每一个邻居节点返回的命中报文数量，包括不同主题下的文件数量；记录自己与每一个邻居的连接延时。

(2)建立路由索引。每一个节点建立自己的路由索引，索引中的记录项为：＜＃ of documents，path，RTT＞和＜＃ of documents，path，topic＞。其中，＃ of documents 是文件数量，path 为邻居节点，RTT 为到这个邻居的延时，topic 为某类主题。当需要查询时，先从索引中寻找最佳匹配的邻居。

(3)启发式搜索。如果是基于文件名的搜索，则将查询报文发往“以前的搜索中，返回结果数最多且延时较小的邻居”；如果是关于主题的搜索，则将查询报文发往“以前的搜索中，返回该主题结果数最多且延时较小的邻居”。

这种方法使用了历史知识，属于启发式搜索。例如，一个 peer A，它从邻居 B(及其后续节点)接收了 100 个文件，20 个是数据库类的、10 个是理论类的、30 个属于编程语言类的、20 个属于深度学习类的……从其他邻居返回结果的统计信息也类似。当有一个关于某个主题的文件查询时，计算该主题与每一个邻居的匹配度，结合每一个邻居的延时，选择最佳匹配的邻居，将查询报文发给它。

4. 基于兴趣的搜索方法

这种方法本质上也是基于统计的，只不过统计的是目标节点而不是邻居节点返回的命中信息。这种方法的基本思想是：“某个目标 peer 以前有很多我感兴趣的文件，现在我需要一个文件，它那很可能也有”。感兴趣的节点就是目标节点，它是语义上聚集的节点，即查询命中最多的目标 peer，需要记录下来。当有一个查询时，首先直接将查询报文发给这个目标节点(这个路径称为“捷径”，因为潜在的目标节点通常会返回较好的搜索结果)。如果没有命中，再使用其他搜索策略，如随机搜索。这种方法能大大减少查询业务量和查询命中时间。即便没有命中，带来的额外开销也很小，几乎可以忽略不计。

4.3.4　缓存机制

在 P2P 网络中实现缓存机制(cache)可以有效地减少搜索的业务量和搜索命中时间，也是解决稀有文件搜索的核心方法。每一个 peer 将频繁被搜索的文件缓存在自己的节点上，或者将该文件的 URL 缓存起来。当一个 peer 接收到查询报文，目标信息(文件或文件的 URL)如果在自己的 cache 里，则立即返回命中报文。目标信息具有不同的流行性，不同的内容被请求的频率不一样。根据 cache 的原理，不经常使用的记录项，将会被删去或替换掉。

这种机制的优点：提高了搜索效率、减少了不必要的业务流量。缺点：①增加了 peer 的存储压力，随着网络中 peer 数量的增加，需要存储的内容或 URL 指数性地增加；②弱化了原始文件提供者的匿名性。

4.4　P2P 网络应用——区块链

4.4.1　区块链的概念与组成

区块链（blockchain）是一种由多方共同维护、使用密码学保证传输和访问安全、能够实现数据一致存储、难以篡改、防止抵赖的记账技术，也称为分布式账本技术（distributed ledger technology）。它按“块-链”结构存储数据，本质上是一种基于共识的一致性的分布式数据库技术，数据操作全程留痕、可信、可追溯，是一种在不可信的竞争环境中低成本建立信任的新型计算范式和协作模式。区块就是存储数据的节点，记录了一定时间内各个区块节点全部的交流信息；链就是区块间的关系，包含时间关系和密码学算法，通过随机哈希算法实现链接，后一个区块包含前一个区块的哈希值，如图 4 - 9 所示。

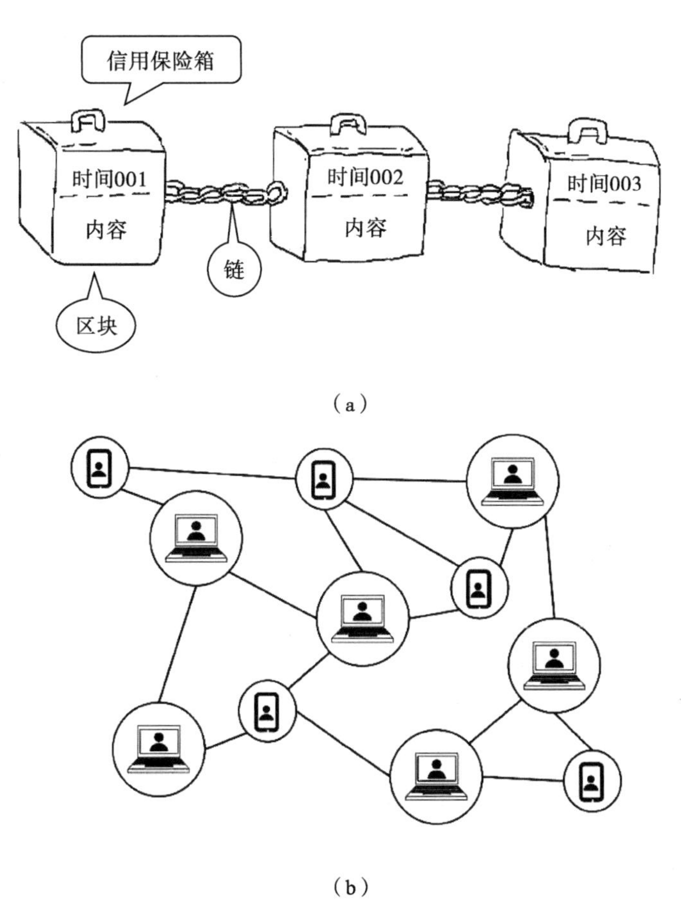

图 4 - 9　区块链示意图

区块链基于共识机制(约定的规则),共同存储信息。记录节点决定最新区块的数据,它是“写者”;其他节点共同参与最新区块数据的验证、存储和维护,但它们不能更改数据。区块链技术奠定了坚实的“信任”基础,创造了可靠的“合作”机制。区块链使用的网络就是P2P网络。

区块链是由区块和链组成的,第一个区块被称为创始区块。区块包括区块头和区块体两部分。区块头包含每个区块的身份识别信息,如版本号、哈希值、时间戳、区块高度等信息;区块体主要包含具体的交易数据,如图4-10所示,每个区块在架构上可以分为多层。

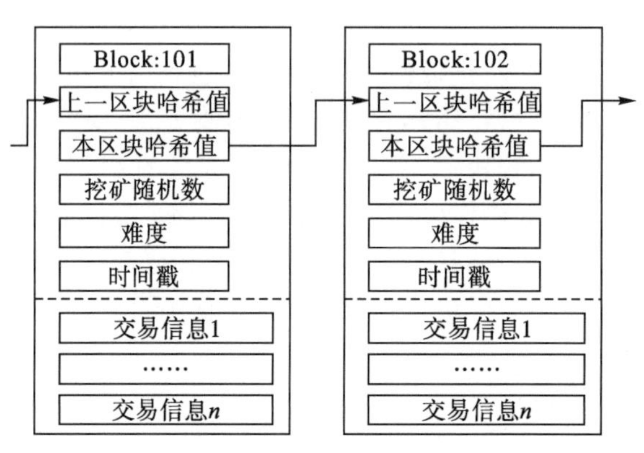

图4-10 区块的构成

4.4.2 区块链的基础架构

区块链分为许可区块链和非许可区块链。所谓许可区块链就是节点的加入和退出需要区块链系统的许可,它包括联盟链和私有链;非许可区块链就是节点加入和节点退出不需要许可,公有链就是这样的。因此,实际上区块链有三种:联盟链、私有链和公有链。

(1)联盟链(consortium blockchain):节点的加入和退出需要经过联盟授权,也称行业链。该链只针对特定群体的成员和有限的第三方,内部指定多个预选的节点为记账人,每个区块的生成由所有的预选节点共同决定,其他接入节点可以参与交易,但不过问记账过程,其他第三方可以通过该区块链开放的API进行限定查询。联盟链的维护治理,一般由联盟成员进行,通常采用选举制度,容易进行权限控制,代码一般部分开源或定向开源,主要由成员团队进行开发,或采取厂家定制产品。联盟链的交易成本低,只需被几个受信的高算力节点验证就可以了,无需全网确认。

(2)私有链(private blockchain):权力完全控制在一个组织手中,也称单位链或个人链。私有链对单独的个人或实体开放,仅在私有组织(比如公司)内部使用,私有链上的读写权限、参与记账的权限都由私有组织来制定。例如企业内部的办公审批、财务审计等。

(3)公有链(public blockchain):节点可自由参与和退出,完全去中心化。公有链是对所有人公开,用户不需要注册和授权就能够匿名访问网络和区块,任何人都可以参与记账和交易。它通过密码学(非对称加密)算法保证了交易的安全性和不可篡改性,在陌生的网络(非安全)环境中,建立了互信和共识机制。目前的比特币、以太坊、超级账本以及智能合约都是建立在公有链上,适用于数字货币、电子商务、互联网金融、知识产权等应用场景。

图 4 - 11 给出了这几种链的特点,表 4 - 1 给出了它们之间的比较。

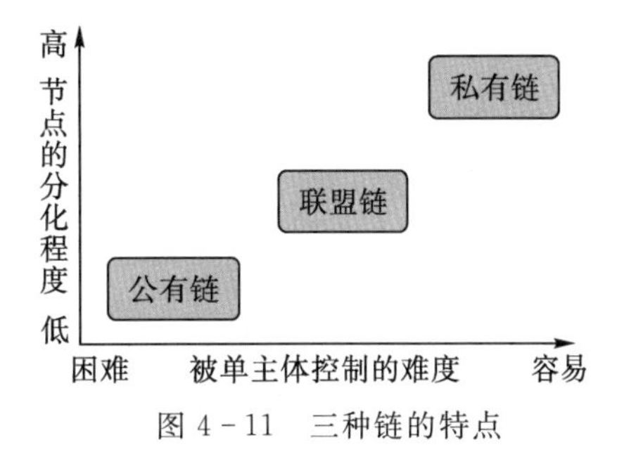

图 4 - 11　三种链的特点

表 4 - 1　三种链的比较

属性	公有链	联盟链	私有链
参与者	任何人自由进出	联盟成员	个体或公司内部
共识机制	PoW/PoS/DPoS	分布式一致性算法	分布式一致性算法
记账人	所有参与者	联盟成员协商确定	自定义
激励机制	需要	可选	不需要
中心化程度	去中心化	多中心化	(多)中心化
突出特点	信用的自建立	效率和成本优化	透明和可追溯
承载能力	3～20 笔/s	1000～10000 笔/s	1000～100000 笔/s
典型场景	虚拟货币	支付、结算等	企业内部审计等

区块链具有下列特征:去中心化、集体维护 、不可篡改、数据透明(开放)、用户匿名、不可抵赖。

现代区块链是六层架构,如图 4 - 12 所示,自顶向下分别是应用层、合约层、激励层、共识层、网络层和数据层。每层分别完成一项核心功能,各层之间互相配合,实现一个去中心化的信任机制。

数据层主要描述区块链技术的物理形式,是设计账本的数据结构。实质上描述的是区块链是由哪些部分组成的。首先建立一个起始节点——“创始区块”,之后在同样规则下创建的规格相同的区块依次相连组成一条主链条。每个区块中包含了许多技术,例如时间戳技术、哈希函数,用来确保每一个区块是按时间顺序相连接以及交易信息不被篡改。其中,Merkle 树是一种数据编码的结构,是存储哈希值的一种树,交易信息数据被分成

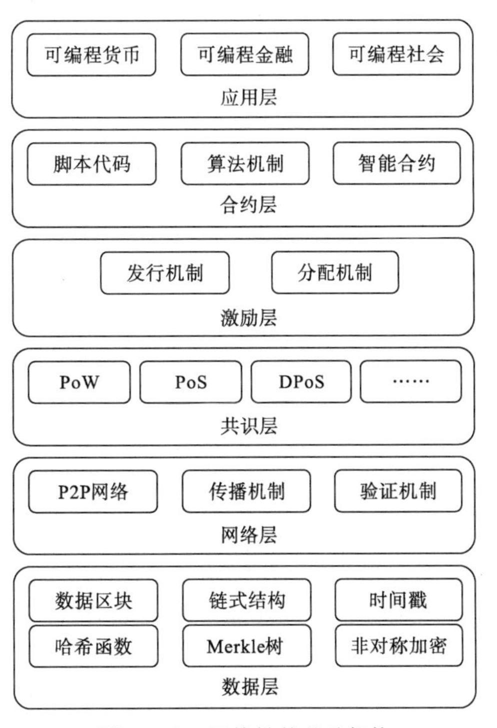

图 4 - 12　区块链的基础架构

小的数据块,有相应的哈希值和它对应,Merkle 树用于比对和验证。图 4-13 的下部就是一棵 Merkle 树。常用的非对称加密算法有 RSA、椭圆曲线加密、背包算法、Elgamal 算法等。

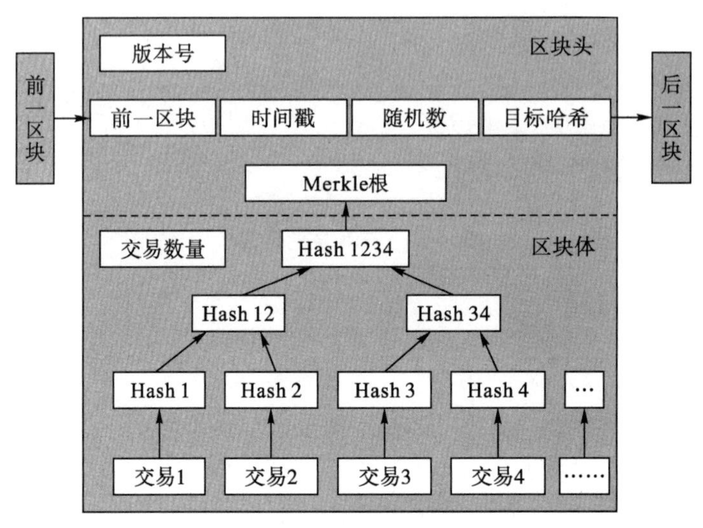

图 4-13　区块中的 Merkle 树

网络层是节点之间的通信载体。区块链网络本质上是一个 P2P 网络,每一个节点既接收信息,也产生信息,既有传播机制也有验证机制。一个节点创造新的区块后会以广播的形式通知其他节点,其他节点会对这个区块进行验证,当全区块链网络中超过 51% 的用户验证通过后,这个新区块就可以被添加到主链上了。

共识层负责调配记账节点的任务负载,能让高度分散的节点在去中心化的系统中高效地针对区块数据的有效性达成共识。它保证数据记录的一致性,要求恶意节点数不能超过 1/2 或 1/3。区块链中比较常用的共识机制主要有工作量证明(proof of work ,PoW)、权益证明(proof of stake,PoS)和股份授权证明(delegated PoS,DPoS)三种。

激励层是制定记账节点的"薪酬体系",主要提供一定的激励措施,鼓励节点参与区块链的安全验证工作。它包括发行机制和分配机制。以比特币为例,它的奖励机制有两种。一是系统奖励给那些创建新区块的矿工,刚开始每记录一个新区块,奖励矿工 50 个比特币,该奖励大约每四年减半;另外一个激励的来源则是交易费,新创建区块没有系统的奖励时,矿工的收益会由系统奖励变为收取交易手续费。

合约层主要是指各种脚本代码、算法机制以及智能合约等,赋予账本可编程的特性。它将业务逻辑以代码的形式实现、编译并部署,完成既定规则的条件触发和自动执行,最大限度地减少人工干预。比特币就是一种可编程的货币,合约层封装的脚本中规定了比特币的交易方式和过程中涉及的种种细节。

应用服务层是获得持续发展动力所在,应用层封装了区块链的各种应用场景和案例。可编程货币:区块链 1.0 应用,指的是数字货币,是一种价值的数据表现形式。可编程金融:区块链 2.0 应用,指区块链在泛金融领域的众多应用,人们尝试将智能合约添加到区块链系统中,形成可编程金融,主要应用是金融交易和资产管理。可编程社会:区块链 3.0 应用,可编程社会应用是指随着区块链技术的发展,其应用能够扩展到任何有需求的领域,包括审计公证、医疗、投票、物流等领域,进而到整个社会。

4.4.3　区块链的关键技术

1. 智能合约

智能合约(smart contract)是一个程序,由事件驱动、具有状态、获得多方承认,运行在一个可信、共享的区块链账本之上,且能够根据预设条件自行处理账本上资产。这个概念是美国知名计算机科学家尼克·萨博(Nick Szabo)在 1994 年提出的,他定义的智能合约是一种自动执行协议。区块链中的智能合约是数字化的、存储在区块链中,并使用加密代码强制执行的协议。智能合约就是代码化的合同,利用程序替代人仲裁和执行合同,满足什么条件执行什么动作。智能合约的目的是提供优于传统合约的安全方法,并减少与合约相关的其他交易成本。智能合约一旦编写好就可以被用户信赖,合约条款不能被改变。区块链和智能合约的关系可以抽象成图 4-14 所示的关系,区块链负责数据的存储,智能合约负责业务的处理逻辑。

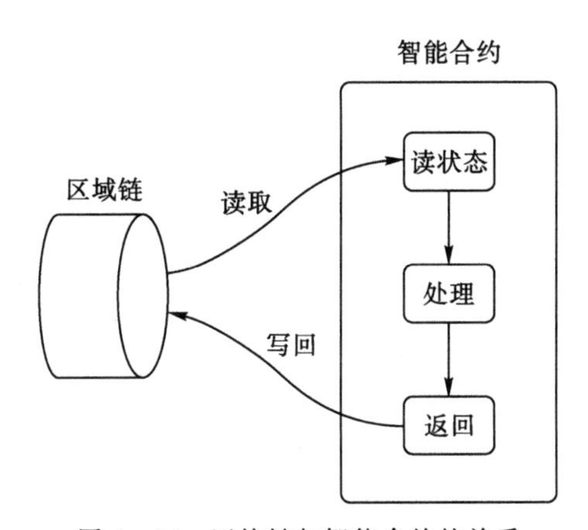

图 4-14　区块链与智能合约的关系

区块链智能合约的技术实现有脚本方式以及虚拟机方式。脚本方式只能执行简单逻辑,拓展性差,如比特币、比特币的分支 Token 等,被称为区块链 1.0。虚拟机方式在虚拟机上部署和执行智能合约,如以太坊。以太坊虚拟机是区块链的一个创新,单一虚拟机,被称为区块链 2.0。之后又扩展出多种类型的虚拟机,如 WASM,可以支持 C++ 编写智能合约;JVM,支持 Javascript 编写智能合约。

区块链智能合约有三个技术特性:数据透明、不可篡改、永久运行。区块链上所有的数据都是公开透明的,因此智能合约的数据处理也是公开透明的,运行时任何一方都可以查看其代码和数据。区块链本身的所有数据不可篡改,因此部署在区块链上的智能合约代码以及运行产生的数据输出也是不可篡改的,运行智能合约的节点不必担心其他节点恶意修改代码与数据。支撑区块链网络的节点往往达到数百甚至上千,部分节点的失效并不会导致智能合约的停止,其可靠性理论上接近永久运行,这样就保证了智能合约能像纸质合同一样每时每刻都有效。智能合约模型如图 4-15 所示。

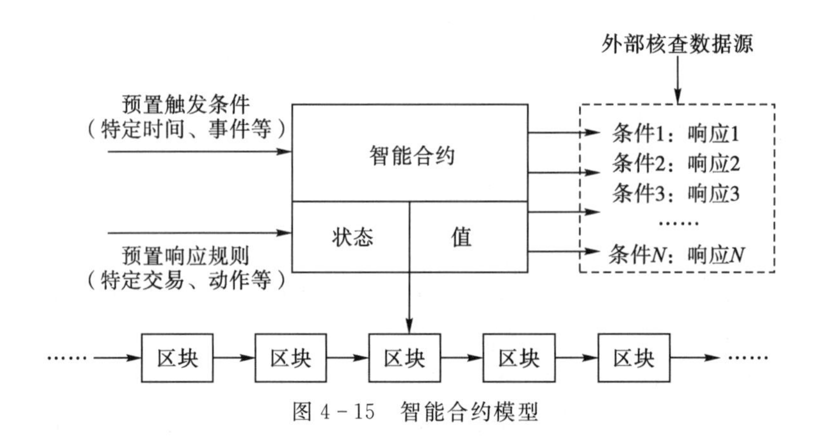

图 4-15　智能合约模型

智能合约的工作过程分为三步：制定生成智能合约、传输并存储智能合约、智能合约执行。

1）制定生成智能合约过程

（1）首先参与智能合约的用户必须先注册成为区块链的用户，区块链返回给用户一对公钥和私钥。公钥作为用户在区块链上的账户地址，私钥作为操作该账户的唯一钥匙。

（2）两个以上的用户根据需要，共同商定一份合约。合约中包含了双方的权利和义务；这些权利和义务以电子化的方式设计记录下来。参与者分别用各自私钥进行签名，以确保合约的有效性。

（3）将签名后的智能合约在区块链网络上广播。

2）传输并存储智能合约过程

（1）交易双方达成合约之后，合约通过 P2P 方式在区块链全网中广播，每个节点都会收到一份合约。区块链中的验证节点将会收到广播的合约，收到之后会先保存到内存中，等待共识时间的到来。

（2）共识时间到来后，验证节点会把该时间区间内收到的所有合约打包成一个合约集合 Set，并计算该集合 Set 的 Hash 值，将合约集合 Hash 值封装在一个区块结构里，然后广播该区块结构。

（3）其他验证节点收到该区块结构后，会分解出该结构里合约集合 Hash 值，与本验证节点 Hash 集合下的 Hash 值做比较；再发送一份本验证节点认可的合约集合给其他节点，通过这种多轮的发送和比较，所有的验证节点最终在规定的时间内对最新的合约集合达成一致。

（4）最新达成的合约集合会以区块的形式扩散到全网。每个区块包含以下信息：当前区块的 Hash 值、前一区块的 Hash 值、达成共识时的时间戳，以及其他描述信息。同时区块链最重要的信息是带有一组已经达成共识的合约集。收到合约集的节点，都会对每条合约进行验证，验证通过的合约才会最终写入区块链中，验证的内容主要是合约参与者的私钥签名是否与账户匹配。

3）智能合约执行过程

（1）智能合约会定期检查自动机状态，逐条遍历每个合约内包含的状态机、事务以及触发条件；将条件满足的事务推送到待验证的队列中，等待共识；未满足触发条件的事务将继续存放在区块链上。

(2)进入最新轮验证的事务会扩散到每一个验证节点，与普通区块链交易或事务一样，验证节点首先进行签名验证，确保事务的有效性。验证通过的事务会进入待共识集合，等大多数验证节点达成共识后，事务会成功执行并通知用户。

(3)事务执行成功后，智能合约自带的状态机会判断所属合约的状态，当合约包括的所有事务都顺序执行完后，状态机会将合约的状态标记为完成，并从最新的区块中移除该合约；反之将状态标记为进行中，继续保存在最新的区块中等待下一轮处理，直到处理完毕。

这样一来，单独一方就无法操纵合约，因为对智能合约执行的控制权不在任何单独一方的手中。整个事务和状态的处理都由区块链底层内置的智能合约系统自动完成，全程透明、不可篡改。智能合约与传统合约的对比，如图 4－16 所示。

图 4－16　传统合约与智能合约

2. 共识机制

共识可简单理解为，不同群体所寻求的共同的认识、价值、想法等，在某一方面达成的一致意见。共识机制就是确定达成某种共识和维护共识的方式。由于区块链系统中没有一个中心，在进行传输信息、价值转移时，需要解决并保证每一笔交易在所有记账节点上的一致性和正确性问题。因此，需要有一个预设的规则来指导各方节点在数据处理上达成一致，所有的数据交互都要按照严格的规则和共识进行。比如，每次记账要选出唯一的节点进行，也就是说，只有一个人去记账，其他人只复制他的记账结果，这样才能达成这个统一的顺序账本，达成了一个共识。根据应用的不同，常用的共识机制主要有 PoW、PoS、DPoS、PBFT、Paxos 等。

(1)PoW。PoW(proof of work)工作量证明，证明做了多少工作。比特币和以太坊都是基于 PoW 的共识机制。对于比特币而言，大家共同争夺记账权利，谁先抢到并正确完成记账工作，谁就得到系统的奖励，奖励为比特币，也就是所谓的“挖矿”。矿工(参与挖矿的人)通过计算机的算力去完成这个记账工作，这个拥有计算能力的专业计算机就是所谓的“矿机”。工作量证明是矿工在处理交易数据(也是对数据进行哈希计算)的同时不断地进行哈希计算，求得一位前 23 位为 0 的哈希值(nonce 黄金数)。

(2)PoS。PoS(proof of stake)权益证明，根据钱包里面货币的多少以及货币在钱包里存在的天数来合成一个单位(币天)，再依据币天的关系对计算机进行哈希计算，谁的钱包里的币天数越大谁拥有记账权的概率就越大。这种机制的优点是降低了 PoW 机制的资源浪费，加快了运算速度；缺点是拥有币龄越长的节点获得记账权的概率越大，容易导致马太效应，富者越富，权益会越来越集中，从而失去公正性。

(3)DPoS。DPoS(delegated proof of stake)委托权益证明，指拥有 Token 的人投票给固定的节点，选举若干代理人，由代理人负责验证和记账。不同于 PoW 和 PoS 的全网都可以参与记账竞争，DPoS 的记账节点数在一定时间段内是确定的。为了激励更多人参与竞选，系统会生成少量代币作为奖励。节点代理是人为选出的，公平性相比 PoS 较低。

(4)PBFT。PBFT(practical Byzantine fault tolerance)实用拜占庭容错。其原理是，系统中有一个节点为主节点，而其他节点都是子节点，系统内的所有节点都会相互通信，当返回的结果数大于 1/3 时即达成共识。达成共识的过程有四步：第一步，客户端发一个请求给主节点去执行某个操作；第二步，主节点通信给各个子节点；第三步，所有节点执行算法并把结果返回给客户端；第四步，当客户端“收到结果”后，过程结束。假设 n 是总节点数，故障节点数是 f 个，恶意节点数是 f 个，故障节点收到通信后不会返回结果，恶意节点收到通信后会返回错误的结果。在统计返回节点数时，有问题的节点 f 会被排除在外，所以只要正确通信节点数大于恶意节点数 f 即可保证本次通信正常，即需要 $f+1$ 个正确节点。总节点数 n 包括 $f+1$ 个正确节点、f 个恶意节点和 f 个故障节点，即 $3f+1=n$。因此 PBFT 算法支持的最大容错节点数是 $f=(n-1)/3$。

(5)Paxos 算法。分布式专家 Lamport 提出的一种基于消息传递的一致性算法，建立在希腊城邦 Paxos 的选举机制上。算法里包含两个角色：提议者和接受者，提议者给出提议，接受者表达意见。算法大致分为两个阶段：第一阶段，在多个提议者中选举出“提议领袖”，每个提议者在第一阶段先报个号，谁的号大，谁就是意见领袖。第二阶段，对领袖提出的提议，接受者反馈意见。如果多数接受者接受了这个提议，那么提议就通过了。

4.4.4 区块链的应用

区块链技术本质上就是一个可信的分布式数据库技术，可应用于许多领域，会给这些领域带来重大的变化。图 4-17 给出了区块链的主要应用领域，其中最典型的应用是金融领域。

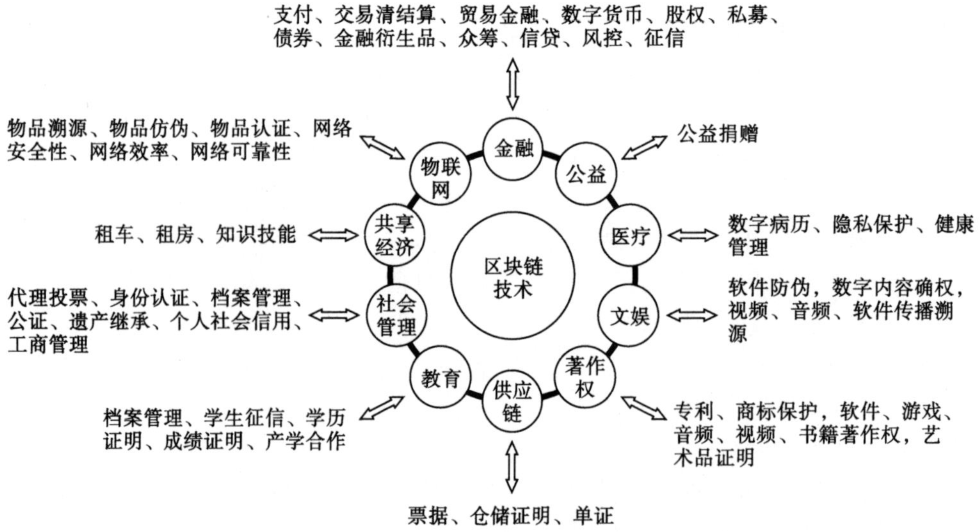

图 4-17　区块链的主要应用领域

1. 金融区块链

区块链作为去中心化数据库，与金融具有天然一致性。区块链技术强化大数据信用机制，对数字资产进行加密记录并存储，区块链网络中的所有节点存储完全一致，链上的所有数字资产数据都不可篡改和可追溯，促进金融交易的安全高效协作。如国际汇兑、支付、信用证明、股权登记、证券交易、保险、税务等。金融区块链的典型架构如图4－18所示。

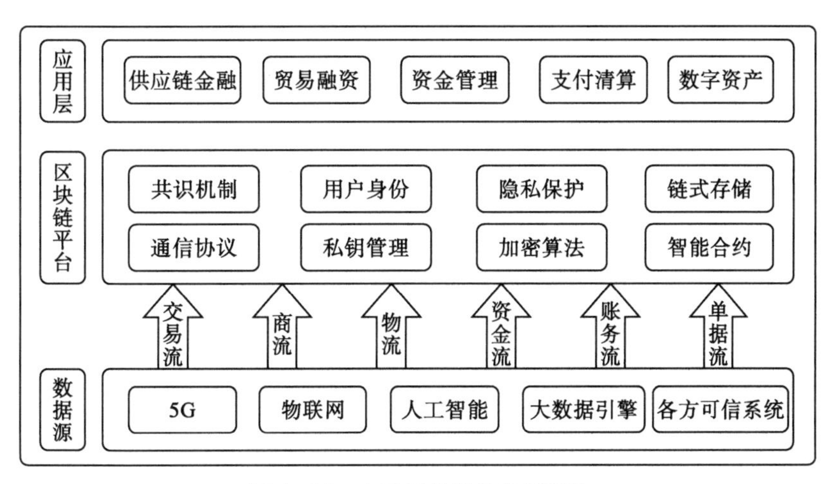

图 4－18　金融区块链的典型架构

2. 医疗信息区块链

电子病历、治疗信息上链，方便病人、医疗机构和保险机构使用，使得病人隐私得到保护；治疗方案和过程、使用的药品和医疗器械都可追溯；会诊更加高效，医疗支付和保险理赔更为简便。图 4－19 给出了医疗信息区块链的一个例子。

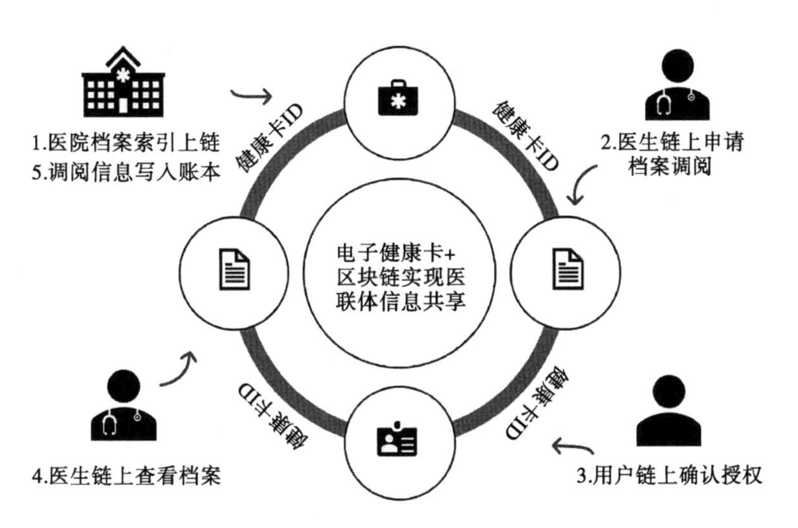

图 4－19　医疗信息区块链

3. 著作权保护区块链和供应链区块链

目前在内容创作领域,著作权保护一直存在诸多难题,使用区块链进行著作权保护是一种非常有效的方法。图 4-20 是一个著作权保护的区块链方案。

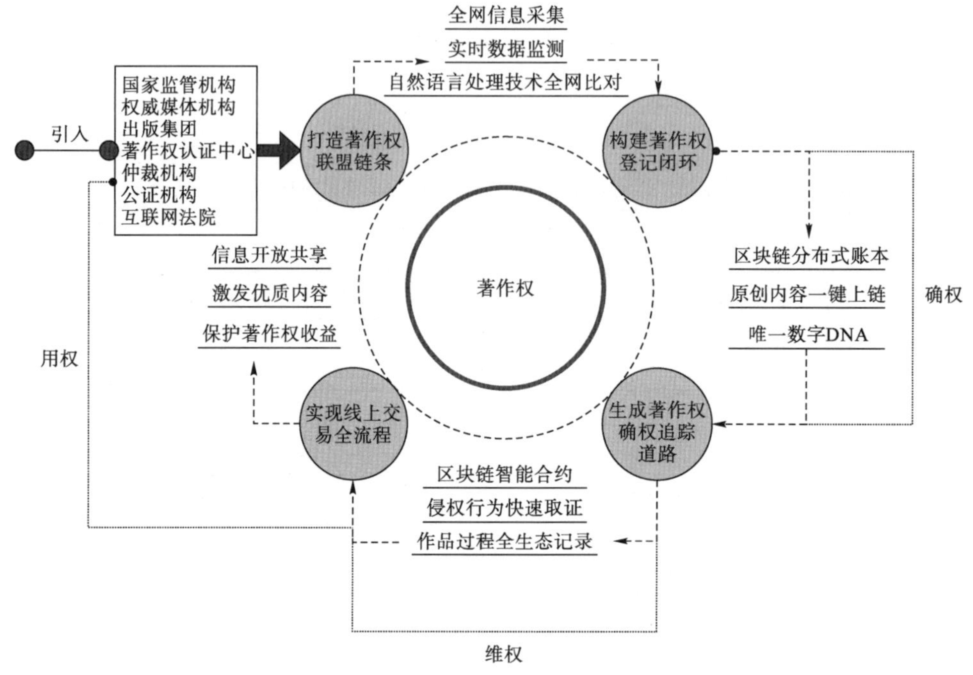

图 4-20　著作权保护区块链

4. 供应链区块链

供应链区块链使得区块链与供应链“双链融合”,促进代工厂、企业、供应商、物流及原材料、用户等实体间实时信息共享,增强整体流程的透明度,实现业务流程自动化运转,便于商品溯源。这有助于构建安全、可靠的经济体系。图 4-21 是一个供应链区块链的示意图。

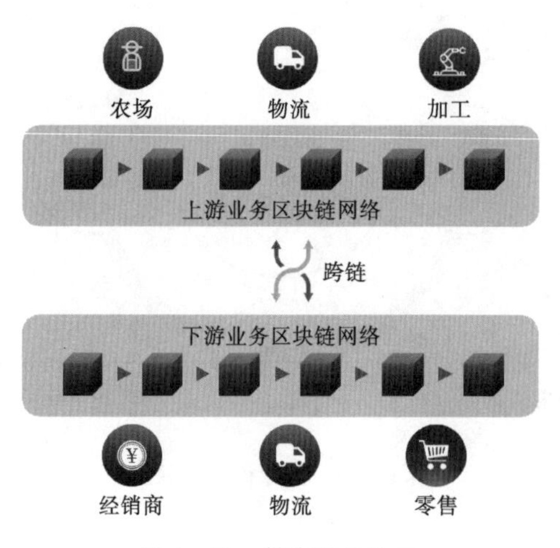

图 4-21　供应链区块链

4.5　本章小结

本章讲述了 P2P 覆盖网络的用途、工作原理和典型的架构，重点讲述了 P2P 网络的构建方法和目标信息搜索机制。其关键技术包括：高效的搜索机制、优化的拓扑结构、文件提供者的匿名性、文件缓存、文件的完整性保证等。提高搜索效率的方法主要有：随机搜索方法、基于内容索引的方法、基于统计的方法、基于兴趣的方法、文件缓存和复制。作为一个 P2P 网络的热点应用，本章最后讲述了区块链技术，包括概念、组成、架构、关键技术和应用；重点描述了区块链的两个关键技术：智能合约和共识机制；介绍了区块链的应用并给出实例。

第5章 IPv6

5.1 IPv6 技术的特征

IPv4 网络地址短缺问题严重制约了互联网的应用和发展，IETF 从 20 世纪 90 年代早期就已经开始研究 IPv6(Internet protocol version 6)技术了。和 IPv4 相比，IPv6 具有下列新的特征：

(1)长地址。128 位的地址空间，确保不会出现地址不够用的问题。

(2)"流线型"的包格式。包格式更为简洁，能加快数据包的处理和转发。

(3)路由表更小。一个表项能表示更多的子网，所以路由表的表项减少了。

(4)支持 QoS 和实时性。包头改变了，启用了服务类型字段，IPv6 路由器上增加了保证 QoS 和实时性的机制。

(5)支持多播。IPv6 路由器运行有多播通信协议，支持多播应用。

(6)引入了安全机制。通信时使用了认证和加密机制。

(7)支持移动应用。移动接入和移动应用更加简单。

(8)引入了新的 anycast 地址。在一组节点中，能将数据包路由到最佳的节点。

IPv6 与 IPv4 并不兼容，IPv6 包头里只有 8 个字段，两者之间有些字段没有对应。

5.2 IPv6 的包格式

IPv6 的包头字段比 IPv4 少了 5 个，更为简洁，方便快速处理，文献上将 IPv6 的包比喻为"流线型的包"，格式如图 5-1 所示。

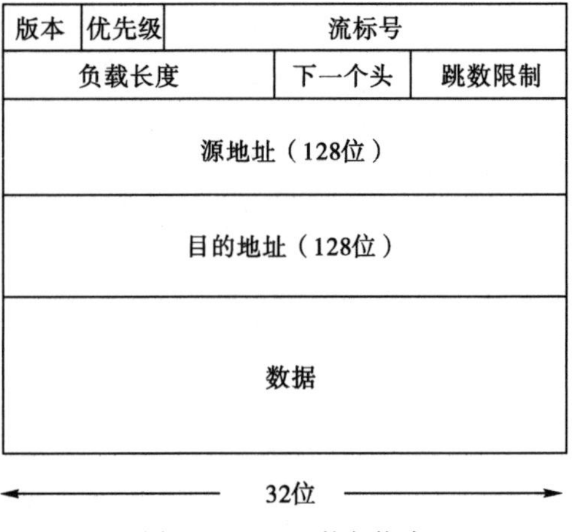

图 5-1 IPv6 的包格式

第一个字段是 4 位的版本号，值为 6。接下来是 8 位长的优先级字段，表示该数据包属于什么类型，在后续路由器上按什么策略转发。20 位长的流标号字段用来标识该数据包属于哪个流。流是从某一源节点发往某一单播、任播或多播地址的目的节点的一系列包，一个具体的传输连接或媒体流中的所有包都属于一个流。负载的长度的单位是字节，这个字段的长度是 16 位。8 位长的"下一个头"有两个功能：一是标识负载里封装的是什么数据，这个值等于 6，表示数据域是 TCP 段；这个值等于 17，表示数据域是 UDP 段；这个值等于 2，表示数据域是 ICMPv6 报文。二是标识这个数据包的数据域里是否包含扩展的头信息，当 IPv6 包头不够用的时候，可以对包头进行扩展，扩展的内容放在负载里，并用这个字段进行标记。8 位长的跳数限制字段和 TTL 含义一样。接下来是 16 字节长的源地址和 16 字节长的目的地址字段。最后是可变长的负载字段，其大小受最大段大小的约束。

相比于 IPv4，IPv6 其他较大的变化是去掉了"分片与装配"字段、"校验和"字段和选项字段。在 IPv4 的包头中，有 32 位的分片与装配内容，用来将数据包拆分并最终在接收端再将拆分的多个片装配成一个数据包。IPv6 不允许路由器拆分数据包，如果数据包过大，下一层的帧不能对其进行封装，则将这个数据包丢弃，返回一个 ICMPv6 报文，通知发送端将数据包变小一些再进行发送。IPv4 的包头中包含有 16 位的"校验和"字段，用来检查该数据包中是否存在 0、1 跳变。校验和是一种很弱的差错检测算法，即使它未检测出差错，也不代表数据包中没有差错。由于数据链路层已经对数据帧进行循环冗余校验（cyclic redundancy check），这是一种很强的差错检测机制，因此，上传给网络层的数据包都是没有差错的，不再需要进行差错检测了。IPv6 将这个字段删掉，可以加速数据包的处理，是比较科学的。选项字段实践当中意义不大，在 IPv4 中也从来没有被使用过，所以 IPv6 删去了这个字段。如果某个应用确有必要使用选项信息，IPv6 允许将其放在扩展的头里。

5.3　IPv6 的地址技术

典型的 IPv6 地址 16 个字节长，用以识别网络接口。由于 IPv6 的地址足够多，为了方便路由和网络管理，一个网络接口可以配置多个地址。IPv6 有三种地址类型：单播地址、多播地址和任播（anycast）地址。其中分配给网络接口的都是单播地址，其余两个地址都是通信时作为目的地址使用的。由于广播路由和多播路由的原理一样，只是参与通信的用户量不同，所以 IPv6 不再区分多播和广播。任播地址是特殊的通信地址，本质上也是一种组通信地址，但只能将数据包送达一组节点（路由器或服务器）中距离源节点最近的那个节点。

5.3.1　IPv6 地址的表示

由于 IPv6 的地址很长，若用"点分十进制表示"，地址依然很长。所以，IPv6 采用十六进制表示地址，这样，转换后的地址就会紧凑一些。IPv6 地址划分为 8 个字段，每个字段 16 位，用 4 个十六进制的数字表示，字段之间用冒号分开，如下所示：

FEDC:BA98:7654:3210:FEDC:BA98:7654:3210

和 IPv4 地址一样，地址的高位仍然表示网络部分，用于路由；低位仍然表示主机部分，用来区别网络接口。对于包含"0"比较多的地址，IPv6 允许对其进行缩写。例如，1080:0000:0000:0008:0000:0000:200C:417A 这样的地址，可以缩写为下面两种形式：

1080:0:0:8:0:0:200C:417A

1080::8:0:0:200C:417A

需要注意的是，双冒号在一个地址中只能使用一次，因为如果使用多次，就会产生歧义，两个冒号之间无法确定包含几个 0000 字段了。

IPv6 也支持 CIDR(classless inter doman routing,无类别域间路由选择)表示,以加快路由处理。例如,这样一个地址:FEDC:BA98:0000:0076:0000:1234:5678:9ABC,如果网络部分是 64 位,则正确的 CIDR 表示有:

FEDC:BA98:0000:0076:0000:1234:5678:9ABC/64

FEDC:BA98::76:0:1234:5678:9ABC/64

FEDC:BA98:0:76::1234:5678:9ABC/64

FEDC:BA98:0:76/64

其中,"/x"表示其中网络部分长度是 x 位,其余的是主机部分的长度。对于 FEDC:BA98:0:76/64 这种表示,其中的 0 不能用双冒号省略,即 FEDC:BA98::76/64 这种表示方式是有歧义的,因为无法确定双冒号中省略了几个 0000 字段。

5.3.2　IPv6 地址分配

IPv6 将单播地址分为聚集的全球单播地址(aggregatable global unicast uddress)、本地链路使用地址(link local use address)和本地网络使用地址(site local use address)。分配的地址空间如表 5-1 所示,其余的地址都保留起来,用于其他网络通信或者没有分配。

表 5-1　IPv6 地址分配

地址类型	固定的前缀	所占地址空间
聚集的全球单播地址	010	1/8
本地链路使用地址	1111 1110 10	1/1024
本地网络使用地址	1111 1110 11	1/1024
多播地址	1111 1111	1/256

在表 5-1 中,聚集的全球单播地址用于 Internet 通信,本地链路使用地址用于局域网内通信,本地网络使用地址用于 Intranet 通信,多播地址用于多播和广播通信。

典型的聚集的全球单播地址由 5 部分组成,如图 5-2 所示。其中,010 是固定的前缀。13 位的 TLA(top level aggregator)是顶级聚集器,用来标识顶级网络服务商,表示第一级的路由范围。32 位的 NLA(next level aggregator)是次级聚集器,用来标识次级的网络服务商,表示第二级的路由范围。这个字段还可以再细分,标识下一级服务商。16 位的 SLA(site local aggregator),用来标识本地网络服务商,表示网络的 ID。64 位的接口 ID 用来标识主机接口。

010	TLA	NLA	SLA	接口 ID

图 5-2　典型的聚集的全球单播地址结构

5.3.3　特殊的 IPv6 地址

针对特殊的应用,IPv6 还定义了一些特殊的地址:

(1)未指定的地址,即全 0 地址,用作源地址,当需要通信但节点还没有地址时使用它,例如自动获取 IP 地址通信。

(2)回环地址,也称自测试地址,地址结构为::1,用于自发自收数据包的应用。

(3)基于 IPv4 的地址,地址结构为::+IPv4 地址,如::10.0.0.1,用于穿越 IPv6 网络。当一个 IPv4 节点跨越 IPv6 网络与另一个 IPv4 节点通信时,进入 IPv6 网络前,对 IPv4 地址进行变换,这种地址如图 5-3 所示。

80位	16位	32位
0	0	接口 ID-IPv4 地址

图 5-3　基于 IPv4 的地址结构

(4)本地网络地址,即只能在 Intranet 内部使用的地址,用在单一的网络内,结构如图 5-4 所示,高 10 位是前缀,紧跟着的是 38 位的全 0,接下来 16 位是子网 ID,低 64 位是主机网络接口 ID。

10位	38位	16位	64位
1111111011	0	子网 ID	主机网络接口 ID

图 5-4　IPv6 Intranet 的地址结构

(5)本地链路地址,即局域网使用的地址,这些局域网与外界没有物理的连接。高 10 位是前缀,中间 54 位为全 0,低 64 位是主机网络接口 ID,如图 5-5 所示。

10位	54位	64位
1111111010	0	主机网络接口 ID

图 5-5　IPv6 局域网地址结构

(6)多播地址,多播或广播通信时作为目的地址使用的地址,其结构如图 5-6 所示。高 8 位是前缀,接下来的 4 位是标记位,然后是 4 位长的多播范围,低 112 位为多播的组 ID。其中,标记位的组成如图 5-7 所示,前 3 位都是 0,最后一位 T 可以是 0,也可以是 1。当 T=0 时,表示这是一个著名的多播地址,不能随便使用;当 T=1 时,表示这是一个临时使用的多播地址,可以随便使用。

8位	4位	4位	112位
11111111	标记	多播范围	组 ID

图 5-6　IPv6 多播地址结构

0	0	0	T

图 5-7　IPv6 多播地址标记位

4 位长的多播范围字段里,其值的不同意味着多播范围的不同。具体值的含义如表 5-2 所示。

表 5-2 多播范围字段的值及对应含义

值	含义
0	保留
1	本节点
2	本链路
5	本网络
8	本组织
E	全球
F	保留

(7)任播地址。在 IPv6 中,并没有具体的任播地址格式,它就是一个用作单播地址的网络地址,主机部分为全 0,只能作为目的地址使用。任播地址也是一个路由地址,一个任播地址对应于多个网络接口,路由系统能够识别并维护每一个任播地址。其工作原理是,使用通用地址将数据包发往一组服务器或子网,最近的那个服务器或路由器就是接收端,比如距离源端最近的域名服务器、文件服务器或时间服务器。任播地址和单播地址的区别是,任播地址通信时作为目的地址使用,主机部分全 0,不能分配给主机,只有路由器能识别;单播地址既可以作为源地址也可以作为目的地址使用,主机部分不是全 0,主机和路由器均能识别。任播地址由两部分组成,高位是网络 ID,地位为全 0,如图 5-8 所示。

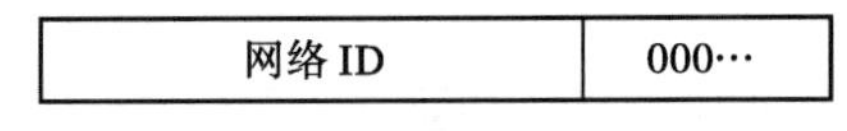

图 5-8 任播地址的组成

5.4 ICMPv6

ICMPv6 是 ICMP 的新版本(RFC 2463),与 ICMPv4 并不兼容。它将 ICMPv4 中定义的编码和类型进行了重新组织,同时新增了一些报文类型和编码,如"包太大了""不可识别的 IPv6 选项"等。ICMPv6 吸收了互联网组管理协议(Internet group management protocol, IGMP),包含有多播组管理功能。除此之外,还增加了"邻居发现"报文,如路由探测、ARP 参数探测等。其报文结构比较简单,包头只有 3 个字段,如图 5-9 所示。其中的校验和字段在实践中并没有什么用途。类型中的 0 到 127 表示差错报文,128~255 表示信息报文。报文体是可变长的,不同类型的报文,报文体不一样,例如"包太大"报文,其格式如图 5-10 所示。

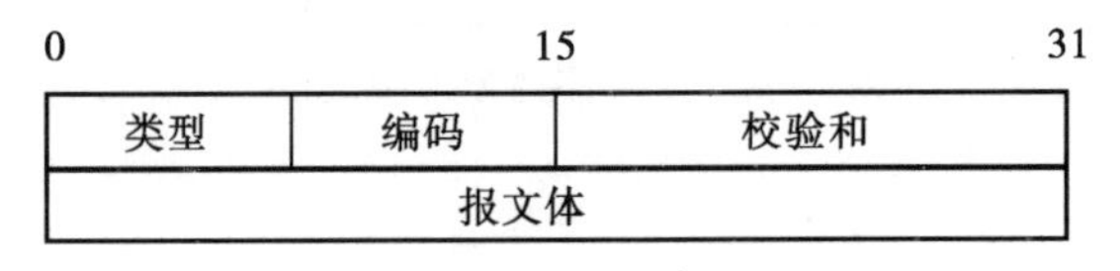

图 5-9 ICMPv6 的报文结构

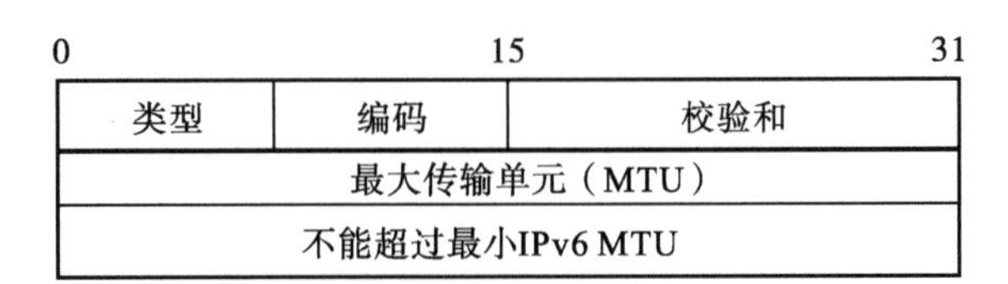

图 5-10　ICMPv6 的“包太大”报文结构

常用的 ICMPv6 报文如表 5-3 所示，其中包括了多播组管理使用的一些报文。

表 5-3　部分 ICMPv6 报文

类型	差错原因
1	目的节点不可到达
2	包太大
3	超时
4	参数问题
128	回声请求
129	回声应答
130	组成员查询
131	组成员报告
132	组成员减少
133	路由器请求
134	路由器通告

5.5　IPv6 路由技术

IPv6 路由是基于网络服务商寻址的路由，每一个网络接口可以分配多个 IP 地址，典型地，每个服务商一个地址。因此，基于地址的路由和基于服务商的路由是等价的。按照路由表的生成方式，IPv6 路由可以分为直连路由、静态路由和动态路由。直连路由是指路由器接口到该接口所连接的主机的路由，优先级是最高的；静态路由是管理员手工配置的路由；动态路由是依赖于路由协议或路由算法维护的路由，路由表内容更新相对较快。所谓路由技术，一般都是指动态路由技术。和 IPv4 基于自治系统（autonomous system，AS）的路由一样，IPv6 路由是基于域（domain）的路由，分为域内路由和域间路由，使用的协议对应于域内路由协议和域间路由协议。

1. 域内路由协议

域内路由协议又称内部网关路由协议，包含三个具体的路由协议：OSPFv3、RIPng 和 IPv6-IS-IS。

（1）OSPFv3 是由 IPv4 的 OSPFv2 演变而来的，其核心算法仍然是链路状态算法。相比于 OSPFv2，OSPFv3 的运行机制改变、功能扩展、报文格式变动、LSA（链路状态通告)格式改变。OSPFv3 基于链路运行,同一个链路上可以有多个 IPv6 子网,两个属于不同子网的接口可以相互通信。在同一个链路上,多个实例可以运行,不受网段的限制。识别邻居路由器时,使用路由器 ID(32 位)而不是 IPv6 地址,路由器 LSA 和网络 LSA 中不包含地址,仅用来描述网络拓扑。OSPFv3 对 LSA 的类型进行了扩展,支持未知类型的状态扩散(flooding)。取消了报文中的验证字段,改为使用 IPv6 中扩展头 AH 和 ESP 来保证报文的机密性和完整性,加快了 OSPF 协议的处理过程。OSPFv3 使用链路本地地址作为报文的源地址,所有路由器学习本链路上的其他路由器的本地地址,作为下一跳的地址。在 OSPFv3 中报文的头结构、有些报文的格式如 hello 报文、数据库描述报文会有所改变。OSPFv3 路由的生成分为三步:①域内路由生成;②域间路由生成;③外部路由生成。其中,域内路由生成又分为三步:域内拓扑生成、最短路径计算、域内地址前缀添加。域间路由和外部路由生成依赖于边界网关的路由通告。

(2)RIPng(RIP next generation)是下一代 RIP,由 RIP 协议演变而来的,其核心算法仍然是距离矢量算法。RIPng 仍然采用 UDP 通信,端口号为 521,但支持多播通信了;仍然采用跳数作为路由量纲,16 跳为不可达;仍然支持水平分割,使用毒性逆向路径技术来解决“计数到无穷大问题”。和 RIP 协议相比,主要的不同在于以下几个方面:地址不一样、报文格式有差别、地址前缀替代了子网掩码、可以多播报文、通信更为安全。和 OSPFv3 一样,RIPng 也直接继承了 IPv6 的安全机制。

(3)IPv6-IS-IS/IS-ISv6 是支持 IPv6 协议的 IS-IS(intermediate system-to-intermediate system intra-domain routing information exchange protocol)路由协议,其核心算法仍然是链路状态算法,具有良好的可扩展性,可以发现和生成 IPv6 路由。为了支持大规模的路由网络,IS-IS 在路由域内采用两级的分层结构。一个大的路由域被分成一个或多个区域(areas)。IS-ISv6 也是由 IS-ISv4 扩展而来的,相比于 IS-ISv4,IS-ISv6 新增了两个类型-长度-值(type-length-value, TLV)报文和一个新的网络层协议标识符(network layer protocol identifier,NLPID):

· 236 号 TLV(IPv6 reachability):通过定义路由信息前缀、量纲等信息来说明网络的可达性;

· 232 号 TLV(IPv6 interface address):它相当于 IPv4 中的“IP interface address” TLV,只不过把原来的 32 b 的 IPv4 地址改为 128 b 的 IPv6 地址。

· NLPID:标识网络层协议报文的一个 8 比特字段,类似于 IPV4 中的“protocol”字段,IPv6 的 NLPID 值为 142(0x8E)。如果 IS-IS 路由器支持 IPv6,那么它必须以这个 NLPID 值向外发布路由信息。

跟其他路由协议一样,IS-ISv6 也定义了路由器之间通信的相关报文格式。

2. 域间路由协议

IPv6 的域间路由协议是 BGP4+,由 IPv4 的 BGP4 演化而来。它对 BGP4 进行了多协议扩展,同时支持 IPv4、IPv6 及其他协议。为了支持多协议,BGP4+新增了两个路径属性:

· MP_REACH_NLRI:多协议可达的网络层路由信息,用于通告可达的路由和下一跳信息。这个信息中还包含有本信息用于单播还是多播。

· MP_UNREACH_NLRI:多协议不可达的网络层路由信息,用于撤销一条不可达的路由。

BGP4＋和 BGP4 的通告机制和路由机制完全一样，是统一的域间路由协议，其核心算法仍然是路径矢量算法。

5.6　QoS 保证

IPv4 网络是“尽力而为”的网络，没有对业务进行分类，所有的网络业务在网络内核上都按照相同的排队机制进行存储转发。而 IPv6 网络的一个特征是保证 QoS 和实时性，它利用了头中 8 位的优先级和流标号字段(同一个流中的所有包具有相同的流标签，以便对有同样 QoS 需求的流进行快速、相同的处理)和其他内核上的新机制，能够对网络业务进行分类和标记，不同类型的网络业务在网络内核上转发的优先级不一样，对 QoS 有需求的网络业务会被优先转发。IP QoS 的实现，需要网络中所有相关组件的全面支持，包括应用、终端和网络内核设备等。可以使用的 QoS 保证机制有两种：集成服务/RSVP 和差别服务，其中 RSVP(resource reservation protocol)是资源预留协议。这两种服务最初都不是针对 IPv6 开发的，但可以用到 IPv6 网络上。

5.6.1　网络内核上的调度和策略控制机制

不管是资源预留机制还是数据包分类机制，在 IPv6 的路由器上都需要对不同类型数据包进行有差别的转发。理论上，只要能满足用户的 QoS 需求，什么样的调度机制都是可以的。但基本的包转发思想还是基于优先级和策略的调度机制。这里的按优先级调度并不是绝对地按优先级调度，而是加权的公平排队。

1. 加权的公平排队调度机制

加权的公平排队(weighted fair queuing, WFQ)机制将不同类型的网络业务映射为不同的优先级，进入路由器上不同的队列里，如图 5-11 所示。在这个示意图中，路由器维护了三个不同优先级的队列，使用的权重系数分别是 W_1、W_2 和 W_3，优先级高的队列权重系数大。路由器对这三个队列里的数据包轮转调度，每个周期路由器分配给不同队列的 CPU 调度时间比例分别为 $W_i/\sum W_j$，这里，$i,j,\varepsilon(1,2,3)$。每个队列占用的带宽为

$$\text{Throughput}=R*W_i/\sum W_j$$

其中，R 是路由器的总带宽。这意味着不同类型的业务能够按需使用不同的带宽资源，这样就能保证不同业务的 QoS 需求。

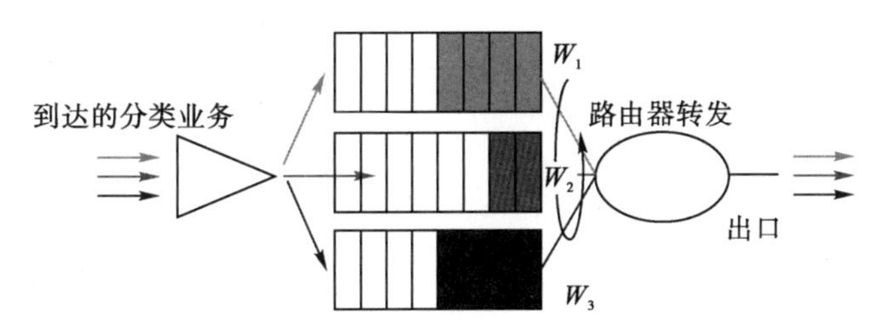

图 5-11　加权的公平排队调度

2. 控制策略:令牌桶算法

令牌桶算法也称漏斗算法,为了防止用户过度或非法使用网络资源,需要对用户注入网络的业务流量进行限制。描述一个网络业务常用的参数是平均速率、峰值速率和突发速率。平均速率是从较长的时间来看单位时间内发送的数据量,峰值速率是较短的时间间隔内发送的最大数据量,突发速率是极短的时间内连续发送的最大数据量。峰值速率和突发速率基本上相似,实践当中用其中的一个即可。因此,反映一个网络业务的参数,一般就使用平均速率和峰值速率。一个用户在进行通信之前,先向网络声明其业务参数,即业务的平均速率和峰值速率。IPv6 网络就根据业务参数进行资源预留或业务分类,同时启动令牌桶算法对用户注入网络的业务量进行限制,令注入的业务量不超过其所声明的参数。令牌桶算法的示意图如图 5-12 所示,令牌桶里预先存放 b 个令牌,同时每秒钟产生 r 个令牌,直到令牌桶变满。当路由器要转发数据包时,先从令牌桶里取一个令牌,然后转发一个数据包。数据包的转发速度快,消耗令牌的速度也跟着快,当令牌桶里没有令牌时,就不再转发数据包了。算法的参数 b 对应于网络业务的峰值速率,r 对应于业务的平均速率,路由器根据用户的业务声明来对其进行设定。因此,在 t 时间内,能够转发的数据包数$\leqslant rt+b$ 个。

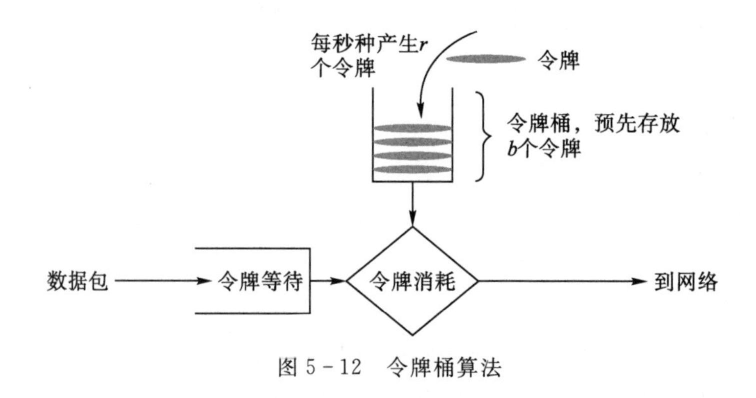

图 5-12　令牌桶算法

3. 控制策略:呼叫许可

当用户声明其网络业务参数,申请所需的带宽资源时,如果此时网络的可用带宽没有那么多,或者用户账户里资金额度不够,呼叫会被拒绝,这和电话呼叫类似。RSVP 和差别服务的策略控制模块都使用了这种策略机制。

令牌桶 + WFQ + 呼叫许可构成了 IPv6 网络内核的调度与管理机制,既保证了业务的服务质量,又防止了过度使用网络资源。两者集成后的示意图如图 5-13 所示。

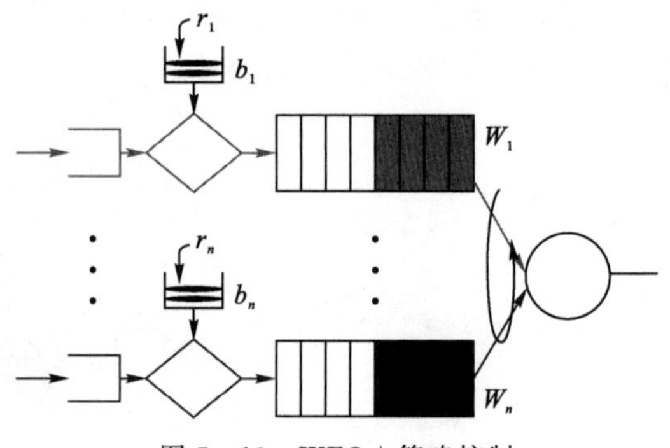

图 5-13　WFQ+策略控制

5.6.2 RSVP

顾名思义，资源预留就是在通信之前先申请所需的资源，申请成功之后才能进行通信。RSVP 是资源预留协议，受 ATM 技术的启发，由 IETF 开发出来用于网络通信。资源预留成功后，从发送端到每一个接收端的所有路径上的路由器，为这个应用保留所需的带宽资源，维护相关的状态信息——软状态。软状态包含的主要信息有：应用的源 IP 地址、源端口号、峰值带宽需求、平均带宽需求、持续时间等。因此，支持 RSVP 的 IPv6 路由器不再是无状态的、简单的路由器了。RSVP 实现后就是一套软件，分为源端运行的软件、路由器上运行的软件和接收端上运行的软件。这些软件需要相互协作，才能为一个呼叫完成资源预留，其中路由器上软件的功能要复杂一些，它负责预留的处理以及后续的数据包分类和调度。

1. 资源预留过程

资源预留的步骤大体分为两步：第一步是源端发送 T-spec（业务需求描述）报文；第二步是接收端发送 R-spec（资源请求描述）报文，申请资源预留；每一步都需要路由器的参与。T-spec 定义了要注入网络的业务特征和 QoS 需求，是 RSVP 一种重要的报文类型，由应用的源端发往每一个接收端。

第一步，源端向每一个接收端发送 T-spec 报文：T-spec 报文从源端流向每一个接收端，中间经过的每个路由器都要保留 T-spec 中的信息，同时还要记录下上一跳路由器的 IP 地址。

第二步，接收端申请资源预留：每一个接收端根据接收到的 T-spec 报文，结合自己的网络资源，决定申请多少带宽资源，构建 R-spec 报文。然后，接收端向源端发送 R-spec 报文。R-spec 报文首先到达接收端所在的第一个路由器，路由器首先对资源预留请求者的资格进行审核，然后再检查自己的可用带宽能否满足 R-spec 报文所描述的要求。如果这两项都合格，路由器会根据 T-spec 报文里的 QoS 需求和 R-spec 报文里的 QoS 需求，决定预留多少带宽。所预留的带宽不会超过 T-spec 报文中声明的带宽值。然后将 R-spec 报文转发至上行路由器（上行路由器的 IP 地址，在接收 T-spec 报文时已经记录下来了）。如此处理，直到最后一跳路由器。在这个过程中，如果有一项不满足，就会拒绝资源预留，返回资源预留申请者一个“预留失败”报文。此后，接收端可以再次申请资源预留，直到资源预留成功。如果资源预留申请成功，则路径上的所有路由器都会保存好相应的状态信息。在后面的业务通信中，每一个路由器就会执行 QoS 敏感的调度，如 WFQ。资源预留过程的示意图如图 5 - 14 所示。图中的左上角的设备是源端，右下角的设备是接收端。上面一根线的右下箭头表示 T-spec 报文传送，左上箭头表示 R-spec 报文传送。

需要说明的是，资源预留申请是接收端发起的，以包容网络结构的异构性，但在此之前源端必须要发送业务描述报文至每一个接收端。资源预留过程很像打电话的拨号过程，因此，资源预留协议本质上也是一种信令协议，它在网络层直接通过 IP 进行不可靠的通信。预留后的资源是单向的。

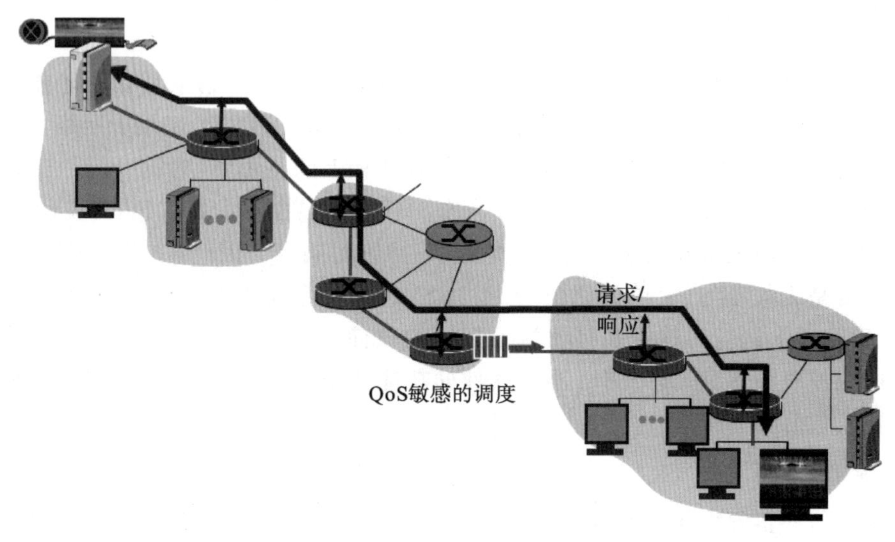

图 5 - 14 资源预留执行过程

2. 预留模式与归并预留

接收端进行资源预留申请时，在 T-spec 报文需要指定预留模式，告诉路由器是否进行归并预留。归并预留是指对于相同或不同的呼叫，路由器不同的接口需要预留不同的带宽时(例如，接口 1 需要 1 Mb/s，接口 2 需要 512 Kb/s)，路由器只需要预留最大值带宽，而不是分别预留。对于图 5 - 15 的归并预留示意图，A、B、C、D 是路由器，接收端 R1 预留 20 Kb/s 带宽、R2 预留 100 Kb/s 带宽，则归并预留模式下，路由器 C 只需要预留 100 Kb/s 的带宽即可。类似地，路由器 D 只要预留 3 Mb/s 的带宽，路由器 C 只需要预留 3 Mb/s 的带宽。

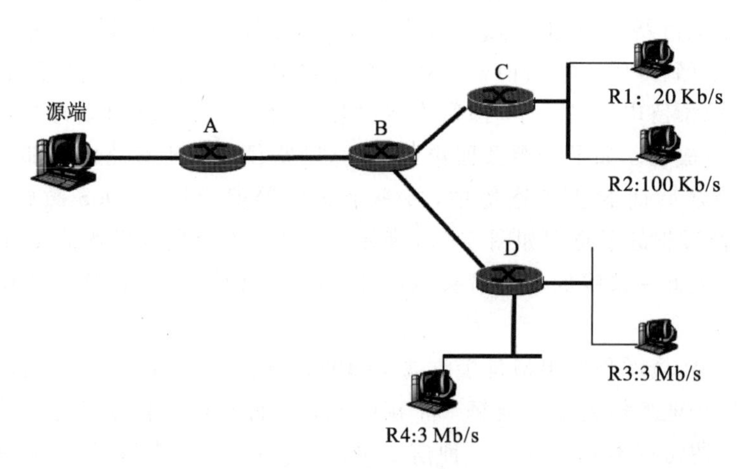

图 5 - 15 归并预留

预留报文可以使用的预留模式有三种:通配符-滤波器模式(wildcard-filter style)、固定滤波器模式(fixed-filter style)和共享-明晰模式(share-explicit style)。其中的通配符-滤波器模式和共享-明晰模式适合于组通信。

· 通配符-滤波器模式:告诉网络,接收端想从会话中的所有上行源端接收所有的流,所有的源端共享所预留的带宽,即归并预留。通配符就是"*",含义是不指定发送方,选最大的值预留。

· 固定滤波器模式:为每个源端预留一个带宽,这些预留是分别预留的,不是共享的。

· 共享-明晰模式:为明确的一组源端单独预留一个共享的带宽(选取最大值)。

3. 路由器上的 RSVP 架构

接收端发送的 RSVP 报文封装在 IP 包内,逐跳向源端传送。当到达第一个路由器时,路由器提取包中的数据,将预留报文传递给 RSVP 模块。RSVP 模块检查报文的 ID、预留模式、QoS 需求参数及自己当前的状态,决定是否同意预留。如果拒绝预留,就返回一个 ResvError 报文;如果同意预留,就处理预留模式,将新的预留报文发送给它的上行路由器。路由器上 RSVP 模块的架构如图 5-16 所示,其中,RSVP 进程是一个后台进程,它管理着策略控制、许可控制、应用信息、包分类器和包调度器五个子模块。各子模块的功能如下:

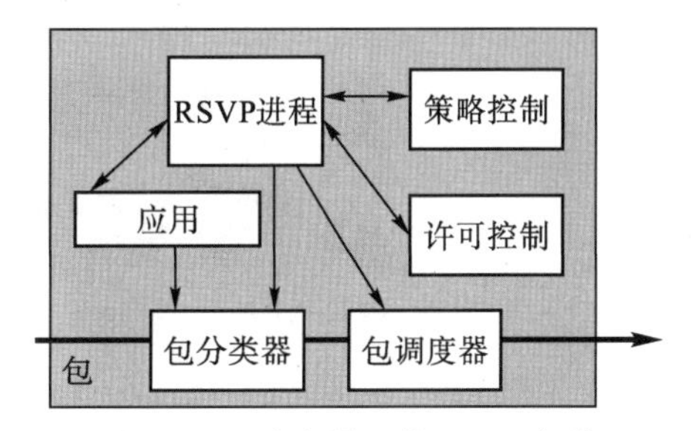

图 5-16　路由器上的 RSVP 架构

· 应用管理:记录应用的 ID、源 IP 地址和端口号等信息。
· 策略控制:确定用户是否有申请资源预留的行政权限。
· 许可控制:确定路由的可用带宽能否支持用户的 QoS 需求。
· 包分类器:对数据包进行分类和标记。
· 包调度器:按照不同的调度策略对包进行转发,以满足用户的 QoS 要求。

其中,RSVP 进程要先执行策略控制和许可控制,如果有一个检查没有通过,就会返回给申请者 RSVP 进程一个差错报文。两个检查均通过后,RSVP 后台进程会对包分类器和调度器进行参数设置,以获得所期望的 QoS。

RSVP 能保证用户的 QoS 需求,但有两个明显的缺点:①可扩展性弱,当申请资源预留的用户量较大时,处理信令、维护每流状态会非常困难,成本也很大。因此,能够承载的用户量不大;②服务模型不灵活,集成服务只有两种服务,一是资源预留的服务,二是未进行资源预留的服务。很显然,IPv6 还需要新的 QoS 保证机制。

5.6.3　DS

DS(differentiated service)就是差别服务,它不进行资源预留,而是在边缘路由器或主机上对业务进行分类,在内核路由器上按照分类后的结果进行调度。因此,DS 的特点是网络内核上的功能比较简单,而边缘路由器上的功能相对复杂一些。

1. DS的架构

DS的架构十分简单，就是边缘路由和内核路由器。在边缘路由器上，根据应用提交的申请，对数据包进行标记，也就是在数据包包头的优先级字段里填上某个值，不同的值表示不同的业务类型；不同的业务类型在后面的内核路由器上接受不同的调度服务。在内核路由器上，接收到数据包后先进行缓存，然后根据包头优先级字段里的值进行调度。值越大，转发的优先级越高，不需要维护任何应用的状态信息，转发时只看目的IP地址和优先级字段里的值，内核服务器的负担较轻，应用的可扩展性也大大提升了。差别服务的物理架构示意图如图5－17所示。

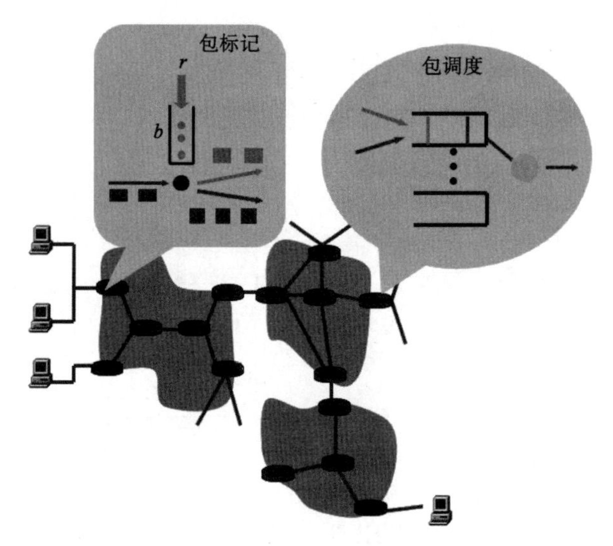

图5－17 DS的物理架构

2. 边缘路由上的包标记

边缘路由器对包进行分类和标记，分类和标记的依据是端系统发送的概貌(profile)报文，也就是说边缘上的包标记是基于每流概貌报文的。概貌报文中定义了应用的概要信息和QoS需求，包括源IP地址、源端口号、协议ID、峰值带宽和平均带宽需求等信息。一般而言，不同的QoS需求标记为不同的类型，在此后通信的数据包的优先级字段里填上不同的值。如图5－18所示，根据到达数据包的包头里的信息，数据包首先进入分类器进行分类，然后进入标记器设置DSCP值。对于同一类型的业务，又可以区分为遵守概貌报文和违反概貌报文的数据包，对于违反概貌报文的流，可以强迫其遵守profile，也可以对其做延迟或丢弃处理。

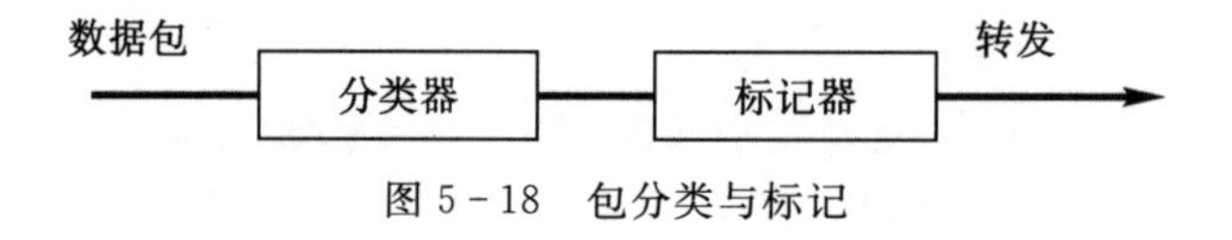

图5－18 包分类与标记

IPv6包头里的优先级字段是8位长，而差别服务只使用了其中的6位，这6位称为

DSCP(differentiated service code point,差别服务代码点),剩余的两位没有使用,这两位称为 CU(currently unused)。8 位优先级域的划分如图 5－19 所示。

图 5－19　差别服务代码点

3. 流量调节

有些情况下,可能需要对某类业务的流量进行限制,这可以通过令牌桶算法来实现。如果边缘路由器测量出用户长时间超速率向网络注入业务,可以只处理 profile 规定的流量,只对 profile 定义的流量进行标记(称之为整形),或者将所有的业务全部扔掉以进行惩罚,整形或丢弃这一过程叫作调节(conditioning),如图 5－20 所示。

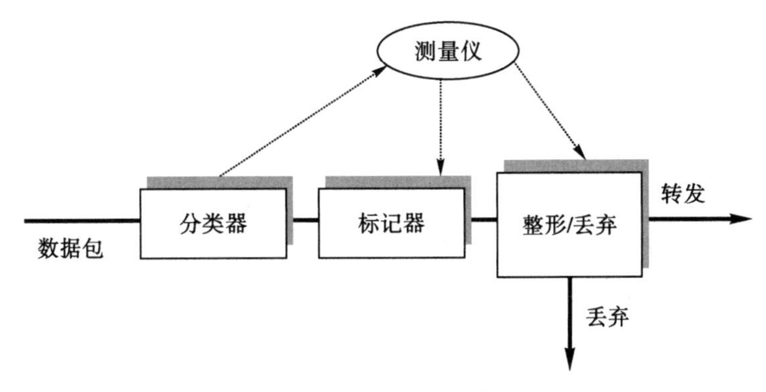

图 5－20　流量调节

4. 基于 PHB 的包转发

PHB(per-hop behavior)是每跳的行为,也就是数据包的转发策略,代表着转发性能。使用不同的 PHB 意味着对数据包实施不同级别的转发服务,产生可测量的、不同的转发性能。PHB 并没有规定采用什么机制来确保所需的 PHB 性能行为,WFQ、基于优先级或者 FCFS 策略等都可以使用,只要能满足性能要求就行。例如,类型 A 的业务在指定的时间间隔内使用 $x\%$的带宽,或者类型 A 的数据包要先于类型 B 的数据包进行转发。

目前 IETF 开发出了四类 PHB:尽力而为(缺省的转发策略)、快速转发、确定转发和类选择器。不管哪一种 PHB,产生的性能都必须满足用户的 QoS 需求。

· 尽力而为(best effort):基本上等同于 FCFS。

· 快速转发(expedited forwarding):某类业务的转发速率大于等于 profile 指定的速率。不管其他类型的业务强度如何,确保这一类业务的逻辑带宽不低于指定值,使得包延时、抖动和丢失率都很低。

· 确定转发(assured forwarding):把业务分为 4 类,每类再划分为 3 级,实际上是 12 种不同的转发行为。转发每一类的业务时确保一个最小的带宽,当流量超出 profile 规定时,每类还基于三个丢失优先级中的一个,丢弃部分或全部数据包。针对不同的转发业务类型，服务商所分配的资源量是不一样的，从而提供不同级别的转发性能。

· 类选择器(Class Selector)：定义了 8 种不同性能的 PHB，具有 DS 功能的路由器根据用户的 profile 来选择其中的一个使用。

5.6.4 从 IPv4 过渡到 IPv6

从 IPv4 网络升级到 IPv6 网络是一个缓慢而渐进的过程，不可能同时升级所有的路由器。因此，在一段时间内，IPv6 网络中可能会包含 IPv4 网段，形成混合的网络。我们知道，IPv6 和 IPv4 网络并不兼容，针对这种混合的 IP 网络，确保能够互相通信，工程上可以使用两种技术：双协议栈技术和隧道技术。

1. 双协议栈(dual stack)

在某些路由器上同时安装 IPv6 和 IPv4 协议，再安装一个协议转换模块，使不同版本的 IP 数据包能够互相转换。由于两个 IP 协议并不兼容，包头里的有些字段没有映射关系，转换后的 IP 包头里没有对应关系的字段会丢失。图 5－21 展示了 IPv6 数据包转换为 IPv4 数据包的过程，中间的虚框是 IPv4 网络。路由器 B 和 E 是双协议栈路由器，执行 IP 包转换。转换后，原来的流标号字段就丢失了。

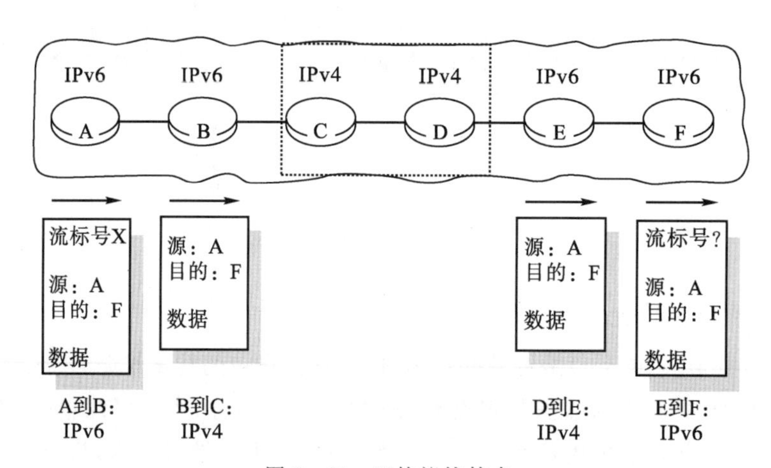

图 5－21 双协议栈技术

2. 隧道技术(tunneling)

隧道技术是将一个完整的数据包放在另一个数据包的数据域里，或者将一个数据包再封装一个新的包头。凡是使用了这种包处理方法，都叫隧道技术，因此，隧道技术是一个集合的概念。例如，多播路由跨越不支持多播的网络时，就采用了隧道技术；蜂窝式移动 IP 网络漫游通信时，家乡 Agent 也采用了隧道技术。这儿的隧道技术也是如此，将整个 IPv6 包作为 IPv4 包的负载。如图 5－22 所示，路由器 B 将 IPv6 的包再外封一个 IPv4 的包头，变成一个 IPv4 的包，穿越 IPv4 网络之后，路由器 E 再将包头去掉，复原一个完整的 IPv6 包。因此，B 和 E 之间的 IPv4 网络就是一个“隧道”。

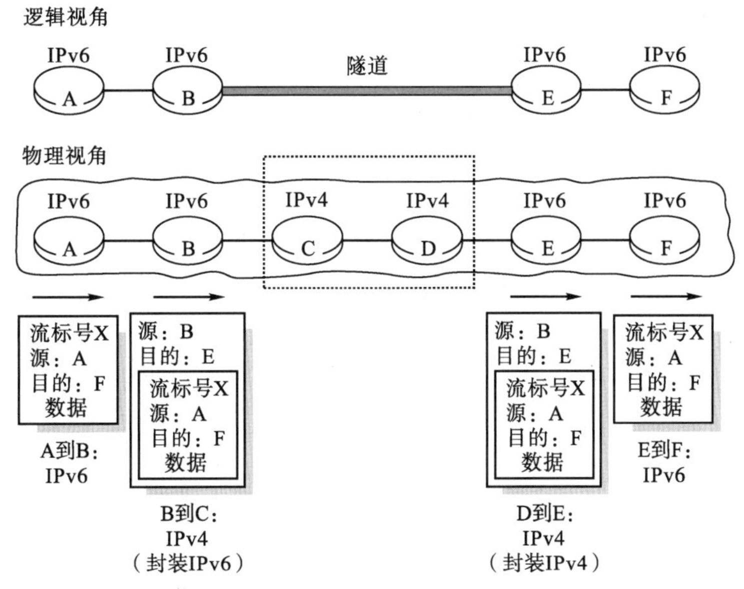

图 5－22　隧道技术

5.7　本章小结

本章讲述了 IPv6 的特征、包格式、地址技术、ICMPv6 和路由架构，重点讲述了 IPv6 保证 QoS 的两种机制：资源预留和差别服务，同时还讲述了 IPv6 内核路由器的调度机制和控制策略，包括加权公平排队、令牌桶算法和呼叫许可。IPv6 支持的多播技术和我们在第 2 章讲述的多播技术基本上是一样的，支持移动的技术放在后面的章节进行讲述。

第6章　无线网络

6.1　无线网络的类型与协议架构

无线网络利用无线频率进行通信，没有导线的约束，可以实现5A(anyone，anything，anytime，anywhere，anyway)通信。从覆盖范围的角度，无线网络由小到大可以分为如下几种：

- WPAN(wireless personal area network)，无线个人区域网；
- WLAN(wireless local area network)，无线局域网；
- WMAN(wireless metropolitan area network)，无线城域网；
- WWAN(wireless wide area network)，无线广域网。

从应用的角度，无线网络可以分为如下几种：

- WSN(wireless sensor network)，无线传感网；
- WMN(wireless mesh network)，无线网状网；
- WWN(wireless wear network)，无线穿戴网；
- WBAN(wireless body area network)，无线体域网。

无线网络的协议也是分层的，从最底端的物理层，到最顶端的应用层。不同类型的无线网络关注的层不太一样，WLAN、WPAN、WMAN的重点在于物理层和MAC层，不需要路由协议；WWAN、Ad hoc(自组织网络)以及WMN除了物理层(physical layer，PHY)、介质访问控制(medium access control，MAC)层之外，还需要路由协议和网络层。应用层是所有无线网络都必须要有的，它是网络存在的根本。范围不太大的无线网络对传输层不太关注，但对于移动互联网而言，无线通信对TCP的影响还是比较大的。

无线网络需要使用无线链路来传输数据。不同于有线链路，无线链路存在以下的不足：

- 信号强度衰减速度快。和光纤、铜导线相比，无线链路信号衰减速度是最快的。
- 容易与其他源发出的同频率信号或电子噪声冲突。
- 存在多路径传播问题。无线信号被障碍物、运动物体或地面反射后变成多个信号，通过多条路径到达接收端，造成接收端的信号模糊。
- 传输过程中的位差错率高。受信号强度变弱、各种干扰的影响，传输过程中容易发生0、1跳变。
- 存在隐藏终端和暴露终端问题。受障碍物或信号衰减情形的影响，当一个源端在发送数据时，其他源端可能感知不到链路正在使用；或者源端的信号强度过强，影响了第三方的通信。

6.2　WPAN

WPAN 主要用于连接无线个人设备，如笔记本电脑、外设、手机、PDA 等。WPAN 网络的覆盖范围 10 m 左右，工作频率为 2.4 GHz ISM。ISM（industrial, scientific, medical）是指工业、科学和医疗使用的频段，不需要申请就可以使用。WPAN 运行在很小的范围内，具有低功耗、低成本的特点，也可以通过设备接入互联网。

WPAN 属于自组织网络，可以基于很多技术，如 IEEE 802.11、HiperLAN2、Bluetooth、Home RF、IrDA 以及 UWB，较为流行的是基于 IEEE 802.15 标准（IEEE 802.15 工作组成立，专门从事 WPAN 标准化工作）。具体包括：

· IEEE 802.15.1：WPAN/Bluetooth，以既有蓝牙标准为基础，定义了物理层（PHY）和介质访问控制（MAC）规范；

· IEEE 802.15.2：主要是为了解决 WPAN（802.15）和 WLAN（802.11）共存问题；

· IEEE 802.15.3：研究高速率 WPAN，定义了高速率 WPAN；

· IEEE 802.15.4：研究低速率 WPAN，定义了低速率、低功耗 WPAN 的 PHY 和 MAC 规范，典型的技术是 ZigBee；

· IEEE 802.15.5：研究网状网络技术，定义了 WPAN 设备能够互操作、稳定和可扩展的无线网状网络。

这里，我们先讲述 Bluetooth 网络。

Bluetooth 是蓝牙技术，一种短距离无线通信的规范，带宽是 1 Mb/s～2 Mb/s。协议包括物理层、中间层和应用层，可以用于构建 WPAN。蓝牙网络的基本构成单元是 Piconet（微微网），一个微微网是由一个主节点和最多 7 个从节点以及最多 255 个停靠节点组成的，如图 6-1 所示。图中的 M 表示主节点、S 表示从节点、P 表示停靠节点。从节点之间不能直接通信，必须通过主节点中继。停靠节点处于休眠状态，只能接收主节点的指令，除此之外，什么也不能做。当 7 个从节点中的一个节点变为休眠状态时，可以激活一个停靠节点，使之成为从节点。无线链路采用集中式的时分复用技术，由主节点来进行集中控制。多个微微网可以通过桥接设备互连起来，形成一个分散网/撒网（scatternet）。

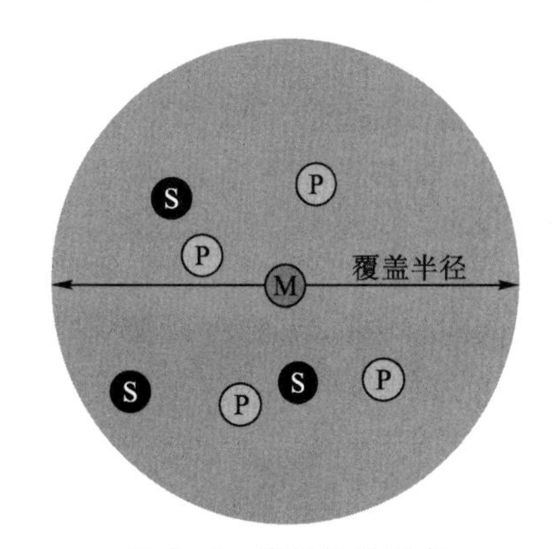

图 6-1　微微网的组成

蓝牙的协议栈分为三层，自顶向下分别为应用层、中间层和物理层。应用层运行相应的应用软件，不同的应用使用各自的应用协议。中间层包含多种协议：逻辑链路控制、服务发现、链路管理、功耗管理、认证与 QoS 控制等协议。物理层包含异步无连接或同步连接通信协议，数据采用跳频扩谱传输（frequency-hopping spread spectrum transmission）技术进行传输，跳频频率为 1600 跳/s，时间片为 625 μs。

蓝牙技术除了已经用于大家所熟悉的无线鼠标、无线键盘、耳机、手机、车载设备、智能手表等可穿戴设备之外，还可以用于医疗电子、数控机床、智能家电、智慧电表等方面，其应用还在不断地拓展。

6.3 WLAN

WLAN是使用无线频率作为介质的局域网。WLAN有很多种，目前最为流行的是基于IEEE 802.11标准的无线局域网，如基于IEEE 802.11a、IEEE 802.11b、IEEE 802.11g、IEEE 802.11n的局域网，这些WLAN的链路控制方法、帧格式都是一样的，所以统称为Wi-Fi(wireless fidelity)。Wi-Fi技术的不同，使用的工作频率也有差异，典型的工作频率是2.4 GHz或5.3 GHz。从覆盖范围的角度，WLAN可以分为小规模、中规模和大规模交换式的WLAN。小规模的WLAN如家用Wi-Fi，覆盖距离一般是几十米，无障碍的环境中，也就100 m左右；中规模的WLAN常用于企事业单位，覆盖范围稍微大一些；大规模WLAN往往需要桥接设备，能覆盖一个园区。由于AP相对简单，大规模的WLAN需要集中式的无线控制器作为交换和路由设备，能支持低延时的漫游。

WLAN最典型的应用是Internet接入，目前大部分场所如餐馆、家庭、办公室、商场、机场甚至火车上都接入了Wi-Fi。除此之外，WLAN还可用于办公室之间的通信、餐馆订餐、货物存储管理、港口的集装箱管理、监控系统、大型展厅的无线通信、救灾场所通信、野外搜救通信等。

6.3.1 WLAN的组织模式

WLAN一般有两种组织模式：基础设施模式和自组织模式。其中自组织模式又称Ad hoc网络。

在基础设施模式中，有一个关键的桥接设备，叫作无线接入点(access point，AP)。节点之间的通信以AP为中心，由AP进行中继。可以使用无线网桥或以太网互联设备将AP互连起来，将WLAN扩大。WLAN使用的都是链路层以下的技术，不使用路由器，没有路由功能，但大规模交换式WLAN除外。基础设施WLAN的组成如图6-2所示。其中，一个AP及其所关联的所有节点称为一个基本服务集(basic service set，BSS)；网络基础设施是桥接设备，可以是有线的也可以是无线的，常用的是Hub、交换机或路由

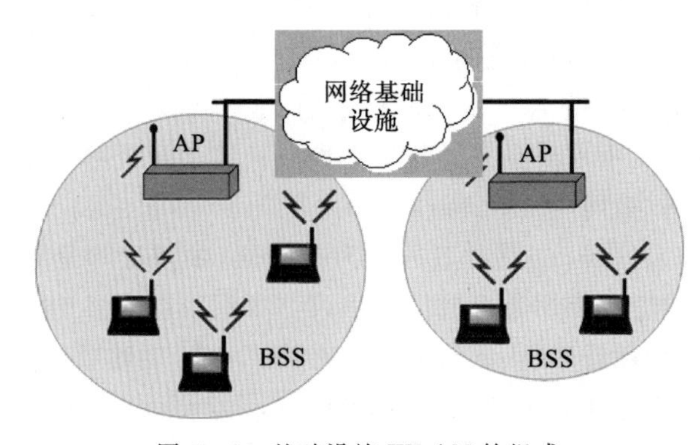

图6-2　基础设施WLAN的组成

器。节点可以是移动的设备，如手机、笔记本电脑、Pad 等，也可以是不移动的主机，如 PC 机。AP 和节点之间是无线链路，不同的链路使用的技术也不一样。AP 是链路层的中继设备，是无线网络基础设施的核心，本质上，它既不是路由器也不是交换机，没有路由和交换功能。它协调终端节点之间的数据传输，可以通过网络基础设施连接到更大的网络上（如以太网、互联网）。一个终端节点从一个 BSS 移动到另一个 BSS，需要关联到另一个 AP，这个过程叫作“交接”。

在自组织模式中，网络全部是由移动节点组成的，没有 AP，属于 P2P 架构。自组织模式的 WLAN 往往是针对特定的应用临时构建的网络，用于野外通信或军事领域的通信。这种模式下的网络构成如图 6－3 所示。相邻的两个移动节点只有在链路覆盖范围内才能通信（在图 6－3 中，最下面的节点是不能与其他节点进行通信的），不相邻的节点之间通信往往需要中间的节点中转，这就涉及路由技术了。自组织网络涉及的关键技术有：路由技术、QoS 保证技术、功率控制技术、安全控制技术、网络拓扑控制技术、信道共享技术、互连技术等。Ad hoc 网络的路由不强调数据包要走最短路径传输，路由算法受很多因素的约束，如 QoS、节点功耗、节点剩余电量、网络拓扑结构等，强调不同参数，就会产生不同的路由。功率控制包括发射功率控制和功耗控制，节点的发射功率既不能太弱也不能太强，太弱会影响通信质量，太强会加大耗电，同时会影响其他节点之间的通信（导致暴露终端问题）；QoS 控制也涉及跨层的诸多技术和功耗控制策略，需要系统性的方法，相当复杂。每一个自组织网络的关键技术，都是一个很值得研究的课题。

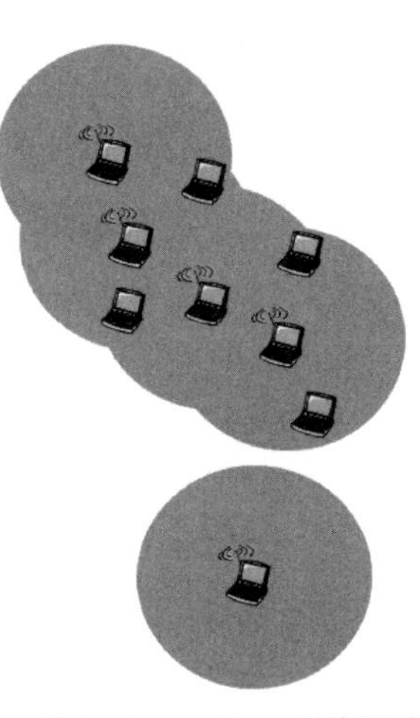

图 6－3　Ad hoc 网络组成

6.3.2　IEEE 802.11 协议架构

IEEE 802.11 标准定义了 WLAN 的物理层和 MAC 层的相关协议，它是一个系列标准，包含很多子集，简要的信息如下所示。

- IEEE 802.11a：带宽为 54 Mb/s；
- IEEE 802.11b：带宽为 11 Mb/s；
- IEEE 802.11d：域管理；
- IEEE 802.11e：QoS 控制；
- IEEE 802.11f：AP 之间的通信协议；
- IEEE 802.11g：带宽为 54 Mb/s；
- IEEE 802.11h：动态频率选择与功率管理；
- IEEE 802.11i：安全方面；
- IEEE 802.11j：对日本标准的补充；
- IEEE 802.11n：带宽为 300＋ Mb/s；
- IEEE 802.11ac：带宽为 1 Gb/s；

· IEEE 802.11ad:超宽带标准。

目前最新的应用已经到了 802.11ac,带宽达到 1 Gb/s。

802.11 的协议架构分为两层:MAC 层和物理层。

(1)MAC 层的主要功能是链路的访问控制,可以使用的链路访问控制算法有集中式的 MAC 和分散式的 MAC。在集中式的 MAC 中,需要一个主节点(例如 AP),主节点以轮询的方式邀请每一个从节点发送数据,邀请到谁,谁才能发送数据。因此,任一时间点上,不会有两个节点同时传送数据,不会导致介质访问的冲突。在分散式的 MAC 中,常用的介质访问控制算法有两种:CSMA 和 CSMA/CA,稍后再描述这两个算法。

(2)物理层定义了三个可选的实现技术:红外基带传输技术、直接序列扩谱传输技术和跳频扩谱传输技术。

· 红外基带传输(infrared baseband):850~950 nm 的波长,1 Mb/s 或 2 Mb/s 的数据传送速率。

· 直接序列扩谱传输(direct sequence spread spectrum): 2.4 GHz ISM 的工作频率,7 个信道,每个信道 1 Mb/s~2 Mb/s 的带宽。这是目前最为流行的实现方式。

· 跳频扩谱传输(Hop frequency spread spectrum):2.4 GHz ISM 的工作频率,1 Mb/s~2 Mb/s 的带宽。

6.3.3 Wi-Fi:IEEE 802.11 WLAN

基于 IEEE 802.11 标准,业界推出了一系列的 WLAN 产品,按照推出时间的先后,这些 WLAN 分别是:IEEE 802.11b、IEEE 802.11a、IEEE 802.11g、IEEE 802.11n、IEEE 802.11ac、IEEE 802.11ax。

· IEEE 802.11b:工作频率范围是 2.4 GHz~2.485 GHz,在 85 MHz 的频宽上,定义了 11 个信道,编号 1~11。相邻的几个信道在频率上是有交叠的,频率不交叠信道的信道号至少要相差 4。因此,只能有 3 个信道可以同时传送数据,其中一个信道由 AP 来使用,每个信道的最大带宽是 11 Mb/s。

· IEEE 802.11a:工作频率范围是 5.1 GHz~5. 8 GHz,12 个信道,有 8 个信道可以同时传送数据,每个信道的最大带宽是 54 Mb/s。

· IEEE 802.11g:工作频率范围是 2.4 GHz~2.485 GHz,有 3 个信道可以同时传送数据,每个信道的最大带宽是 54 Mb/s。

· IEEE 802.11n:2009 年发布的技术标准,工作频率可以是 2.4 GHz 也可以是 5 GHz。11 个信道,有 3 个信道可以同时传送数据,每个信道带宽 300 Mb/s~600 Mb/s。物理层采用 MIMO + OFDM 技术,覆盖范围可以达到几平方千米。这里 MIMO 是多输入多输出,OFDM 是正交频分复用。

· IEEE 802.11ac:IEEE 802.11ac 是在 IEEE 802.11a 标准之上建立起来的,使用 IEEE 802.11a 的 5 GHz 频段。沿用 IEEE 802.11n 的 MIMO 技术,24 个信道,每个信道的工作频宽将由 IEEE 802.11n 的 40 MHz,提升到 80 MHz 甚至是 160 MHz,理论上的最大带宽超过 1 Gb/s。IEEE 802.11ac 也称 Wi-Fi5。

· IEEE 802.11ax:IEEE 802.11ax 又称为高效率无线标准(high-efficiency wireless,HEW)或 Wi-Fi6,支持 2.4 GHz 和 5 GHz 频段,向下兼容 IEEE 802.11a/b/g/n/ac。物理

层的复用技术采用正交频分多路访问(OFDMA),调制方式可以采用 1024QAM,24 个信道,理论最大带宽是 11 Gb/s。

这些 WLAN 相同的特征包括:帧结构、CSMA/CA、实际传输率与距离成反比、都支持基础设施模式和 Ad hoc 模式。不同的特征有:工作频率、带宽和给定功率下的信号传输距离。常用的能够访问互联网的 Wi-Fi 架构如图 6-4 所示。

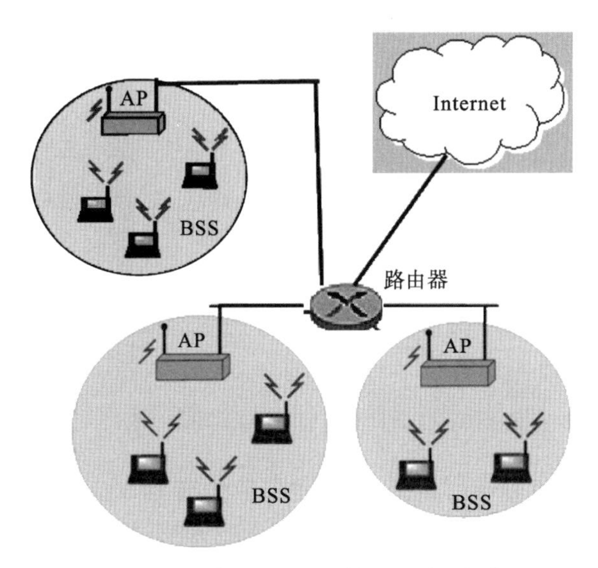

图 6-4　典型的 Wi-Fi 接入互联网架构

Wi-Fi 的信道与关联。不同类型的 Wi-Fi 支持的信道个数不太一样,能同时传送数据的信道在频率上不能交叠。安装后的 AP 都有一个一到两个字节长的 SSID(service set identifier,服务集 ID),AP 需要占据一个信道。一个终端节点必须要与 AP 关联,申请加入子网,关联成功后才能进行通信。关联使用的协议是 802.11 关联协议,过程中需要认证,要验证 MAC 地址,有的还需要用户名和口令。关联成功后,终端节点会通过 DHCP 获取一个动态的 IP 地址。在复杂环境下(多个 AP),每个 AP 都会周期性地发送"灯塔"信号帧,信号帧中包含 SSID 和 AP 的 MAC 地址。终端会扫描所有的信道,抓住灯塔帧。同时对接收到的信号强度进行测量,哪一个 AP 的信号强,就关联哪一个 AP。

6.3.4　IEEE 802.11 链路访问控制

典型的链路访问控制方法是分散式的控制方法:CSMA 和 CSMA/CA,用以协调节点对共享链路的使用。

1. CSMA 算法

CSMA(carrier sense multiple multiple access,载波监听多路访问)算法原理如图 6-5所示,其中 data 是数据帧,ACK 是确认帧。源端先侦听信道是否空闲,如果没有空闲 DIFS(distributed inter frame space,分布式帧间间隔)秒,则根据链路忙的程度做不同时间的规避,链路越忙,规避时间越长;如果链路空闲了 DIFS 秒,则发送端传送一帧数据,数据帧中包含 NAV(network allocation vector,网络分配向量);如果接收正常,接收端等待 SIFS(short inter frame spacing,短帧间间隔)秒后返回一个确认帧(ACK),到此,表明成功传送了一帧数据;如果接收不正常(发生了碰撞,或数据帧有差错),则接收端不返回 ACK。这里的 NAV 是持续时间,一般就是传送一帧数据的时间。告诉附近的所有节点,源端要使用链路 NAV 时间,在这个时间段内,所有的其他点自动规避 NAV 时间。

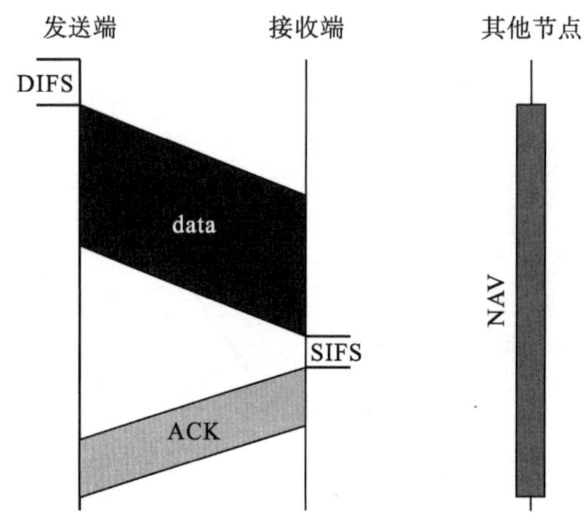

图 6-5　IEEE 802.11 CSMA 算法示意图

CSMA 算法没有冲突检测的能力,它不能保证链路上不发生冲突。一种情况,两个源端同时侦听到链路空闲 DIFS 秒,导致同时发送数据帧;另一种情况,由于两个或多个源端之间有障碍物阻挡或信号衰减较快,形成了"隐藏终端"。隐藏终端示意图如图 6-6 所示。当 A 在发送数据帧时,隐藏终端 C 侦听信道却是空闲的,它也会发送数据帧,从而在 B 节点上发生数据帧冲突。显然,需要对 CSMA 算法进行优化。

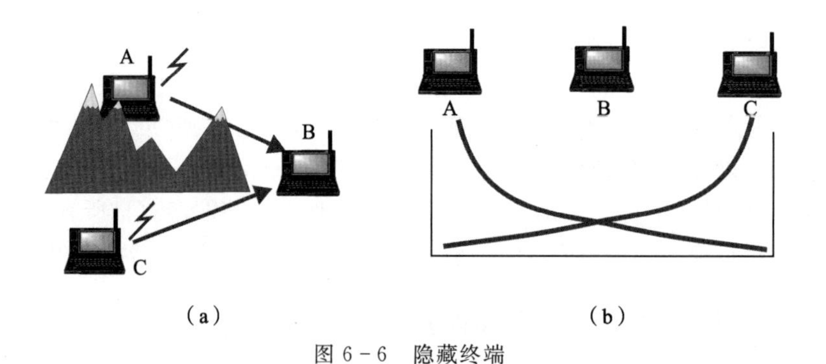

图 6-6　隐藏终端

2. CSMA/CA 算法

CSMA/CA(carrier sense multiple access with collision avoidance)是带冲突避免的载波侦听多路访问算法,算法的思想如图 6-7 所示。这个算法的基本思想:先预留信道,然后再进行数据通信。图中的 data 是数据帧,ACK 是确认帧。

CSMA/CA 算法的步骤如下:

第一步,源端侦听信道,如果没有空闲 DIFS 秒(例如 128 μs),执行指数性规避算法,否则执行第二步;

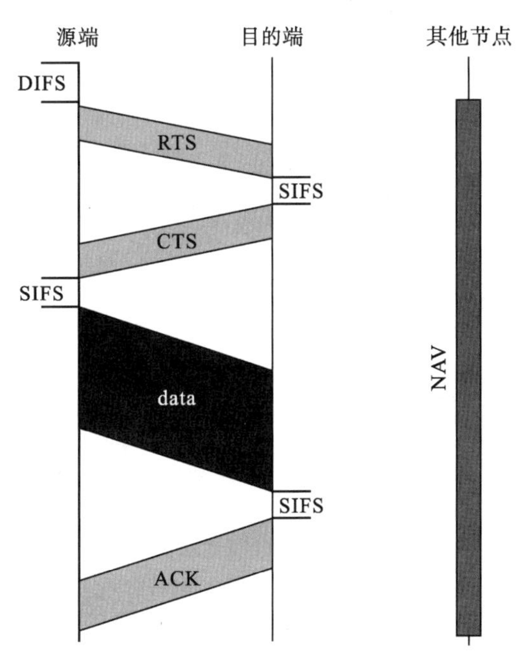

图6-7　CSMA/CA工作示意图

第二步，源端发送RTS(request to send)帧，请求发送数据，如果目的端忙，则不返回CTS(clear to send)帧，回到第一步；如果目的端空闲，它接收到RTS帧后，等待SIFS秒(例如28 μs)，返回CTS帧；

第三步，源端接收到CTS帧，等待SIFS秒后，发送数据帧，帧头里包含NAV；

第四步，目的端接收到数据帧后，等待SIFS秒，返回确认帧。

如果还有数据要发，就再回到第一步。

指数性的规避算法。第i次规避的时间为$[0\sim 2^{2+i}-1]$中的一个随机值，单位是时间片，i的最大值是6。在规避过程中，每个时间片会检测一次信道，如果信道忙就冻结计时器，等到信道空闲后再继续计时。

等待信道空闲DIFS秒的目的就是看看其他节点有没有高优先级的帧，如有，就让高优先级帧先发送。NAV的设置仍然是让周围的节点规避NAV的时间，避免冲突。

通过“RTS-CTS握手”，预留了信道，就能避免数据帧冲突。因为目的端在返回CTS帧时，周围所有的节点都能收到它，就知道了有一个节点即将使用信道传送数据，都会自动地规避。当然，由于隐藏终端问题，RTS帧有可能会发生冲突。但RTS是很小的控制帧，即便发生冲突，持续时间也很短，对通信影响不大。

IEEE 802.11在实现时，链路访问控制可以使用CSMA、CSMA/CA，也可以使用以AP为中心的轮询控制。

6.3.5　IEEE 802.11帧结构与帧变换

1. 帧结构

IEEE 802.11的帧由帧头、负载和帧尾构成，其中帧头和帧尾可以合并为帧头，帧结构如图 6－8 所示。图中的 Frame control 字段是帧控制字段，两个字节长，包含很多子字段（如帧类型、架构模式、加密与否），用于区别不同的帧。两字节长的 Duration 就是信道占用时间，一般为 1RTT。Address*i* 是四个地址，都是 48 位长。Address1 是目的地址，可以是主机的地址，也可以是 AP 的地址；Address2 是源地址；Address3 是路由器的 MAC 地址，属于 802.3 的地址；Address4 是 Ad hoc 模式使用的地址。Sequence control 是序列号字段，也是两个字节长，用以避免接收端收到重复的帧。Data 是负载字段，最大可以是 2312 字节。尾部是 4 字节长的 CRC 码，用来进行差错检测。IEEE 802.11 的帧和 IEEE 802.3 的帧并不兼容。

图 6－8　IEEE 802.11 的帧结构

2. 帧变换

对于图 6－9 所示的基础设施网络架构，当 Wi-Fi 中的移动节点访问 Internet 时，由于 Wi-Fi 帧和以太网帧并不兼容，在传送到图中的路由器之前，需要进行帧变换。否则，路由器的链路层会因无法识别而丢弃数据帧。当节点 H1 要访问 Internet 时，H1 构建的 Wi-Fi 帧中，源地址是 H1 的 MAC 地址，目的地址是 AP 的 MAC 地址，Address3 字段填的是路由器的 MAC 地址。如果 H1 不知道路由器的 MAC 地址，可以通过 ARP 广播要到这个地址。这个帧到达 AP，AP 将其转换为以太网的帧：源地址是 H1 的 MAC 地址，目的地址是路由器的 MAC 地址，然后传送给路由器。同样，从 Internet 返回的以太网帧到达 AP 后，AP 需要将其转换为 Wi-Fi 帧。转换后的帧头里，源地址是 AP 的 MAC 地址，目的地址是 H1 的 MAC 地址，路由器的 MAC 地址放在 Address3 里，然后将该帧传送给 H1。可见，通过 Wi-Fi 访问 Internet 时，往返的数据帧在 AP 上都需要变换。

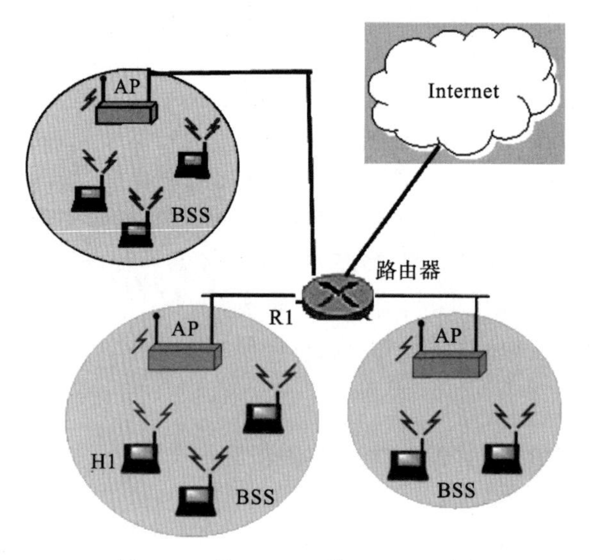

图 6－9　基于 Wi-Fi 的 Internet 访问

6.3.6　WLAN 的移动性管理

在同一个 IP 子网内，可以存在多个 BSS。当一个节点从一个 BSS 移动到另一个 BSS 时，需要重新关联 AP。这个交接过程是在 WLAN 内进行的，不需要重新申请 IP 地址，这种移动对应用而言是透明的。

对于图 6－10 所示的 WLAN，如果 BSS 之间的互连设备是 Hub，一个终端节点从左边的 BSS 移动到右边的 BSS，到达右边的 BSS 后会接收到信号较强的灯塔帧，从而关联右边的 AP，关联成功后从右边的 AP 接收数据帧。Hub 是物理层的中继设备，每接收到一位数据都会向两个 BSS 广播，所以当移动节点关联到左边的 AP 时，从左边的 AP 接收数据；当关联到右边的 AP 时，从右边的 AP 接收数据。如果移动节点处于两个 BSS 之间，即它已经离开左边的 BSS，接收不到来自左边 AP 的信号了，但还没有与右边的 AP 关联成功，此时发给它的数据帧会丢失。

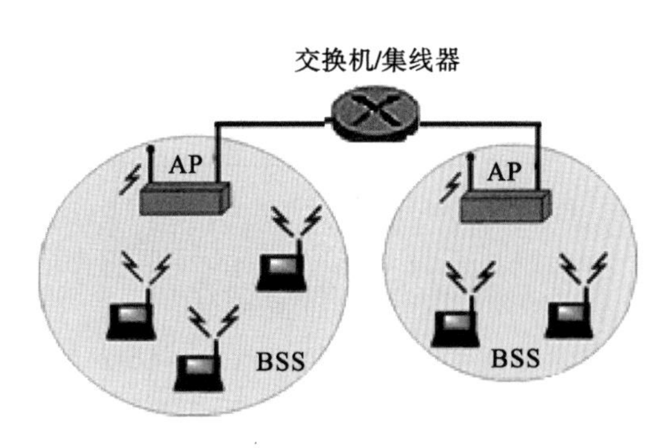

图 6－10　一个 WLAN

如果 BSS 之间的互连设备是交换机，一个移动节点移动到右边的 BSS，会关联右边的 AP。右边的 AP 会向交换机广播一个以太网的帧，帧中包含该移动节点的 MAC 地址，交换机会更新交换表里对应的记录项。也就是说，从(MAC，接口 1)更新为(MAC，接口 2)。此后，交换机收到目的地址为 MAC 的数据帧，会转发给右边的 AP，AP 再中继给移动节点。同样，在离开原 BSS，成功关联新 AP 之前，发给移动节点的数据帧会丢失。

6.3.7　Wi-Fi 的高级功能

Wi-Fi 还包含有几个高级的功能，如速率自适应和功耗管理等。

1. 速率自适应

随着移动节点的移动，移动节点所接收到的信号强度和信噪比(signal to noise ratio，SNR)会发生变化，Wi-Fi 会根据 SNR 和位差错率(bit error rate，BER)动态地选取物理层的调制技术。物理层不同的调制技术会导致不同的数据传输率。Wi-Fi 物理层典型的调制技术有三个：QAM256、QAM16 和 BPSK。QAM(quadrature amplitude modulation)是正交振幅调制，用于 Wi-Fi 的 QAM256 的基本数据传输率是 8 Mb/s，QAM16 的基本数据传输率是 4 Mb/s，BPSK(binary phase shift keying，二进制相移键控)基本数据传输率是 1 Mb/s。当移动节点距离 AP 越来越远时，信噪比会下降，位差错率提升，当 BER 超过预定的阈值时，Wi-Fi 会切换到数据传输率较低的调制方式。如图 6－11 所示，图中的三种线表示不同的调制方式，不同的调制方式会导致不同的 BER。

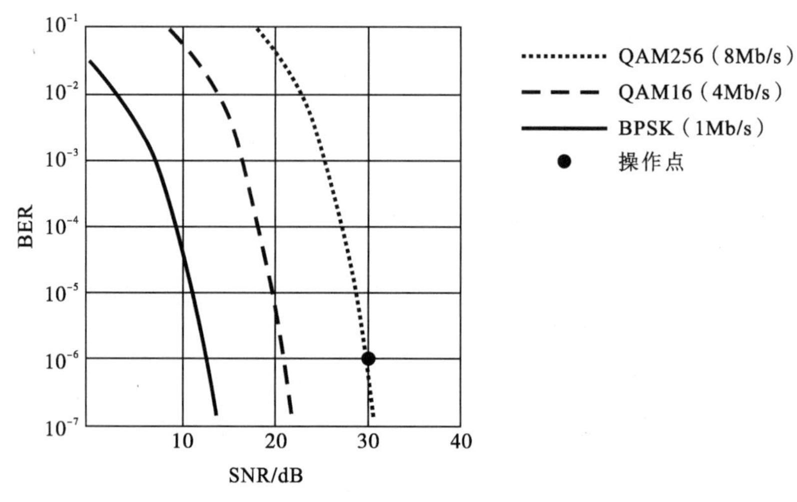

图 6-11　不同调制方式下的 BER 变化

2. 功耗管理

当移动节点不需要与 AP 进行通信时，就会向 AP 发送休眠信息："在下一灯塔帧达到之前，我将处于休眠状态"。移动节点会休眠一个周期，到下一个灯塔帧到达时，会苏醒过来，接收灯塔帧。灯塔帧中包含有要接收信息的移动节点列表，如果苏醒后的节点发现自己在灯塔帧的列表中，就保持清醒，等待接收信息；否则，就再休眠一个周期。Wi-Fi 的这种功能能够节省移动节点的能耗。

Wi-Fi 已经深度地应用于人们的生活中了，它包含有不少很值得研究的课题，概括如下：

· Wi-Fi 与健康。Wi-Fi 对人们的健康有没有影响，发射功率多大时会对人体有影响，持续暴露于 Wi-Fi 辐射源下(累积辐射)，会不会对身体有影响，会不会影响睡眠、记忆力和免疫系统，影响会有多大？

· 基于 Wi-Fi 的室内定位。基于 Wi-Fi，通过多个 AP，可以在室内实现几何定位、指纹定位、轨迹跟踪、导航等。

· Wi-Fi 安全问题。对 Wi-Fi 的攻击方法以及防攻击方法，通信双方的认证技术等。

· 跨层优化。下一代 Wi-Fi 设计中的跨层优化方法。

· 人体动作感知。在 Wi-Fi 环境中，利用 Wi-Fi 环境技术进行人体的行为感知、呼吸监测、危险识别等。Wi-Fi 信号在传播过程通过直射、反射、散射等多路径传播形成的叠加信息，可以反映环境特征。利用算法和模型可以获取细粒度的信号特征，建立起特征与人体活动的映射关系。

· 基于 Wi-Fi 的多媒体通信。如何对 Wi-Fi 环境下的多媒体通信业务进行 QoS 控制。

6.3.8 基于 Wi-Fi 的位置感知

室内定位技术有很多，基于视频、Wi-Fi、超宽带、RFID、ZigBee、超声波以及毫米波雷达都可以实现，其中 Wi-Fi 方案因成本低廉、可以利用已有的 AP 和手机端，具有一定的障碍穿透性、可对视线受阻的目标进行定位，隐私保护性好等优点，成为研究者关注的重点。基于 Wi-Fi 的位置感知可分为两类：基于测距的定位和基于位置指纹的定位，本章只给出前者的基本原理。

基于测距的定位方法是已知 AP 的位置，测量节点之间的距离或角度等关系，再根据这些关系得到节点之间的几何位置关系，从而对节点进行定位。可以根据信号到达时间(time of arrival，TOA)、信号到达时间差(time difference of arrival, TDOA)、信号传播模型来计算几何位置关系。

(1)基于信号到达时间。TOA 技术是通过测量移动节点发出的定位信号到达多个 AP 的传播时间来确定移动节点的位置。根据测得的移动节点和 AP 之间信号传播的时间，可以获得两者之间的距离，这样把移动节点的位置限制在以 AP 为圆心的圆周定位区上。理想情况下，当 AP 数量不少于 3 个时，多个圆相交于一点，能唯一确定节点的位置。但实际情况中，多个圆可能不交于一点，而是有相交的公共区域。在这种情况下，可以通过最小二乘法等方法寻找一个最合适的位置。为了获得信号的传输时间，必须知道移动节点发出信号和基站接收到信号的时间，并且这两个时间必须严格同步。这对设备的要求很高，很大程度上增加了设备的成本。另外，TOA 有时还会受到杂波和非反射波窜扰效应影响，这会严重影响定位的效果。

(2)基于信号到达时间差。这一方法需要同时使用超声波和无线电信号，每个节点都有超声波和无线电两种接收器，AP 先向节点发送无线电信号，相隔一段时间 t_{delay} 后，再向节点发送超声波信号。由于两种信号的传输速度不同，它们到达节点的时间差不同，并且这一差异与节点和基站之间的距离有关。于是，节点和基站之间的距离 d 可以通过下面的公式计算，其中 v_{radio} 是无线电信号的传输速度，v_{sound} 是超声波的传输速度，t_{sound} 是节点收到超声波的时间，t_{radio} 是节点收到无线电信号的时间。

$$d=\frac{v_{radio}v_{sound}}{v_{radio}-v_{sound}}\times(t_{sound}-t_{radio}-t_{delay})$$

可以使用多个 AP 合作一起测出节点的位置。在直线视距的环境中 TDOA 有相当好的精度。但是在室内环境中，会经常出现非直线视距的情况，还有，声波在空气中传输速度会受空气温湿度的影响，还会受到多路传播效应的影响，这些都会对定位精度造成影响。

(3)基于信号传播模型的定位。采用信号强度作为距离测量的媒介，根据信号的传播模型将信号强度转换为距离，所以不需要添加额外的硬件设备。一般地，用户离 AP 越近，感测到的信号强度越强。在开放的自由空间中，信号强度的衰减与用户到 AP 的距离平方成反比，即 $sa\propto 1/r^2$。典型传播模型为

$$P(d)=p_0-110n_p\log\frac{d}{d_0}$$

其中，$P(d)$表示在距离 d 处的信号强度，n_p 路径损耗因子，P_0是在参考距离 d_0处的信号强度。但在室内环境里，复杂的建筑布局、房间里的家具和设备等都会使无线信号在传播中产生多次的反射、折射、透射及衍射现象，信号传播模型也变得更加复杂。根据信号传播模型的产生方式，传播模型可分为统计传播模型法和确定性传播模型法两种。统计的信号传播模型来自于实际测量数据，通过贝叶斯公式求取最大似然位置，而确定性传播模型反映的是无线电传播的基本原理。还可以通过模型设计，去消除静止物体的反射信号、捕捉运动物体的反射信号，从而识别出运动物体的轨迹，这涉及信道特征矩阵运算，有兴趣者可以进一步查看相关文献。

6.4 WMAN

WMAN 是无线城域网，是连接多个 WLAN 的、能覆盖整个城市的无线网络。WMAN 主要用于城市范围的移动通信，也可以接入 Internet，覆盖距离几公里至几十公里，带宽可超过百兆比特每秒。关键技术包括多信道多点分配系统(multichannel multipoint distribution system，MMDS)、本地多点分配系统(local multipoint distribution system，LMDS)、IEEE 802.16 和高性能城域网(high performance MAN，ETSI HiperMAN)技术，其中 IEEE 802.16 标准是核心。

IEEE 802.16 定义了 WMAN 的接口规范，专注于解决高速移动性问题，确保通信和隐私的安全。IEEE 802.16 定义的工作频率是 10 GHz ~ 66 GHz，支持 QoS 和多媒体应用。为了保证产品的兼容性，2003 年 4 月成立了旨在推进无线宽带接入的全球微波接入互操作系统(world interoperability for microwave access，WiMax)论坛，以促进 IEEE 802.16 的应用。WiMax 采用 IEEE 802.16 系列标准作为物理层及 MAC 层技术，设备通常由安装在建筑物上的基站或塔式基站和用户接入终端组成，用户在局域网内部可使用 Wi-Fi 技术传送语音、数据和多媒体信息。WMAN 的组成如图 6－12 所示。WMAN 在城域网中心通过网关接入 Internet，中心里的基站称为回程(backhaul)。

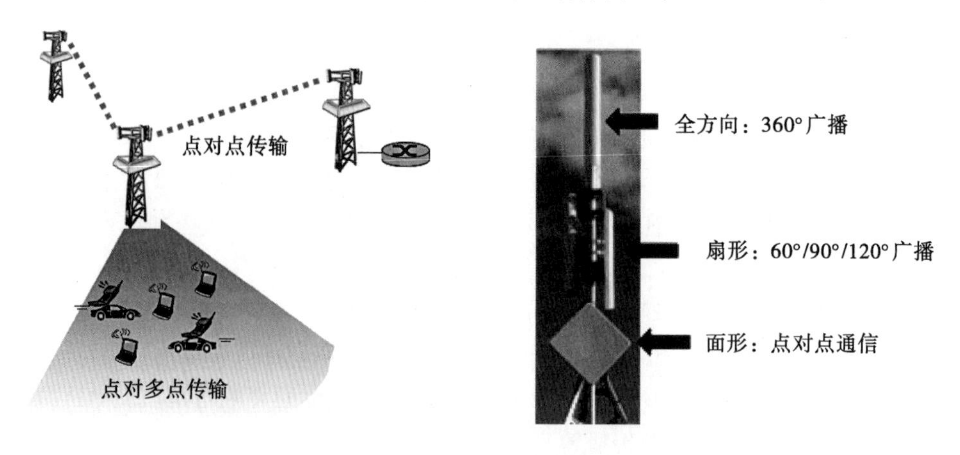

图 6－12 WMAN 网络组成

6.5　WWAN

无线广域网(WWAN)是能够将各种各样的分散式 WLAN 互连起来的网络，具有大规模覆盖和 Internet 接入的能力。它能将不同城市、不同国家的网络连接起来进行无线通信。它的架构分为末端系统(两端的用户集合)和通信系统(内核)两部分。典型的端系统是蜂窝(Cell)，由基站和移动设备组成；典型的内核由移动交换中心、网关和有线广域网络(PSTN、Internet)组成，可用于打电话和数据通信服务。

移动互联网也是一种 WWAN，典型的架构除了蜂窝式架构(Cell＋移动交换中心＋网关＋Internet)之外，还有 WLAN＋Internet 架构。移动互联网用于 Internet 访问和移动节点之间的数据通信。其中数据通信含有网络电话业务，可以提供基于分组交换的可视电话服务。

6.5.1　蜂窝式网络架构

蜂窝式架构(cellular architecture)是由蜂窝、移动交换中心、两类网关以及 PSTN 和 Internet 组成的，其中的两类网关是 PSTN 网关和 Internet 网关，既支持电话业务也支持互联网业务。移动节点通过无线链路连接到基站，基站再通过无线链路连接到移动交换中心。在移动交换中心里，通过 PSTN 网关连接到 PSTN，来支持电话业务；通过 Internet 网关接入互联网，来支持互联网通信业务。传统的电话业务采用电路交换来传递数据，而移动互联网业务采用分组交换方式来传递数据。蜂窝式网络架构如图 6－13 所示。

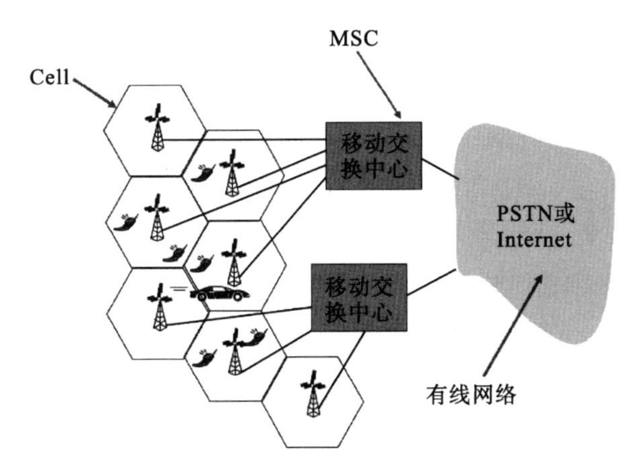

图 6－13　蜂窝式网络架构

· Cell。一个蜂窝由移动节点和其所关联的基站组成，覆盖一片区域。基站是链路层的中继设备，用以连接移动节点和移动交换中心。它们之间使用的无线链路，早期是 GSM、GPRS、CDMA、3G，目前采用的 4G 或 5G。

· MSC(mobile switching center)。移动交换中心是蜂窝式网络的内核，将 cell 连

接到广域网上，负责管理呼叫的建立、维护、关闭、计时、计流量和计费，还负责管理用户以及用户设备的移动。

通过这个架构我们可以看出，无线通信只存在于蜂窝式网络的边缘范围，不管是电话业务还是互联网业务，内核通信都是有线的，可以覆盖很远的距离。

1. GPRS

通用分组无线业务(general packet radio service，GPRS)是早期的一种无线通信技术标准，链路的复用方式是“频分多路访问(frequency division multiple access，FDMA)＋时分多路访问(time division multiple access，TDMA)”，即先按频率划分频段，每个频段再分时间片，如图 6-14 所示。链路的理论带宽最大可以达到 60 Kb/s。

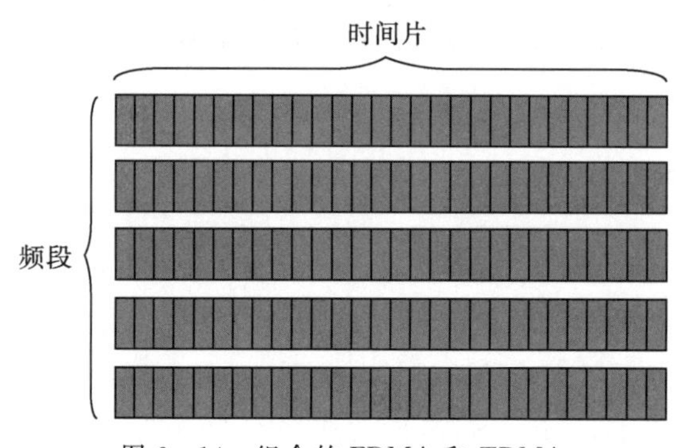

图 6-14 组合的 FDMA 和 TDMA

2. CDMA

码分多路访问/码分多址(code division multiple access，CDMA)是一种不断演化的通信规范，按微码集来划分链路的资源，用于无线广播信道的访问控制，蜂窝式网络链路、WLAN 链路、卫星链路等都可以使用。当一个用户要进行通信时，系统给该用户分配一个微码(又称 chipping sequence，码片序列)，用这个微码对要传送的数据进行编码：

$$\text{encoded signal} = (\text{original data}) \times (\text{chipping sequence})$$

然后通过共享频段的无线链路传送。到了接收端，接收节点再通过相同的微码对编码后的数据解码，即编码数据和码片序列的“内积(inner-product)”：

$$d_i = \frac{\sum_{m=1}^{M} Z_{i,m} \times c_m}{M}$$

其中，d_i表示第 i 位的解码数据，c_m表示码片序列中的第 m 位上的值，$Z_{i,m}$表示第 i 位数据的第 m 位上的编码值，M 为码片序列的长度。这个公式的物理含义是，编码后的值与码片序列对应位的乘积之和除以码片序列的长度，也就是对应位乘积的平均值。

不同的用户可以使用相同的无线频率同时传送数据，只要分配的微码是正交的，在空中发生冲突的数据，到了接收端也能够解出来。图 6-15 和图 6-16 分别是单用户和多用户使用 CDMA 传送数据的例子，在 CDMA 规范中，0 用“－1”表示，1 还是用 1 表示。

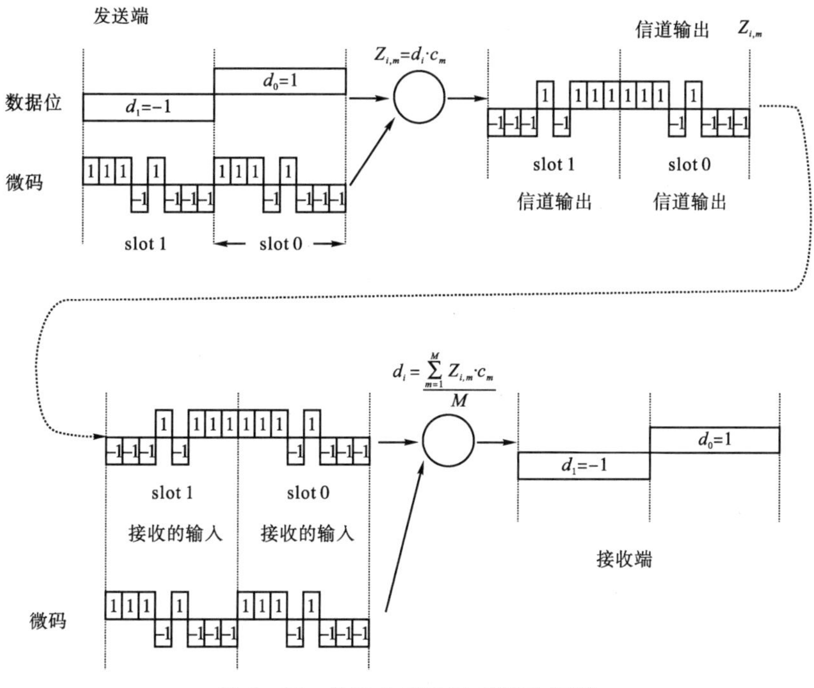

图 6－15　单用户 CDMA 编码和解码

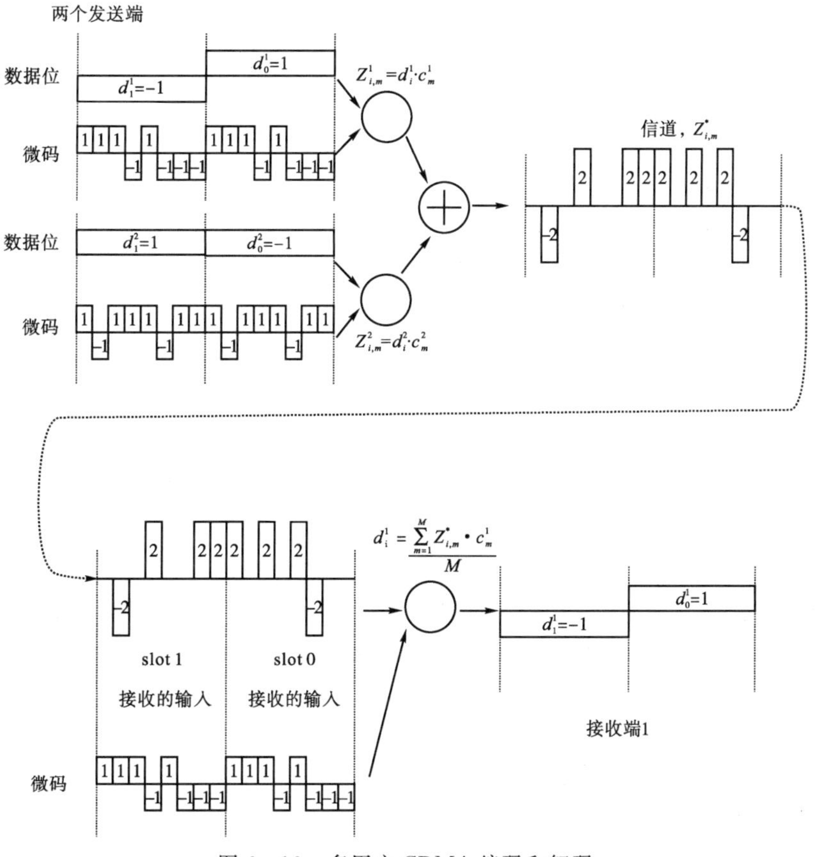

图 6－16　多用户 CDMA 编码和解码

6.5.2 蜂窝式网络通信标准

1. 1G

1G 是第一代无线通信技术标准，是模拟通信技术，资源使用方式是频分复用，容量很小，能承载的用户量少。

2. 2G

2G 是第二代无线通信技术标准，是数字通信技术，增加了容量和安全性，新增了一些功能。主要技术标准是 IS－136(Interim Standard 136)、GSM(global system for mobile communication)和 IS－95 CDMA，前两个的资源使用方式是 FDM＋TDM，带宽约为 13 Kb/s；IS－95 CDMA 采用码分多址技术，分组数据传输能达到几十千比特每秒。1G、2G 只适宜于电话业务。

3. 2.5G

2.5G 是无线通信的过渡技术，支持电话业务的同时也开始支持分组业务了，包含三个主要标准：GPRS、EDGE 和 CDMA2000－1。GPRS(general packet radio service，通用分组无线业务)，分组业务的带宽 40～60 Kb/s；EDGE(enhanced data rate for global evolution，用于全球演化的增强数据速率)，提供 384 Kb/s 的数据传输率；CDMA2000－1 (CDMA2000－phase1)，分组数据传输能提供 144.4 Kb/s 峰值带宽。

4. 3G

3G 是第三代无线通信技术标准，以更高的速率来传递语音和数据业务，对于驾驶用户，数据传输率达到 144 Kb/s；对于行走用户，数据传输率达到 384 Kb/s；对于室内用户，数据传输率达到 2 Mb/s。3G 有三个技术标准：UMTS、CDMA－2000 和 TD-SCDMA，其中第三个标准没有进入市场。UMTS(universal mobile telecommunication service，统一移动电信业务)是欧洲标准，采用直接序列的宽带 CDMA 技术；CDMA－2000 是北美洲和亚洲标准，与 UMTS 不兼容，核心是宽带 CDMA－1 技术，容量更大，向后兼容 CDMA 标准。TD-SCDMA(time division-synchronous code division multiple access，时分同步 CDMA)是以中国为首的国家和地区提出的 3G 通信标准，引入了一些先进技术，峰值带宽达到 2 Mb/s。

5. 4G

4G 是第四代无线通信技术标准，能实现无处不在的互联网接入，支持多种 QoS 级别的多媒体通信业务。4G 的静态数据传输率达到 1 Gb/s，高速移动时的数据传输率达到 100 Mb/s。能自适应地接入 Internet，如果有多个可用的接入方式，自动地选择较高速率的接入方式，如 3G 和 Wi-Fi，会自动地选择 Wi-Fi。4G 标准有两个：IEEE 802.16m (WiMAX2)和 TD-LTE advanced。TD-LTE advanced(TD-enhanced long term evolution，时分-增强的长期演化)是中国具有自主知识产权的 4G 标准，简称 LTE 标准，吸纳了 TD-SCDMA 的主要技术元素，提供几十兆比特每秒的下载速度，峰值带宽 1 Gb/s，可以进行更多的数据业务，得到了广泛的应用。

6. 5G

5G 第五代无线通信技术标准，和 4G 相比，5G 的容量扩展了 1000 倍，带宽提升了 10 倍。5G 具有高速率、低时延和大连接特点，是实现人机物互联的网络基础设施。5G 链路层使用的关键技术包括：大规模天线阵列、新型网络架构、超稠密组网、全频谱接入等。除此之外，还使用了一些核心技术，如 SDN、网络功能虚拟化(network function virtualization，NFV)以及移动边缘计算(mobile edge computing，MEC)或雾计算(fog computing)，这些核心技术促进了网络的管理和 QoS 保证。5G 的主要性能指标如下：①峰值速率达到 10 Gb/s～20 Gb/s，以满足高清视频、虚拟现实等大数据量传输；②空中接口时延低至 1 ms，满足自动驾驶、远程医疗等实时应用；③具备百万连接/平方千米的设备连接能力，满足物联网通信需求；④频谱效率要比 LTE 提升 3 倍以上；⑤连续广域覆盖和高移动性下，用户体验速率达到 100 Mb/s；⑥流量密度达到 10 Mb/s/m^2 以上；⑦移动性支持 500 km/h 的高速移动。5G 将渗透到经济社会的各行业、各领域，成为支撑经济社会数字化、网络化、智能化转型的关键新型基础设施。未来的车联网和自动驾驶、工业物联网、移动远程医疗、环境监控、安全生产监控、增强现实(augmented reality，AR)、虚拟现实(virtual reality，VR)等都会使用 5G 技术。

7. 6G

6G 是第六代移动通信标准，6G 的传输能力可能比 5G 提升 100 倍，网络延迟也可能从毫秒级降到微秒级。6G 网络将是一个地面无线与卫星通信集成的全连接世界。通过将卫星通信整合到 6G 移动通信，实现全球无缝覆盖。6G 在峰值速率、时延、流量密度、连接数密度、移动性、频谱效率、定位能力等方面远优于 5G。6G 将使用太赫兹(THz)频段(频率越高，允许分配的带宽范围越大，单位时间内所能传递的数据量就越大)，6G 网络的“致密化”程度也将达到前所未有的水平，届时，我们的周围将充满小基站。6G 技术的关键指标：①峰值传输速度达到 100 Gb/s～1 Tb/s；②室内定位精度达到 10 cm，室外为 1 m，相比 5G 提高 10 倍；③通信时延 0.1 ms，是 5G 的十分一；④中断概率小于百万分之一，拥有超高可靠性；⑤连接设备密度达到每立方米过百个，拥有超高密度；⑥采用太赫兹(THz)频段通信，网络容量大幅提升。6G 还在研究之中，距离实用还需要几年。

6.5.3 蜂窝式网络的移动管理

蜂窝式网络中，用户的移动存在以下几种情形：①用户的设备在同一个蜂窝内移动，即在同一个基站覆盖的范围内移动。这种情形本质上等于没有移动；②用户设备关机后，从一个位置(例如办公室)移动到另一个位置(例如家)，再打开设备，这两个位置属于不同的基站；③用户打开设备坐在火车上或汽车上，飞速地从一个网络移动到下一个网络；④用户关机后，从一个城市飞往另一个城市后，再打开设备。针对这几种不同的情形，移动管理方法和过程是不一样的。其中，情形③的移动管理最为复杂。从移动管理的角度，蜂窝式网络的逻辑组成如图 6-17 所示。

在图 6-17 中，移动节点注册地网络，称为家乡网络或归属网络。完成注册后，移动节点会从家乡网络地址块中得到一个永久 IP 地址，这个地址始终保持不变。中间的广域网是 Internet，相对于家乡网络，其他网络都是外部网络或被访问网络。和移动节点通信的那个节点,称为“对端(correspondent)”。图中路由器设备是一个实体,都统称代理(agent),具有路由和移动管理功能。

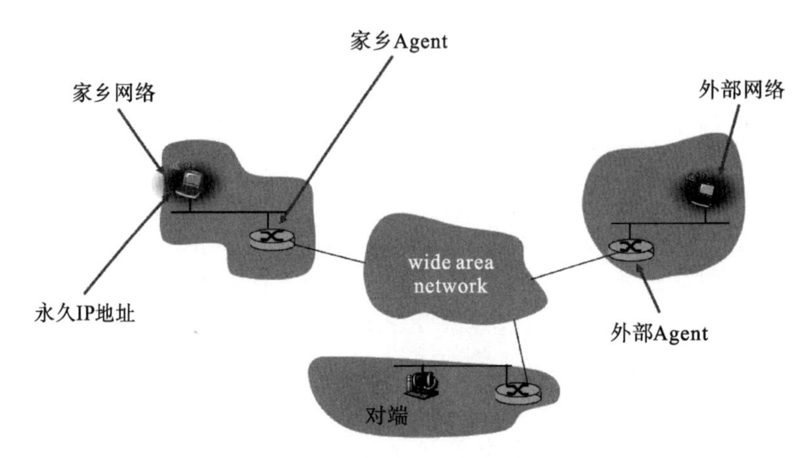

图 6-17　蜂窝式网络的逻辑组成

1. 移动的透明性

当一个移动节点移动外部网络时,会向外部网络关联,从外部网络得到一个临时的IP 地址,这个地址叫“转交地址(care-of-address)”。外部 Agent 或移动节点将这个转交地址报告给家乡 Agent,家乡网络就知道其某一个节点移动到哪个外部网络了,临时 IP 地址是什么,在家乡位置表里增加一项:＜永久 IP 地址,转交地址＞。因此,移动管理是家乡网络的工作,位于整个网络的边缘上。对应用而言,移动是透明的,它感觉不到节点的移动。移动节点的关联过程如图 6-18 所示,关联成功后,外部网络也会增加一个记录项:＜转交地址,永久 IP 地址＞。

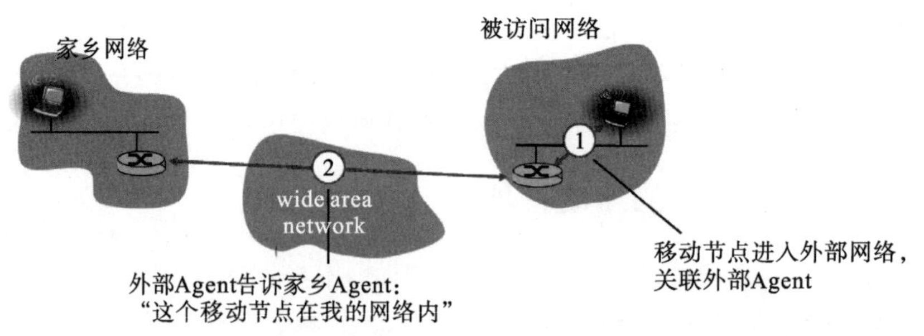

图 6-18　移动节点关联过程

当移动节点完成外部网络的关联,此时,如果有一个对端要和它通信,数据包如何传送到移动节点呢? 这就是路由技术。可以使用的路由技术有两种:间接路由和直接路由。

2. 间接路由

当移动节点驻留外部网络后,此时一个对端向其发送数据包,数据包间接路由的过程如图 6-19 所示:

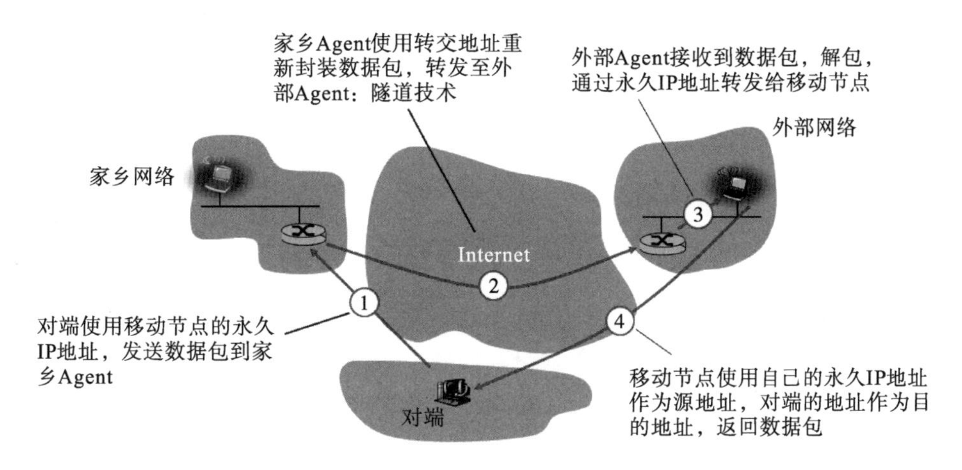

图6-19 间接路由：对端与移动节点通信

第一步，对端封装数据包，源IP地址是对端的地址，目的IP地址是移动节点的永久IP地址。由于移动的透明性，对端不需要考虑移动节点是否移动到外部网络，它只知道移动节点的永久IP地址。

第二步，家乡Agent采用隧道技术重新封装数据包，将对端的数据包封装在新数据包的数据域里，新加的包头里，源地址是对端的IP地址，目的地址是移动节点的转交地址（家乡Agent的家乡位置表中有这一项）。然后将新数据包发到Internet，Internet会将此数据包路由到移动节点驻留的外部网络。

第三步，外部Agent解封数据包（去掉包头），使用移动节点的永久IP地址，将解封的数据包转发给移动节点。

第四步，移动节点返回一个数据包，其中源地址是移动节点的永久IP地址，目的地址是对端的IP地址。这个数据包通过最优路径达到对端：数据包从移动节点到外部Agent，经Internet到达对端所在的Agent，然后到达对端。

如果是移动节点先向对端发送数据包，则图6-19中的第四步变为第一步，第一步变为第二步，以此类推。很明显，不管谁先发送数据包，这都是个三角路由，涉及使用移动节点的两个IP地址：转交地址和永久IP地址。其中的转交地址由家乡Agent和外部Agent使用，用来转发和接收数据包。三角路由的传输效率很低，尤其是当移动节点和对端都处于同一个外部网络时，也要执行这个三角路由。当然，当移动节点和对端处于同一网络时，很容易优化为效率更高的路由，大家可以自己思考一下如何优化。

3. 间接路由下的交接

假定一个移动节点关联到外部网络A，正在接收来自家乡Agent中转过来的数据包。现在，又向外部网络B移动，如图6-20所示。当它移动到网络B，会向B关联，获取一个新的转交地址。这个新的转交地址被反馈到家乡Agent，Agent将家乡位置表里的对应项进行更新，从而将发给移动节点的数据包重定向到网络B。移动节点从关联A切换到关联B，是需要一点时间的，在此期间（离开网络A尚未成功关联网络B之前）发送给移动节点的数据包会有丢失。丢包在网络层是正常现象，但移动节点的TCP连接可以保持不变，丢掉的包会被源端重传。由此可见，移动节点交接过程中的移动，对应用来说是透明的,能够维持正在传送数据的 TCP 连接,但低效的三角路由问题仍然存在,交接后,仍然是三角路由。目前的移动 Internet 一般采用的就是间接路由。

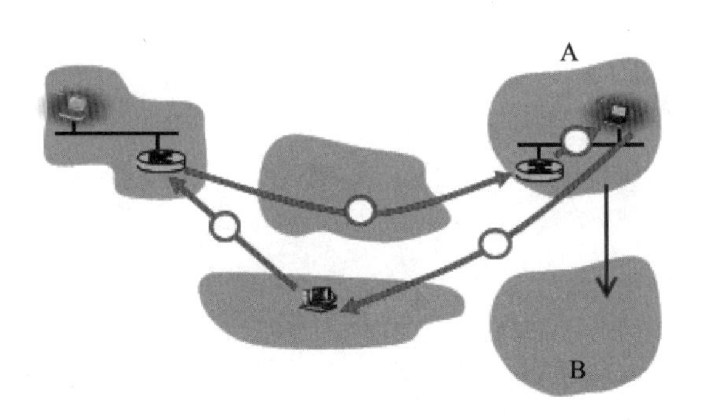

图 6-20　间接路由下的交接

4. 直接路由

如果对端想向移动节点发送数据,对端 Agent 或对端首先向家乡 Agent 请求移动节点的转交地址,如果节点移动到外部网络,家乡 Agent 就返回移动节点的转交地址。对端用这个转交地址作为目的地址,直接和移动节点进行通信。直接路由的过程如图 6-21 所示。图中的第 1、2 步是一个"握手"过程,以获取移动节点的转交地址,这一过程需要使用"移动用户位置协议"。后面的三步就是后续数据通信的过程,如果没有发生移动节点交接,就没有"三角路由"问题,数据的通信效率还是很高的。但对于对端来说,移动是不透明的。

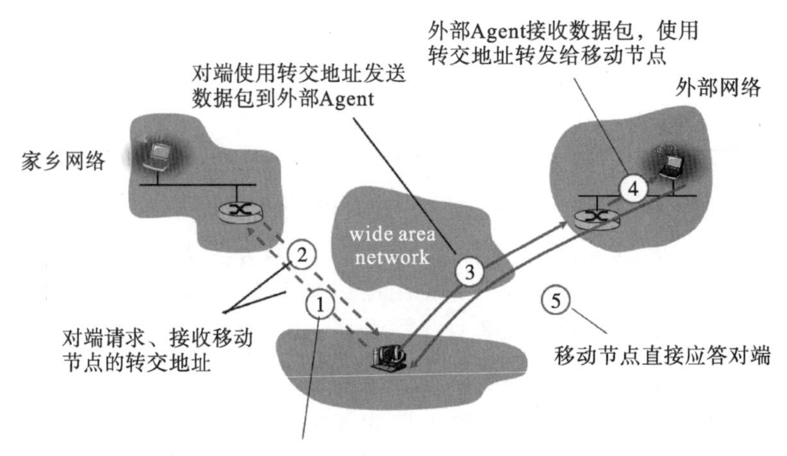

图 6-21　直接路由:对端与移动节点通信

5. 直接路由下的交接

在使用直接路由进行通信的过程中,如果移动节点继续向新的外部网络移动,这个交接过程又如何呢?移动节点成功关联新的外部网络后,获得的新转交地址当然会反馈到家乡 Agent,家乡 Agent 也会更新家乡位置表,可对端仍然使用以前的转交地址与移动节点进行通信。因此,移动节点要继续接收对端发送的数据包,获得的新转交地址首先要反馈到最初的外部 Agent,这个 Agent 叫作锚 Agent。交接的具体过程如图 6－22 所示。

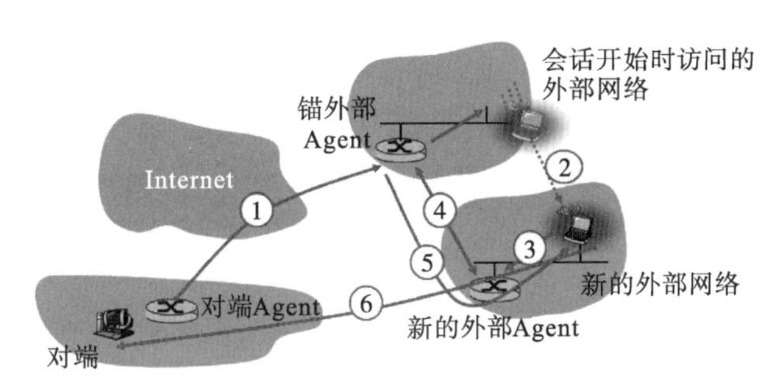

图 6－22　直接路由下的交接

第一步,数据通过互联网转发至移动节点,移动节点返回应答数据包,来回均走最优路径。

第二步,移动节点移动到新的外部网络(例如,网络 B)。

第三步,移动节点关联新的外部 Agent,获取新的转交地址。

第四步,新的外部 Agent 将移动节点的新转交地址反馈给锚 Agent,锚 Agent 在位置表里增加一项。

第五步,锚 Agent 接收到发给移动节点的数据包,用新的转交地址重新封装(隧道技术),转发给移动节点。移动节点收到数据包,去掉包头,恢复对端发送的原始数据包。

第六步,移动节点返回应答数据包,目的 IP 地址是对端的,源 IP 地址是最初的转交地址。至此,又形成了三角路由。

此后,如果移动节点再次移动到下一个外部网络(例如网络 C),关联网络 C 的 Agent,获得一个新的转交地址,网络 C 的 Agent 将这个转交地址反馈给锚 Agent,锚 Agent 将位置表里的对应表项进行更新。锚 Agent 收到对端发来的数据包,用最新的转交地址进行再封装,转发给 C 网络中的移动节点。此后对端和移动节点之间的通信与外部网络 B 就没有任何关系了。

在转交过程当中,会有一些数据包丢失,因为在锚 Agent 的表项更新完成之前,数据包转发到上一个外部网络了,而此时移动节点已经离开该网络,接收不到数据包。

6. 移动 IP 技术

移动 IP 是指支持移动性的 Internet 架构和协议,最初定义在 RFC 3344 中,这是一个相当复杂和灵活的标准。移动 IP 技术除了对移动节点认证之外,主要由三个组件构成:Agent 发现、登记到家乡 Agent 和数据包的间接路由。

当一个移动节点到达一个新网络时,它必须找到 Agent,加入到这个网络中。有两种方式可以实现 Agent 发现:Agent 通告和 Agent 请求。

- Agent 通告:Agent 周期性地广播 ICMP 报文,报文中包含 Agent 的 IP 地址和一组有效的转交地址。移动节点接收到 ICMP 报文,从中选取一个转交地址,与 Agent 进行通信,请求使用这个转交地址。

· Agent 请求：移动节点主动广播一个 ICMP 报文（请求报文），寻找 Agent。Agent 以单播的方式进行响应，响应报文中包含有可以使用的转交地址。

一旦移动节点接收到一个转交地址，必须将这个转交地址登记到家乡 Agent，这个过程分为四步：

第一步，移动节点一旦接收到 Agent 通告，立即向外部 Agent 发送注册报文。

第二步，外部 Agent 接收到注册报文，记录下移动节点的永久 IP 地址和所申请的转交地址（形成一个外部位置表），并将这个报文转发到家乡 agent。

第三步，家乡 Agent 对注册报文进行认证，绑定移动节点的转交地址和永久 IP 地址（形成家乡位置表），然后返回一个响应报文。

第四步，外部 Agent 接收到响应报文，转发至移动节点，注册完成。

每一次的注册，都有一个 TTL，单位是秒，最大值是 0xffff 秒。表里的记录项超过 TTL 秒没有被使用过，就删去这个记录。一旦使用过，就恢复到初始的 TTL 值。Agent 通告和移动 IP 注册的过程如图 6－23 所示。图中，HA 表示家乡 Agent 的 IP 地址；COA 表示转交地址；MA 表示移动节点的 IP 地址；报文中的 Lifetime 是 TTL。

一旦有对端使用移动节点的永久 IP 地址向其发送数据，数据包首先发送到家乡 Agent，然后使用隧道技术转发到外部 Agent，最后数据包到达移动节点，这就是间接路由。

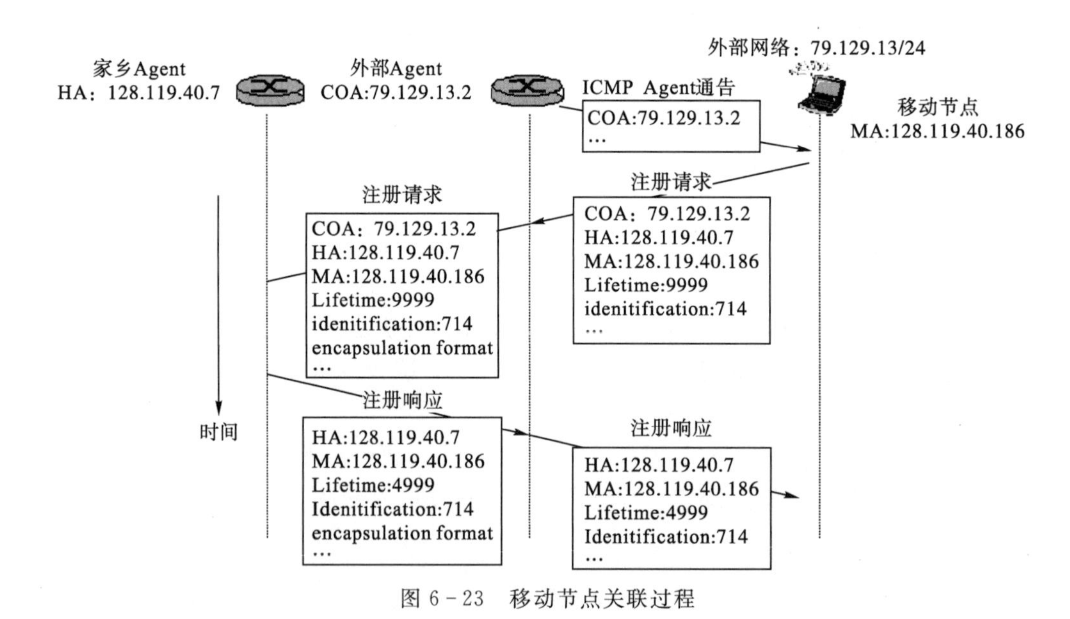

图 6－23　移动节点关联过程

6.6　无线和移动通信对高层协议的影响

无线和移动通信对 TCP 是有影响的，因为它增加了丢包的复杂性。在移动通信中，除了网络拥塞导致丢包外，链路被干扰、信号强度衰减导致的位差错也会导致链路层丢帧。另外，移动节点在交接过程中，也会发生丢包。不管是哪一种丢包，TCP 都会减小发送窗口，从而导致通信效率降低。对于交接和位差错导致的丢包，原则上是不需要降低发送窗口的。一种有效的解决方法是链路层使用丢帧重传、网络层使用FEC技术，能够尽可能地恢复丢掉的数据包。

无线和移动通信对应用也是有影响的，因为链路的实际带宽受节点-基站间距离的影响很大，实际带宽往往随着节点的移动而剧烈变化，这就会导致通信的延时也剧烈变化，这都会对实时性敏感的应用产生较大的影响。

6.7 本章小结

本章讲述了无线网络的类型、不同无线网络的组成、无线链路的特征以及基于蓝牙技术的无线个人区域网。Wi-Fi是最为流行的WLAN，有很多种类型，有基础设施和自组织两种组织模式。本章重点讲述了Wi-Fi的架构、CSMA/CA、帧结构与帧变换，Wi-Fi的关键技术及应用。蜂窝式网络是典型的无线广域网，其核心是移动交换中心，4G、5G是目前最为流行的通信技术。移动Internet包括基于Wi-Fi＋Internet和基于蜂窝式网络的两种模式，本章重点讲述了后一种模式，包括移动IP技术和移动路由技术。移动路由包括间接路由和直接路由，不同路由方法下交接过程是有区别的。

第7章　无线传感器网络

7.1　无线传感器网络的概念、特征和应用

1. 概念、特征

无线传感器网络(wireless sensor network, WSN)是成组的传感器通过无线链路连接,执行分布式感知任务的无线网络。它集成了传感器、嵌入式计算、网络和无线通信四大技术。WSN一般都是大规模的多跳自组织网络,没有基础设施,部署在特定区域,执行监控或智能监控任务。WSN中的节点一般都是体积小、成本低、同构的传感器;WSN包含的关键技术有传感器技术、嵌入式计算技术、无线通信技术、分布式信息处理技术等,能够实时地、多跳地监测、感知、采集和传输被感知对象的信息。WSN是未来改变世界的前十大技术之一,通过无线感知和数据网络技术来实现分布式感知任务,可以与互联网进行有线或无线方式的连接。相对于传统的网络,无线传感器网络具有以下特点:

(1)面向应用动态地部署和分布传感器;

(2)传感节点的电源一般是非永久的,每个节点的电量都是有限的;

(3)自动组织网络,能够不受限制地自动配置网络、自动地认证新节点;

(4)自我管理,部署完成后,无需人的操作和干预;

(5)以数据为中心,对数据进行采集、融合、传输、处理和应用;

(6)动态拓扑,传感节点可以是移动的,传感器节点可以随时增加或者减少,网络拓扑结构是变化的,网络拓扑结构图可以随时被分开或者合并;

(7)分散式控制,传感器之间的控制是分散的,链路访问、接入许可、路由策略等都是独立控制;

(8)安全性弱,无线通信很容易被入侵或干扰,无线传感器也很容易被破坏。

2. 应用

无线传感器网络起源于战场监测等军事应用,相对于有线网络具有成本低、灵活性高的特点,也可应用于很多民用领域,如环境与生态监测、健康监护、家庭自动化,以及交通控制等。

(1)军事应用。战场侦察与态势评估,目标定位、生化武器攻击监测等。

(2)农业应用。土壤温湿度、pH值、氮浓度监测,有机质、光照度、CO_2浓度监测等。通过监测数据分析,进行相应的控制和处置,提升农作物的产量和质量。

(3)环境监测应用。对环境污染、电磁辐射、放射性、泥石流、山体滑坡、火灾、河流水位、火山活动等进行监测。

(4)医疗保健(health care)。远程监控人体的生理指标、患者监护、定位与及时救

护等。

(5)工业应用。无线传感器网络实现工业控制、设备监测、工作环境监测、毒性物质监测、各种管道监测等。

(6)智能交通。无线传感器网络在智能交通中可以进行交通信息发布、电子收费、车速测定、车辆跟踪、停车管理、综合信息服务等。

(7)智能家居。基于 WSN 实现家庭安防、家电及家庭能源控制等。

(8)智能物流。通过无线传感网实现仓储监控、运输监控和收货管理。

7.2　WSN 的架构

7.2.1　WSN 的物理架构与组成

WSN 的典型物理架构如图 7－1 所示，大量的具有通信功能的传感器或智能传感器形成一个网络，相互协作完成大面积或复杂物理环境的监测。其物理组成主要包括四个部分：传感节点、基站、基础设施和管理系统。传感节点可以是特定用途的传感器，也可以是具有复杂功能的智能传感器，具有数据采集和通信功能。基站又称汇聚节点(sink)，负责将各传感器采集、逐跳传输过来的数据汇聚在一起，通过互联网传送到管理系统中。传感器和汇聚节点是 WSN 架构的前端。基础设施一般是互联网，也可以是 4G 或 5G 网络，它是 WSN 架构的内核。管理系统位于 WSN 架构的后端，本质上就是一个数据中心或云系统，负责接收、存储和处理数据，并根据处理结果对传感器进行控制，向用户提供相应的服务。在这个物理架构中，数据流动可以是单向的，也可以是双向的。数据可以从传感器流向后端，控制指令也可以从后端流向传感器，对前端设备进行控制。

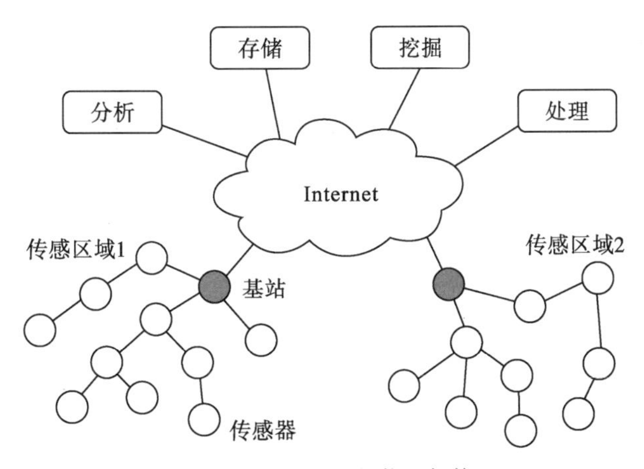

图 7－1　WSN 的物理架构

WSN 中的数据传输可以是单跳的，也可以是多跳的，这取决于应用部署。在单跳架构中，每个传感器直接与汇聚节点进行通信，形成星形的拓扑结构，如图 7－2 所示。在这种架构中，有些节点可能需要较大的发射功率才能将数据传到汇聚节点，不能覆盖太大的地理区域。

在多跳架构中，中间的传感器作为其他传感器的中继节点（转发器），逐跳将数据传送到汇聚节点，形成如图 7-3 所示的网状架构。这种架构不要求传感节点以较大发射功率发送数据，可以节省传感器的电量，能够覆盖很大的地理区域，但引入了路由问题。

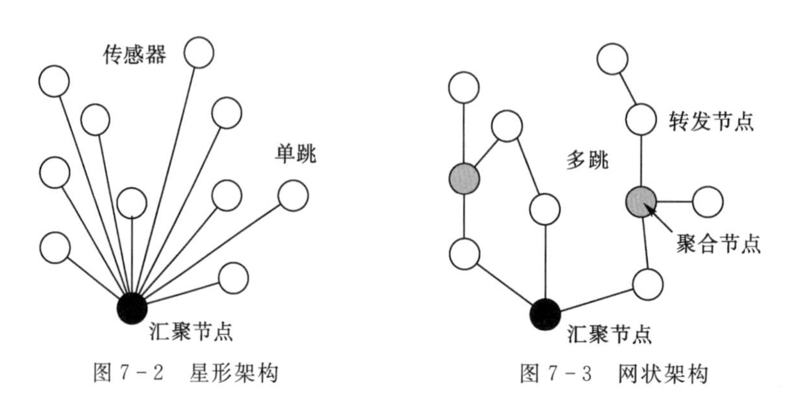

图 7-2　星形架构　　　图 7-3　网状架构

WSN 的基本组件。WSN 的基本构成要素是传感器和汇聚节点。普通的传感器功能和电量有限，具有通信和一定的存储能力，数据处理能力也相对较弱。传感器有两个角色：传感终端和路由节点。传感器的数据处理涉及数据采集、一定量的存储、数据融合和传送。普通传感器的组成比较简单，体积也很小，由四个主要模块组成：感知模块、数据处理模块、无线通信模块和供电模块，如图 7-4 所示。汇聚节点的能力相对较强，除了数据融合、传送功能之外，还具有协议转换功能，本质上就是一个网关，将 WSN 和基础设施连接在一起，使之能相互通信。

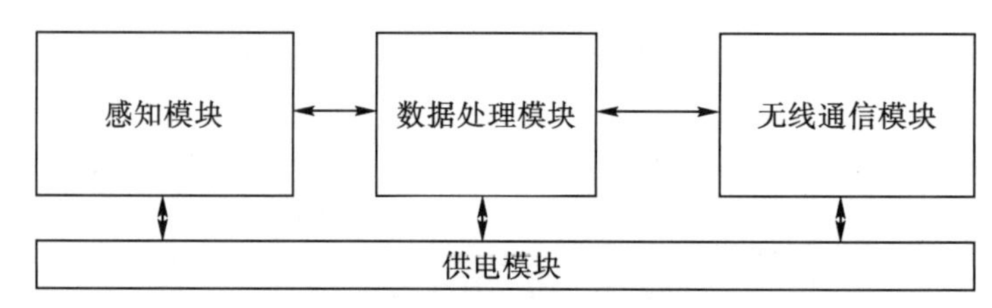

图 7-4　普通的传感器组成

典型的传感器应具有以下全部或部分功能：

- 定位；
- 确定邻居节点的身份；
- 配置节点参数；
- 发现到汇聚节点的路由；
- 启动感知和数据传送；
- 链路访问控制；
- 数据过滤与融合；
- 执行控制指令；
- 时间同步。

许多无线传感网络都是以自组织方式部署的，不需要精心设计。在任何需要的地方都可以放置传感器,例如在疫区、污染区或危险区、火山活动区域等部署传感器,来实现定位和数据采集任务。对于战场侦察,也可以通过无人机或远程大炮从空中部署传感器。对于未知区域探测,可以部署移动传感器,组成机器人团队,来协作完成环境感知任务。这种应用场景下的传感器是智能传感器,是一个智能的嵌入式系统,软硬件的配置很高,功能也比较强大。

7.2.2 WSN 的协议栈

和 TCP/IP 协议栈一样,WSN 的协议栈也分为五层:应用层、传输层、网络层、数据链路层、物理层。与 TCP/IP 协议栈不同的是,它还包括三个平面:能量管理平面、移动管理平面和任务管理平面,如图 7-5 所示。这些管理平面使得传感器节点能够按照能源高效的方式协同工作,在节点移动的传感器网络中转发数据,并支持多任务和资源共享。

各层协议功能如下:

(1)应用层,包含一系列基于监测任务的应用层软件;

(2)传输层,数据流的传输控制,是保证通信服务质量的重要部分;

(3)网络层,主要负责路由生成与路由选择,也进行网络拥塞控制;

(4)数据链路层,负责数据组帧、帧检测、介质访问和差错控制;

(5)物理层,提供简单而健壮的信号调制和无线收发技术。

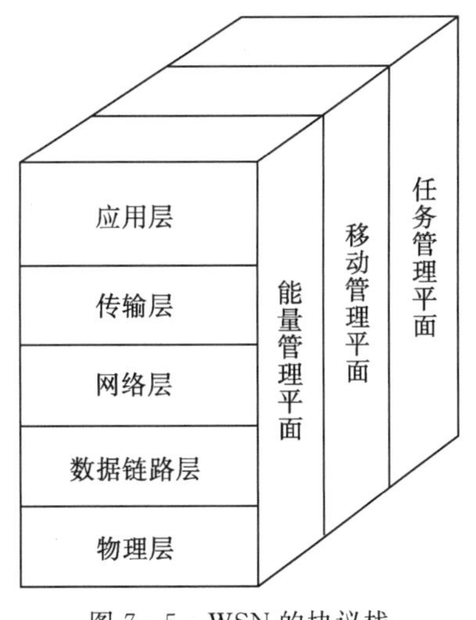

图 7-5　WSN 的协议栈

管理平面功能如下:

(1)能量管理平面,管理传感器节点如何使用能源,在各个协议层都需要考虑节省能量;

(2)移动管理平面,检测并注册传感器节点的移动,维护到汇聚节点的路由,使得传感器节点能够动态跟踪其邻居的位置;

(3)任务管理平面,在一个给定的区域内平衡和调度监测任务。

每个平面都包含相应的软件,这些软件跨五层运行。

7.3 WSN 的拓扑结构

无线传感器网络的网络拓扑结构是组织无线传感器节点的组网技术，有多种形态和组网方式。按照组网形态和方式，有集中式、分布式和混合式。集中式结构类似于移动通信的蜂窝结构，集中管理；分布式结构类似于 Ad Hoc 网络结构，可自组织网络接入连接，分布管理；混合式结构包括集中式和分布式结构的组合。

按照节点功能及结构层次，无线传感器网络通常可分为平面结构、分层结构、混合结构，以及网状结构。

1. 平面结构(flat structure)

平面结构是无线传感器网络中最简单的一种拓扑结构，所有节点为同构的对等节点，没有控制节点，自组织方式组网，如图 7－6 所示。每一个节点具有完全一致的功能特性，均包含相同的 MAC、路由、管理和安全等协议。这种结构实现容易，具有较好的健壮性。

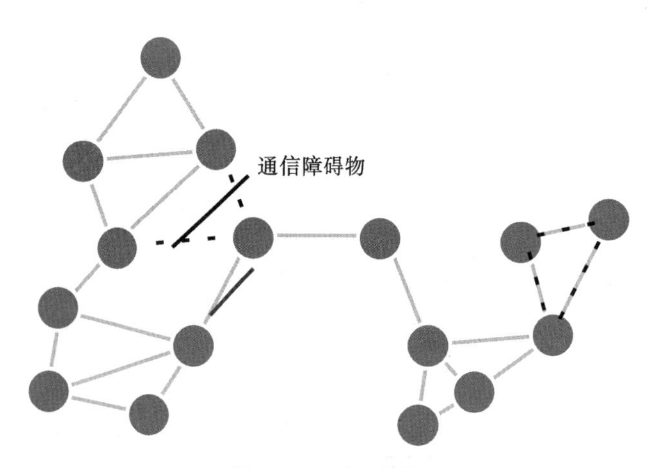

图 7－6　平面结构

2. 分层结构

分层结构如图 7－7 所示，将网络分为三层。最下层是传感节点层，是由传感器构成。传感器与其他传感器之间不直接通信，一般传感器节点可能没有路由、管理及汇聚处理等功能。中间是骨干节点层(backbone layer)，是由转发节点(骨干节点)构成的一个平面网络，所有转发节点为对等结构，转发节点之间可以进行通信；最上层是汇聚层，由汇聚节点组成。因此，分层结构里的层主要是指下面这两层。这种分级网络通常以簇的形式存在，按功能分为簇首(具有汇聚功能的转发节点：cluster－head)和成员节点(一般传感器节点：members)。每一个簇头汇集几个传感节点的数据，传送或再通过其他簇头传送至 AP 节点。底层的每一个传感器节点由其所属的簇头来管理，并与其进行通信。这种网络拓扑结构扩展性好，便于集中管理，可以降低系统建设成本，提高网络覆盖率和可靠性，但是集中管理开销大，硬件成本高。

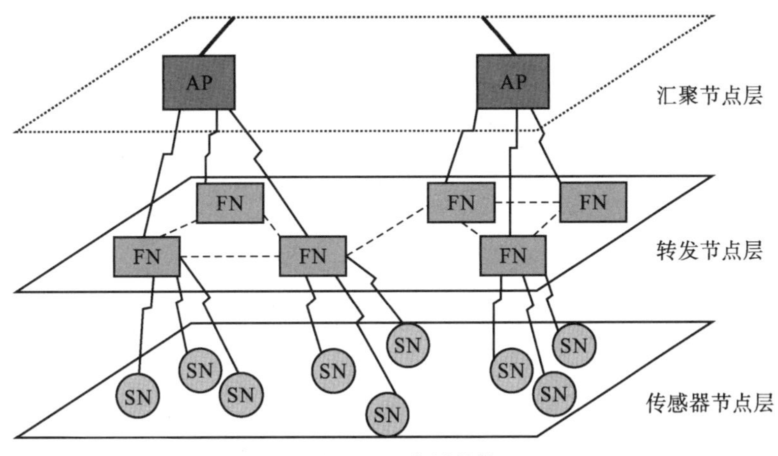

图 7－7　分层结构

3．混合结构

混合结构是无线传感器网络中平面网络结构和分层网络结构的一种混合拓扑结构，如图 7－8 所示。转发节点之间以及一般传感器节点之间都采用平面网络结构，而转发节点和一般传感器节点之间采用分级网络结构。这种网络拓扑结构和分层网络结构不同的一点是，一般传感器节点之间也可以直接通信。相比于分层结构，这种混合结构的网络健壮性更好。

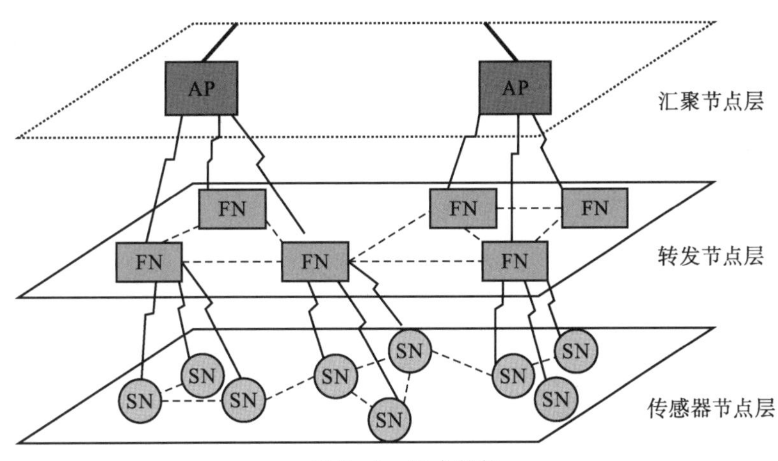

图 7－8　混合结构

4．网状结构

网状结构(mesh)是规则分布的网络，一般只允许最近邻的传感器节点之间进行数据传送。网络内部的节点一般都是相同的，因此 mesh 网络也称为对等 WSN。两个节点之间有多条路径存在，某些节点可以指派为簇头，来执行额外的功能。如果一个簇头发生了故障，另一个簇头可以接管它。分簇的 mesh 网络可以简化路由。

mesh 结构的种类非常多，图 7－9 给出了两种 mesh 结构，左边的是全互连结构，右边的是网格结构。mesh 结构是构建大规模 WSN 的一个很好的结构模型，实际应用中，节点实际的地理分布不必是规则的 mesh 结构形态。由于通常 mesh 网络结构节点之间存在多条路由,网络对于单点或单个链路故障具有较强的容错能力和健壮性。

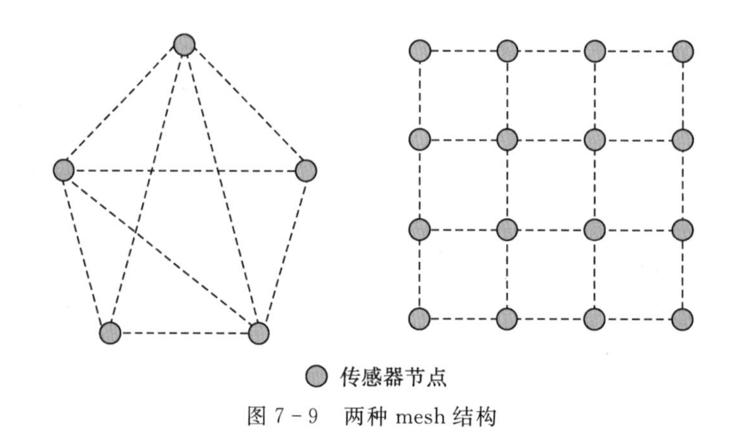

图 7-9　两种 mesh 结构

7.4　WSN 的基础技术

由 7.2 节我们知道 WSN 逻辑上分为 5 层,其中,应用层和传输层的原理与 TCP/IP 的应用层、传输层大体是一致的。这里,我们重点描述底层使用的技术。

7.4.1　物理层和介质访问控制层

1. 物理层

物理层的主要技术包括数据采集、编解码、调制解调和数据传播技术。信源编码要求高效地将模拟信号转换为数字序列,包括采样、量化和编码。可以无失真编码,也可以有失真编码,这取决于应用需求。信道编码的本质是增加通信的可靠性,基本思想是通过增加冗余信息,来提高信噪比和降低差错率。调制是将各种数字基带信号转换成适于信道传输的数字调制信号,解调是在接收端将收到的数字频带信号还原成数字基带信号。常用的调制方法是正交幅度调制。

2. 介质访问控制(MAC)层

(1)MAC 层的主要功能应包括:决定一个节点何时能访问共享介质;消解竞争节点之间任何潜在的冲突;校正物理层出现的通信错误;执行其他活动,如组帧/解帧、寻址、流量控制等。MAC 协议的设计必须要考虑以下因素:

- 能量效率;
- 数据传送的可靠性和效率;
- 链路资源使用的公正性;
- 网络的可扩展性;
- 网络的自适应性,即网络的自我管理;
- 可预测性,数据的采集、汇聚和传送必须在一定的延时约束内完成。

(2)MAC 层协议。WSN 的节点由电池供电,由于工作环境恶劣以及其他各种因素,节点的电量一般不可补充。因而需要降低能耗、延长节点使用寿命。WSN 中的能耗主要包括通信能耗、感知能耗和计算能耗，其中通信能耗所占的比例最大，因此，减少通信能耗是延长网络寿命的有效手段。研究表明，节点通信时无线模块在数据收发和空闲侦听时的能耗几乎相同，所以要想节能就需要最大限度地减少无线模块的侦听时间（收发时间不能减少），即减小占空比。MAC 层的通信协议有很多，如安全控制方面的协议、QoS 控制方面的协议，但最核心的是 MAC 协议。MAC 协议可以分为两大类：无竞争的协议和有竞争的协议，如图 7 - 10 所示。其中的 MACA（multiple access with collision avoidance）是带冲突避免的多路访问协议；MACAW（MACA for Wireless LANs）就是 Wi-Fi 使用的 CSMA/CA 协议。WSN MAC 协议大多是基于竞争的协议，大体可以分同步竞争 MAC 协议和异步竞争 MAC 协议。同步竞争 MAC 协议要求所有节点在相同时间点上唤醒，并竞争使用信道。因为节点同时工作，所以该类协议信道效率较高，缺点就是竞争和冲突比较严重。该类协议在高负载下冲突较大，而低负载下空闲侦听较多，因而近年来基于此提出的新协议不多。异步竞争 MAC 协议中，所有节点维持自己独立的工作周期，收发双方不同步，因而发送节点发出数据时接收节点可能正处于睡眠状态，所以需要使用低功耗侦听（low power listening，LPL）前导序列技术唤醒接收节点。不管是哪一类协议，基本思想都是通信时要尽量避免冲突，不通信时，尽可能地增加节点的休眠时间，减小空闲侦听的能耗。

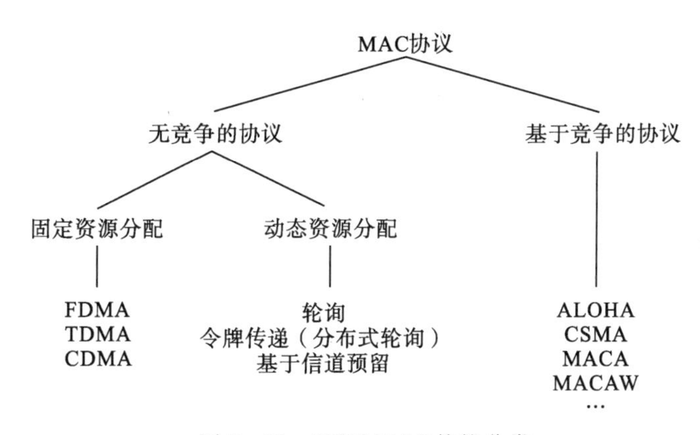

图 7 - 10　WSN MAC 协议分类

7.4.2　网络层

除了数据传送之外，WSN 网络层最重要的功能就是路由，即确定从传感器到汇聚节点的数据传输路径。路由协议负责寻找和维护这条路径，但目前 WSN 尚没有统一的路由技术，因为路由依赖于网络拓扑和具体的应用。WSN 有两种通信模型：直接通信模型和多跳通信模型，如图 7 - 11 所示。直接通信不需要路由，多跳通信需要中间传感器节点协作，将数据传送到汇聚节点。因此，路由是针对多跳通信模型的。

衡量一个 WSN 路由技术好坏的指标包括：

- 最小跳数（shortest hops）；

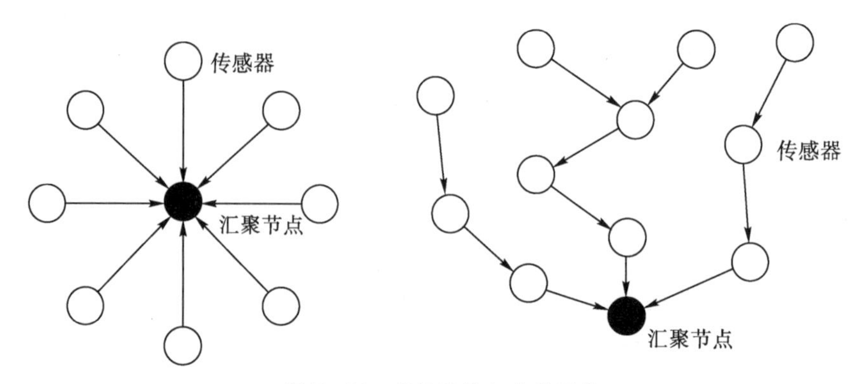

图 7－11　直接通信与多跳通信

· 能量：每数据包最小能耗、节点功率最小方差、最长网络分离时间、最大能量或平均能量；

· QoS：延时、吞吐率、抖动、丢包率、差错率、有序性；

· 健壮性：链路质量、最长网络分离时间、链路稳定性；

· 可扩展性：网络规模、节点个数；

· 安全性：信息安全、认证。

根据不同的应用，人们设计了不同的路由协议，所以 WSN 的路由协议有很多，大体如图 7－12 所示的三大类。在基于平面的路由中，所有的节点都是一致的，路径选择的方法很多；基于分层的路由中，不同的节点有不同的角色（簇头、簇成员），簇成员首先将数据发送给所属的簇头，包括成簇协议、簇维护协议、簇内路由协议和簇间路由协议四个部分。基于位置的路由中，节点的行为或角色依赖于位置信息，需要知道目的节点的精确或者大概地理位置，将数据发布到指定区域。主动路由是表驱动的路由，预先建立好路径。主动路由的路由发现策略与传统路由协议类似，节点通过周期性地广播路由信息分组、交换路由信息、主动发现路由，同时，节点必须维护去往全网所有节点的路由。例如目的地序列的距离向量协议。被动路由是需要的时候才去发现路径，拓扑结构和路由表内容按需建立，它可能仅仅是整个拓扑结构信息的一部分。它的优点是不需要周期性的路由信息广播，节省了一定的网络资源，如动态源路由。混合路由集成了主动路由和被

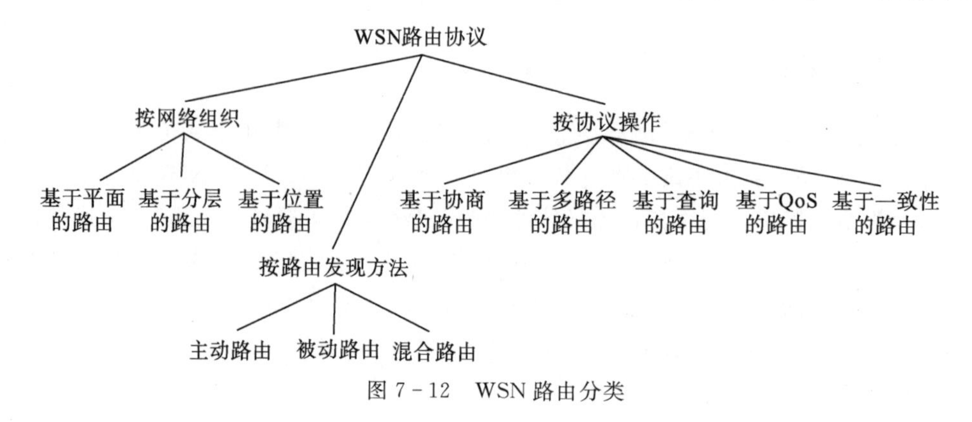

图 7－12　WSN 路由分类

动路由的特征。基于协商的路由在数据传送前通过元数据进行协商，需要该数据时才请求数据；基于多路径的路由可以使用多条路径同时传送数据；基于查询的路由是由接收端发起的路由，汇聚节点广播发出查询命令，传感器向汇聚节点报告采集的数据；基于QoS的路由是满足某些QoS参数约束的路由协议；基于一致性的路由协议在传感器数据发送到汇聚节点之前只进行少量的数据处理，以减少耗能。还有其他路由协议，如能量感知的路由协议、容错的路由协议等。

路由协议的设计原则。WSN中的路由是应用强相关的，不同的应用需要不同的路由技术。在设计路由协议或路由算法时，需要遵循以下原则：①节能；②可扩展，以适应网络结构的变化；③健壮，能够容错；④快速收敛。

7.5　WSN的关键技术

WSN的关键技术有很多，除了无线通信协议和技术之外，还有功耗控制、网络拓扑控制、网络安全(机密性、完整性、认证)、定位技术、时间同步、数据融合技术、数据管理技术等。

7.5.1　功耗管理

WSN中的能量是一种稀有资源，原因如下：

(1)和所承担任务的复杂性相比，节点太小，无法容纳高容量的电池；

(2)WSN的节点个数往往很多，无法手工去更换电池或对电池进行充电；

(3)尽量不耗尽节点的电量，几个节点的电量耗尽就会导致网络永久分离。

因此，必须要对节点的功耗进行控制，以保证网络的连通性。降低功耗需要系统级的方法，跨越所有的层，从电路设计、芯片选型、数据融合到算法与协议设计、应用设计都需要降低功耗。WSN是能量受限的网络，不管是哪一层的功耗管理技术，其基本思想都是在保持网络连通、保证通信质量的前提下，尽量降低能耗。

不管是网络层还是MAC层，功耗管理的一种思想是在保证通信质量的前提下使用最小的发射功率或尽量提高信道的空间复用度。另一种思想是进行动态功率管理，让无任务要处理的节点进入休眠状态。当一个节点没有任务要处理时，强迫某些子系统运行在最经济的功耗模式下或进入休眠模式，这种策略叫作局部动态功率管理；通过定义网络级的休眠状态，让整个网络的功耗最小化，这种策略叫作全局动态功率管理。典型的休眠方法有两种：

· 同步休眠方法。一个节点连同其邻居节点同时进入休眠状态或唤醒状态，进行协作感知和高效的节点间通信。

· 异步休眠方法。每一个节点各自运行其休眠策略，当其要启动通信时，先发送一个前导序列，等待接收到对方的确认信息后再进行通信。

不管是哪一种休眠方法，各自的节点都会周期性地唤醒，以确定是否有其他节点希望与其通信，或者处理队列中等待的任务。

7.5.2　拓扑控制

拓扑控制也叫拓扑管理，是指通过一定的机制自适应地将一定数量的节点互连起来。它包括功率控制和层次拓扑结构控制。功率控制是指通过合理地设置或动态调整节点的发射功率，保证网络连通的同时降低节点间的相互干扰。层次拓扑控制是利用分簇的思想，按照一定的原则激活部分节点，使之成为簇头。这些簇头节点构成一个连通网络来处理和传输数据。WSN 中的拓扑控制十分重要，如果没有拓扑控制，所有的节点会工作在最大功率下，发射的信号会覆盖很大的范围，导致很高的数据冲突率；如果没有拓扑控制，就会导致网络中有很多的边，路由算法就会变得更为复杂。拓扑控制要求以最小的功耗来满足所需的覆盖范围和连通性。常见的拓扑控制方法如下：

(1)基于节点功率控制的方法。根据节点功率控制和骨干节点的选择，剪掉不必要的链路。例如 COMPOW 功率分配算法、LINT/LILT 基于节点度数算法，以及一些基于邻近图的算法。

(2)分层的拓扑控制方法。选择簇头来形成高效的骨干网。例如 TopDisc 算法、改进的 GAF 算法、LEACH 和 HEED 算法等。

(3)启发式节点唤醒和休眠。没有事件发生时，节点将通信模块设置为休眠状态。当一个事件发生时，节点自动地醒来，并唤醒其邻居节点，形成转发拓扑。这种机制不能独立地作为一种控制算法，通常与其他算法一起使用。

7.5.3　定位技术

位置信息是传感器采集数据的重要内容，确定事件发生的位置是传感网络的基本功能之一，没有位置信息，传感器采集的数据往往没有太大的用途。物理世界感知的事件需要位置，位置感知的服务、对象跟踪、基于地理信息的路由协议、覆盖区域管理等都需要位置信息；对于物流管理、监控而言，位置通常也是主要的感知信息。定位就是确定传感器位置或对象间的空间关系。出于功耗、成本、体积以及遮蔽物的原因，卫星定位一般不适合用于 WSN。由于传感器节点存在资源有限、随机部署、易受干扰甚至节点故障等不足，定位机制必须满足自组织性、健壮性、能量高效、分布式计算等特性。WSN 的定位技术有很多，主要分为有测距的方法和无测距的方法。根据位置已知的锚节点或信标节点，测量未知节点到锚节点的距离，然后来求出未知节点的位置。两个邻居节点通过通信，就可以很容易地测出两者之间的距离。测距方法有：基于到达时间的测距、基于到达时间差的测距、基于到达角度的测距和基于接收信号强度的测距，要求节点间的时钟要严格同步，否则就带来测量误差。

常用的测距定位方法有三角定位、三边测量定位、迭代式多边定位和协作式多边定位等。

1. 三角定位

已知三个信标节点 A、B、C 的坐标分别为(x_i, y_i)，$i=a,b,c$，未知节点 D 相对于节点 A、B、C 的角度是可测量出来的，如图 7－13 所示，求 D 的坐标。利用三角形的几何特性，可以计算出 D 的坐标(x, y)。

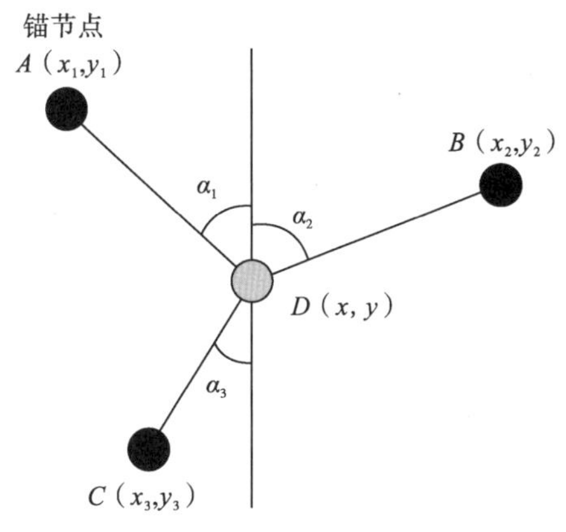

图 7-13　三角定位示意图

2. 三边测量定位

已知三个信标节点 A、B、C 的坐标分别为(x_i, y_i)，$i=a,b,c$，未知节点 D 的坐标为(x,y)，它与三个信标节点的距离分别为 d_i，$i=a,b,c$，如图 7-14 所示。求坐标(x,y)。根据线段间的距离公式，解方程组就能确定 D 的坐标。利用这种方法定位，在二维空间中至少需要 3 个不共线的邻居锚节点的位置信息；在三维空间中，至少需要 4 个不共面的邻居锚节点的位置信息。

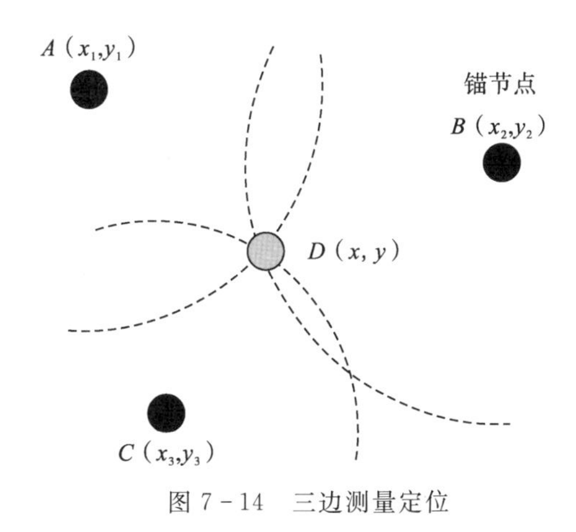

图 7-14　三边测量定位

3. 迭代式多边定位(iterative multilateration)

如图 7-15 所示，A_1、A_2、A_3是已知的锚节点，X_1 到三个锚节点的距离是确定的，如何确定另外两个节点的坐标？另外两个节点与三个锚节点不完全相邻，此时可以先求出 X_1 节点的坐标，使 X_1 成为新的锚节点。这样，另外两个未知节点就都有三个邻居锚节点了，可以分别计算出其位置。当然，如果计算有误差，这种迭代计算会导致误差的积累。

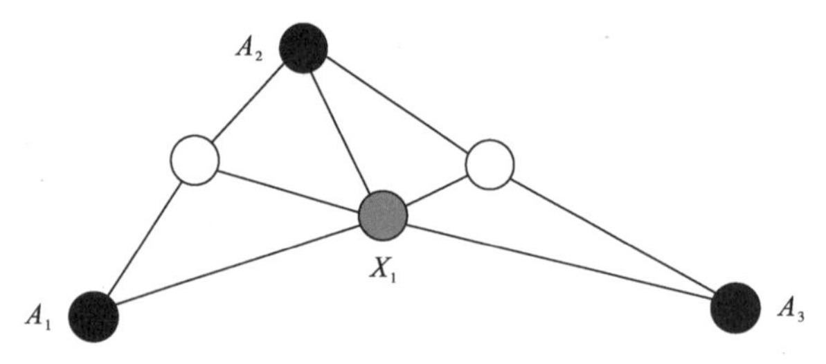

图 7-15 单用户 CDMA 编码和解码

4. 协作式多边定位(collaborative multilateration)

这种方法的目标是根据传感器之间的关联关系构建一个"参与节点"图,图中的节点为锚节点或至少有三个参与的邻居节点。如图 7-16 所示,$A_1 \sim A_4$ 为锚节点,S_1,S_2 为参与节点。这些邻居节点之间的距离都是可以测量出来的,锚节点的位置信息是已知的。设 S_1 节点的位置为(x_1,y_1)、S_2 节点的位置坐标为(x_2,y_2),则根据三边定位算法,可以列出求(x_1,y_1)和(x_2,y_2)的方程组,解方程组即可求出 S_1 和 S_2 位置。

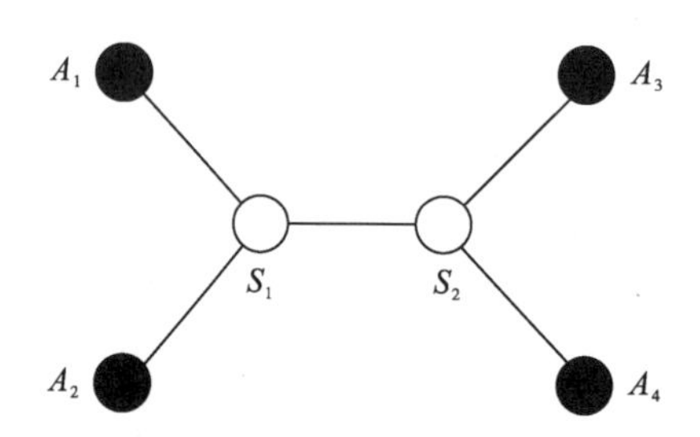

图 7-16 协作式多边定位示意图

无需测距的定位算法不需要直接测量节点之间的距离或者角度,而是根据网络的连通性来实现位置估计,需要节点间交互通信协作。典型的无需测距的算法主要有:质心算法、DV-HOP 算法、APIT 算法、MAP(mobile anchor point)算法、凸规划定位算法等,有兴趣者请查阅相关文献。

7.5.4 时间同步

时间同步技术是无线传感器网络技术中的一个关键支撑技术,许多无线传感器网络应用都要求传感器节点的时钟保持同步。由于无线传感器网络自身的特点,它在范围、能耗以及精度等特性上都具有特殊的要求,这使得传统的时间同步方法并不适用于 WSN。由于 WSN 中的传感器监测物理世界的对象和事件,需要包含时间信息;其中的应用和算法(如通信协议、定位、安全控制、休眠与唤醒)也需要准确的时间信息。所以,所有节点中的时钟应保持一致,这就需要时间同步算法来维护时钟的一致性。针对 Internet 设计的时间同步协议 NTP(network time protocol)适用于静态网络,需要有一定的基础设施支持,计算复杂度高。而全球定位系统 GPS(Global Position System)功耗大,价格高,无法为每个节点都配备。考虑到 WSN 中的环境效应(温湿度、压力是波动的)、能耗限制、面向应用、无线介质和节点可能的移动、传感节点的成本和体积约束等因素，WSN 中的时间同步技术还是有一定的挑战性。

WSN 的时间同步是面向具体应用的，不同的应用需要不同的同步方法，因此，存在很多时间同步算法。典型的时间同步方法有两类：发送端-接收端报文交换和接收端-接收端报文交换。

1. 发送端-接收端报文交换

发送端向接收端发送带有自己时间戳的报文，接收端根据收到的时间戳调整自己的时钟，如图 7-17 所示。在图 7-17 中，t_1是发送端的时间戳，D 是发送端-接收端之间的传播延时，t_2为接收端接收到报文的时刻。则有：$t_2=t_1+D+\delta$，δ 为时钟偏移量。如果传播延时是测量出来的，接收端的时钟则可以设置为 t_1+D。

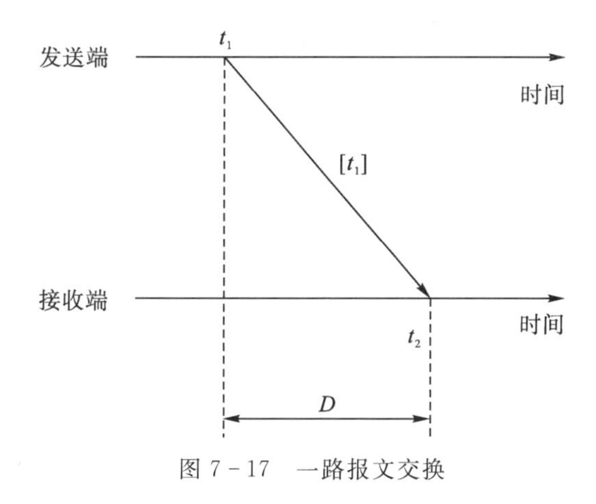

图 7-17　一路报文交换

更为精确的同步方法是使用两路报文交换。如图 7-18 所示，节点 j 在 t_2时刻接收到节点 i 发送的报文，在 t_3时刻返回一个响应报文，响应报文中包含 t_1、t_2和 t_3三个时间参数。假定传播延时在两个方向上是一样的，在测量过程中时钟漂移没有变化，则有：

$$t_2=t_1+D+\delta$$

$$t_4=t_3+D+\delta$$

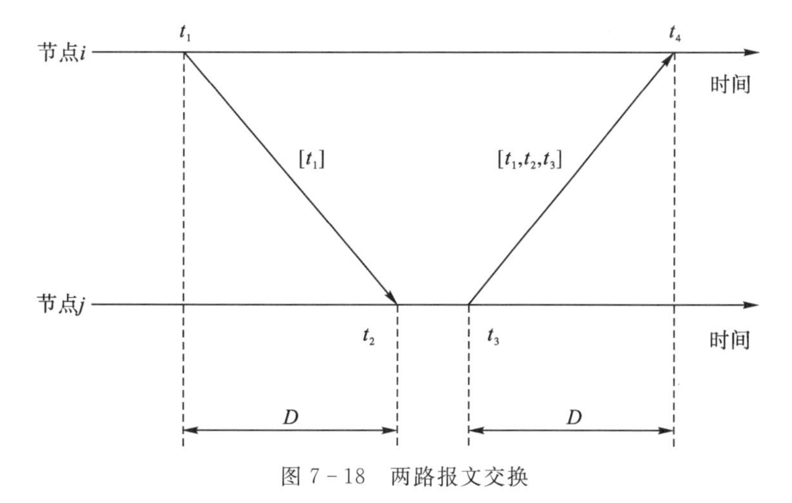

图 7-18　两路报文交换

由此可以计算出：

$$D=\frac{(t_2-t_1)+(t_4-t_3)}{2}$$

$$\delta=\frac{(t_2-t_1)-(t_4-t_3)}{2}$$

2. 接收端-接收端报文交换

利用信道的广播特性来同步接收节点的时间，发送端广播信标分组，接收端 1 和 2 接收到广播，接收端之间相互发送报文，同步双方时间，广播报文中不需要时间戳信息。图 7-19 给出了这种同步方法的原理。其中节点 i 是发送节点，它负责广播报文，驱动两个接收节点之间报文交换，报文里包含各自的广播报文到达时间：t_2^j 和 t_2^k。

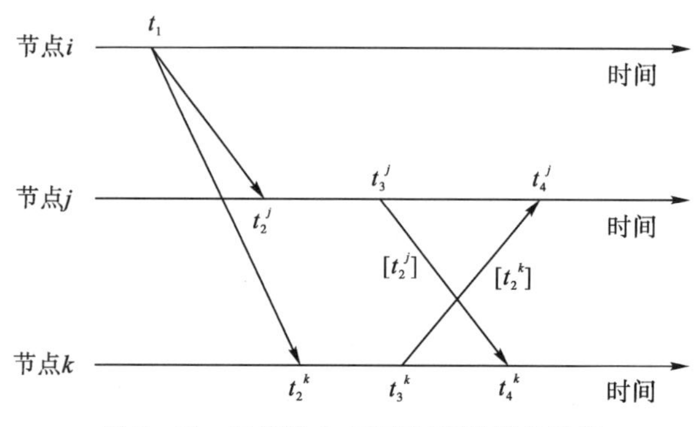

图 7-19　间接路由：对端与移动节点通信

7.6　本章小结

本章讲述了无线传感网络的概念、特征、应用、架构和组成，讲述了 WSN 的协议栈和每层所包含的基础技术。重点讲述了几个关键技术：功率控制、拓扑管理、路由策略、定位技术和时间同步方法。由于 WSN 是面向具体应用的，不同的应用会有不同的拓扑结构，就需要不同的路由协议和功耗控制策略。

第8章 物联网

8.1 物联网的概念与组成

8.1.1 物联网的概念与意义

物联网(The Internet of Things, IoT)是这样一个广域网,所有的物体通过信息感知设备(RFID、二维码、红外传感器、GPS、激光扫描仪等)连接到Internet上,进行信息交换,以实现智能识别、定位、跟踪、监控和管理。它是一个物体到物体的互联网,其中,物体和物体、人和物体、人和人都能相互通信。因此,物联网就是扩大了的Internet。物联网中的物体是智能物体(smart thing)或智能对象(smart object),具有信息感知、通信和处理功能,能通过有线或无线方式连到互联网上,可以指物也可以指人,还可以是动物。

物联网与Internet之间的关系。Internet是物联网的内核或基础设施,物联网是Internet的扩展,它按需求连接万物,构建所有物端之间具有类人化知识学习、分析处理、自动决策和行为控制能力的智能化服务环境。信息社会正在从互联网时代向物联网时代发展。如果说互联网是把人作为连接和服务对象,那么物联网就是将信息网络连接和服务的对象从人扩展到物,以实现“万物互联”。

物联网已成为全球新一轮科技革命与产业变革的重要驱动力。它将重塑生产组织方式,促进5G、云计算、大数据、人工智能、区块链和边缘计算等新一代信息技术向各领域渗透,引发全球性产业分工格局重大变革。物联网的发展为人类社会描绘出智能化世界的美好蓝图,世界各国都在加速抢占物联网产业发展先机。物联网已上升为美国国家发展战略,成为《2025年对美国利益潜在影响的关键技术》中的6项关键技术之一;欧盟委员会2009年提出了《物联网——欧洲行动计划》;物联网也是德国“工业4.0”战略的主要技术之一;在亚洲,韩国确定了物联网重点发展的四大领域与计划;日本提出了泛在网(Ubiquitous Network)计划,包含了物联网。2009年,中国提出“大力发展物联网技术与产业”,成为国家战略发展的内容。目前,物联网的实际应用已在制造业、农业、智慧城市、车联网、医疗健康等多个领域取得显著成果。全球活跃的物联网终端设备数量已超过500亿个,万亿级垂直行业市场正在兴起。以我国为例,面向不同的应用,已经存在很多物联网,如共享单车和共享汽车、自助充电桩、环保物联网、物流物联网、农业物联网、交通物联网、安防物联网等。

8.1.2 物联网的组成

物联网是由连接在Internet上的物体或移动物体组成的,物理上分为前端、内核和后端三部分，如图 8－1 所示。前端的组成是智能物体和网关。其中，智能物体是具有信息感知、处理和通信功能的物体，可以是设备，也可以是集成有传感器的日常物体；这些物体通过有线或无线网络(RFID、WSN 等)连接到 Internet 上，每个物体都有一个身份证明——能在互联网上表明自己，每个物体都可能是一个数据源。网关是网络接入设备，将前端的物体最终连接到 Internet 上。内核就是包含 Internet 在内的数据传输网络。后端就是计算和服务系统，一般是一个云平台，具有高性能计算和存储能力，负责大数据处理，能够对外提供增值服务。

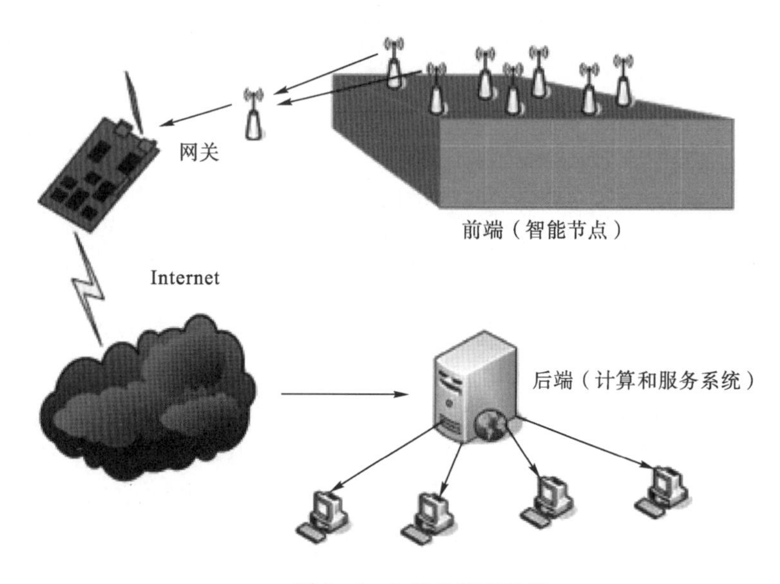

图 8－1　IoT 的物理架构

前后端之间的数据流动可以是单向的(从前端流向后端)，也可以是双向的，如图 8－2 所示，取决于具体的应用。前端负责全面感知与控制执行，获取数据、接收并执行后端发来的控制指令；内核负责信息传输，前后端之间数据可靠地传送；后端负责大数据智能处理、控制，并向用户提供智能服务。

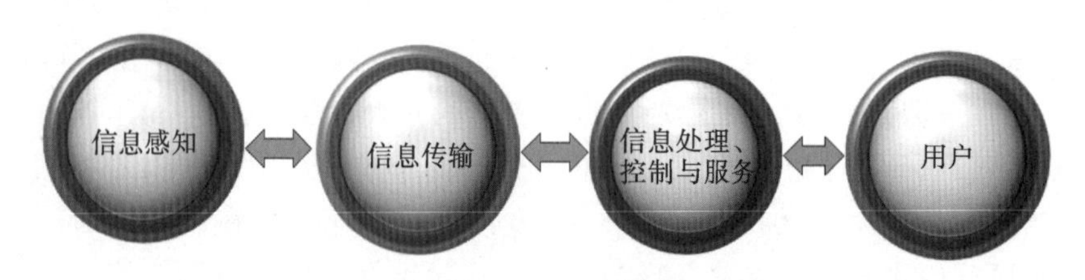

图 8－2　IoT 数据流

8.2　物联网的架构

物联网的架构自顶向下分为三层：应用层、网络层和感知层，如图 8－3 所示。其中，应用层又可以分为两个子层：服务管理子层和应用子层，典型的应用层采用云架构；网络层包含各种数据传输网络，提供安全可靠的数据传送；感知层承担数据采集、预处理及控制指令的执行任务。

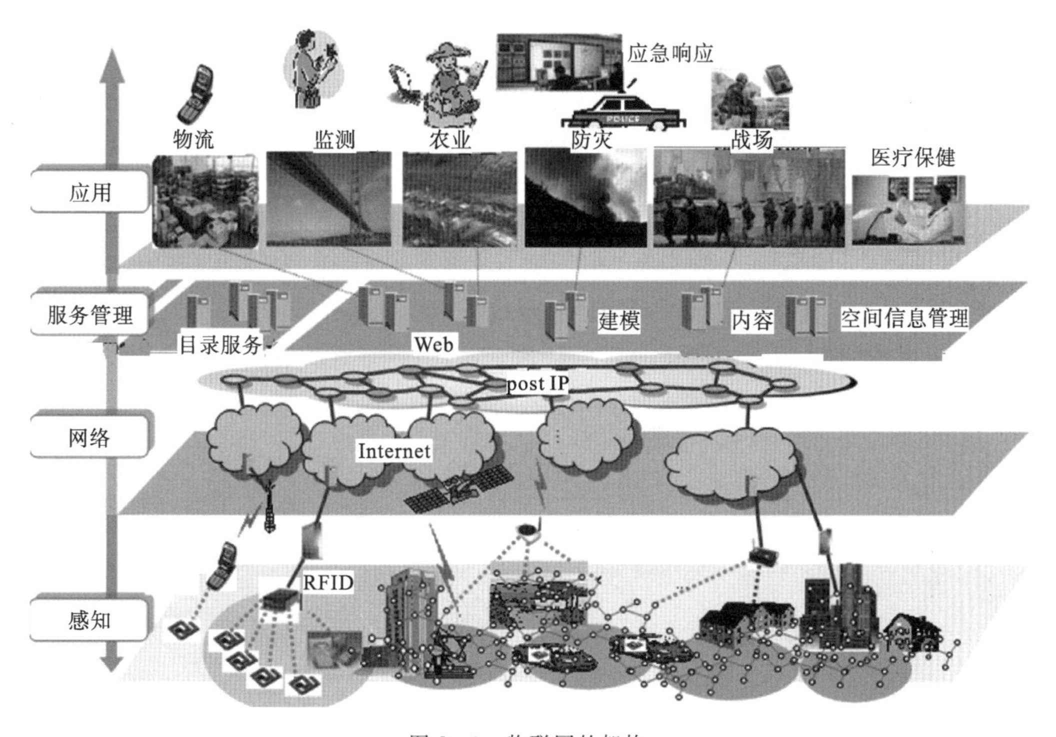

图8-3　物联网的架构

8.2.1　感知层

感知层就是数据采集机构和控制执行机构。其中数据采集机构包括各种传感器：温度、压力、位置、速度、振动、音频、视频等传感器，有些是有线的，有些是无线的。射频识别(radio frequency identification，RFID)也是常用的感知层设备，由电子标签和阅读器组成，阅读器可以连接到网络上；一维码、二维码、磁条、电子芯片、红外感知系统等也是较为常用的感知系统。感知层的功能包括信息感知、定位、身份识别、控制执行。普通传感器由敏感元件和转换元件组成，具有通信能力，有些具有有限的存储能力；智能传感器就是一个嵌入式系统，具有环境感知、数据预处理、智能控制、数据通信等功能。普通传感器种类繁多，大体可以分为物理传感器和化学传感器。

物理传感器有力传感器、热传感器、声传感器、光传感器、电传感器、磁传感器、射线传感器。力传感器测量压力、力矩、速度、加速度、流量、位移、位置等信息；热传感器测量温度、热流、热导率等信息；声传感器测量声压、噪声、超声波、声表面波；光传感器测量可见光、红外线、紫外线、图像；电传感器测量电流、电压、电场强度；磁传感器测量磁场强度、磁通量；射线传感器测量X射线、γ射线、β射线、气溶胶、辐射剂量等。

化学传感器测量离子、气体、湿度、氮、磷、氨、硫、硝、过氧、生理信息(血糖、血脂、尿酸)等。

位置感知。位置信息是各种物联网应用的基础，突发事件检测、污染源监控、人员检测、车辆检测、智慧农业等，都需要位置信息。获取位置信息的方法有很多，最直接的方法有卫星定位和基于 RFID 的定位；其他方法有基于 Wi-Fi 的室内定位、基于 WSN 的定位等。卫星定位一般需要四颗卫星，三颗用于计算坐标，一颗用于修正传播时间。我国的北斗卫星导航系统由 55 颗卫星组成，多于 GPS 的 24 颗卫星。民用定位精度为 1～2 m，军用定位精度达到 0.1 m，测速精度为 0.05 m/s，授时精度<10 ns，还具有独特的短消息收发功能，总体上的性能要优于 GPS。

8.2.2　网络层

网络层包含连接感知层和应用层的各种网络，包括有线的、无线的网络，长距离的、短距离的网络，如图 8－4 所示。

(1)短距离有线网：局域网、现场总线；

(2)短距离无线网：WPAN(Bluetooth，Zigbee)、WBAN、WLAN、WSN、RFID、WMAN；

(3)长距离有线网：Internet（IPV4，IPv6），PSTN；

(4)长距离无线网：蜂窝式网络，4G、5G。

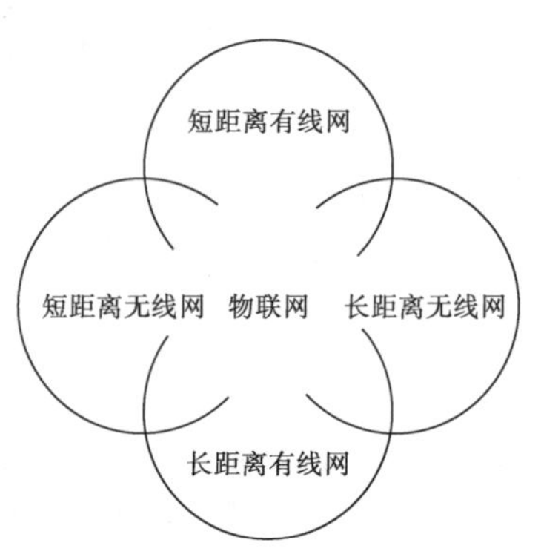

图 8－4　IoT 的网络

1. Zigbee

Zigbee(紫蜂网)是基于蜜蜂相互之间联系的方式而研发的一项无线网络技术，是 IEEE 802.15.4 标准定义的无线网络。一种短距离无线通信技术，也叫作低速率无线个人区域网，可接入 Internet。Zigbee 有不同的版本，带宽分别为 20 Kb/s、40 Kb/s、250 Kb/s，对应的通信频率为 868 MHz、915 MHz、2.4 GHz，覆盖范围 1～100 m。Zigbee 具有低功耗、低成本、低延时的特点。

随着 Zigbee 的发展，产生了多种协议：Zigbee 2004，Zigbee 2006，Zigbee 2007/Pro，Zigbee Light Link。协议架构自顶向下分为应用层、网络层、MAC 层、物理层四层，典型的网络拓扑有星形、树形、网格形。Zigbee 网络组成包括协调器、路由器和终端，如图 8－5 所示。移动终端一般通过无线的方式连接到路由器上，也可以直接连接到协调器上；路由器连接到父路由器上，最上层的路由器无线连接到协调器上。Zigbee 可以应用于智能家居、门禁、工业控制、环境监测、仓储物流管理等。

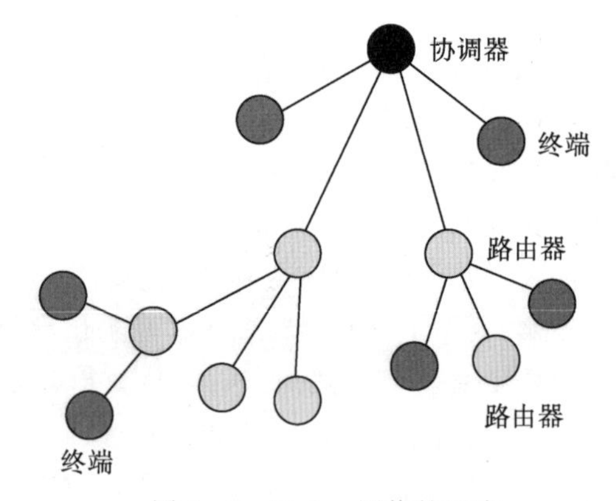

图 8－5　Zigbee 网络的组成

2. WBAN(wireless body area network)

WBAN是IEEE 802.15.6定义的无线体域网，是由和人体有关的网络元素(身体上或体内的传感器、接入设备)组成的通信网络，可以和手机通信，也可以接入其他网络。用于人体的生理参数(心电、血氧、脉搏、体温等)测量，医疗监护，体育锻炼指导等。WBAN的示意图如图8-6所示。

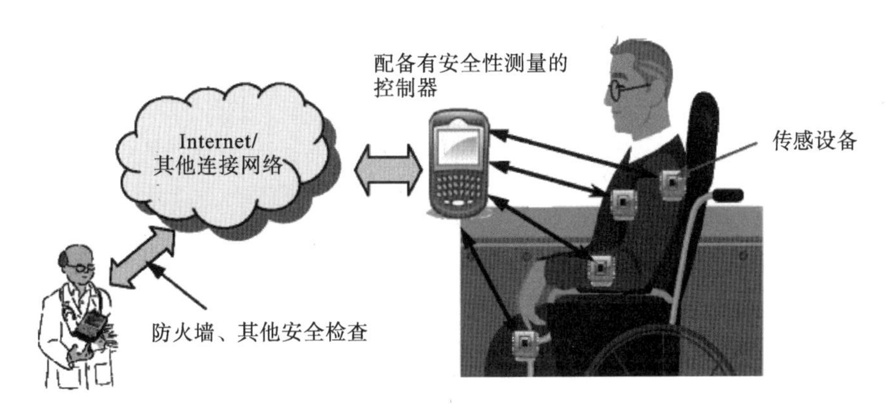

图8-6　WBAN示意图

与其他无线网络类似，WBAN也需要解决能耗控制、安全控制、QoS控制、接入控制等关键技术。

3. RFID

RFID是射频识别系统，一种自动识别技术，能识别对象并获取数据。RFID采取非接触式双向无线通信，工作频率包括低频、中频、高频、超高频和微波。RFID系统由三部分组成：电子标签、RFID阅读器和计算机网络，如图8-7所示。RFID具有可识别高速移动的物体、可并行识别物体以及标签的寿命比较长等特点。

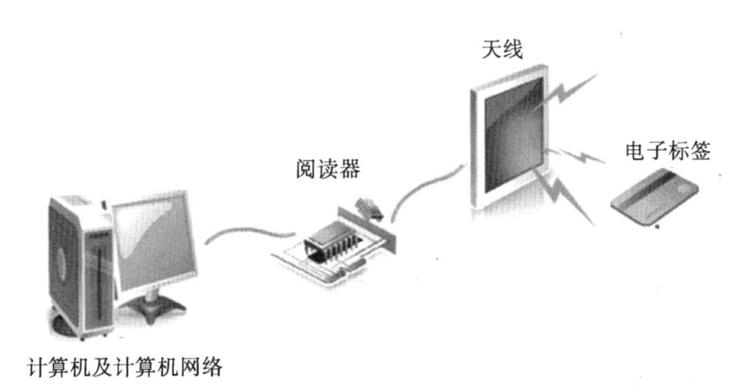

图8-7　RFID系统组成

电子标签可以是有源的，也可以是无源的。以无源标签的RFID系统为例，RFID的工作原理如图8-8所示，过程如下：

(1)阅读器按固定的频率发射无线信号；

(2)当电子标签进入工作区域时,会产生感应电流;

(3)感应电流激活电子标签,通过内置天线传送调制的数据;

(4)阅读器接收到调制的数据,进行解调,然后传送给计算机;

(5)计算机识别出 ID,按预先设定的规则处理和控制。

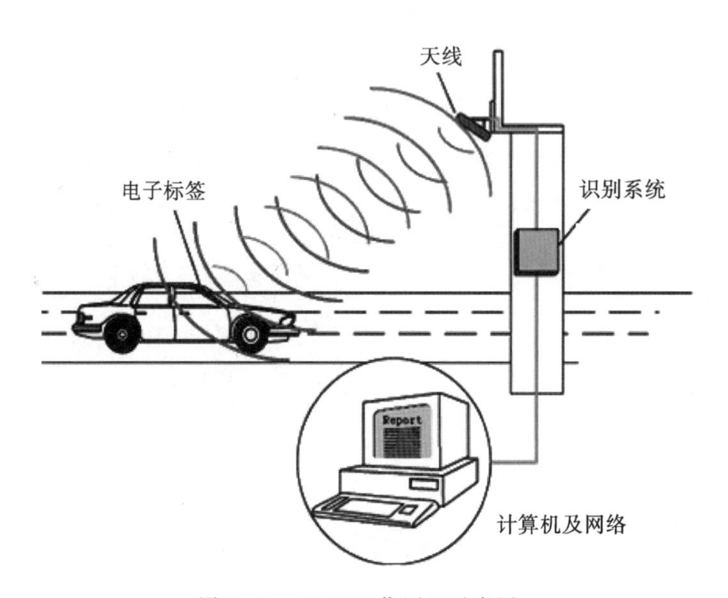

图 8-8 RFID 工作原理示意图

8.2.3 应用层

物联网的最终目的是提供各种各样的服务或智能服务。应用层包括服务管理和行业应用,服务管理负责大数据的汇集、存储和处理,物联网具有明显的行业特征,需要不同的应用协议。物联网应用一般都是大规模、大数据,需要云计算支撑。云计算是物联网的后端,是物联网的重要组成部分,它是以服务为中心的并行存储和并行计算,呈现为 SaaS、DaaS、PaaS、IaaS。物联网处理的数据一般都是大数据,大数据不同于传统的数据,它具有 5V 特征:

(1)大体量(volume):P 或 E 级的数据量;

(2)多样性(variety):各种类型和格式;

(3)时效性(velocity):一定时间内要完成处理;

(4)准确性(veracity):源数据准确、处理结果准确;

(5)大价值(value):分析挖掘的结果带来重大经济和社会效益。

8.3 物联网的关键技术

物联网不是对现有技术的颠覆性革命,而是通过对现有技术的综合运用,实现全新的通信模式转变。这种转变会催生出一些新的技术,其中的关键技术有:

(1)感知与识别技术,设计开发传感器、数据采集仪、智能前端系统。

(2)无线组网和接入 Internet 技术,自组织构建网络,进行可靠的无线数据传输。

(3)物联网服务与管理,特定行业的服务技术与网络健康管理技术。

(4)物联网安全,保证网络系统和信息传输安全。

(5)物联网应用开发,特定应用的开发技术。

1. 感知与识别

物联网的感知与识别技术实现信息的采集,是物联网的数据来源,是应用的基础。感知技术就是将物理、化学、生物量转换为数字信号,针对特定的应用,需要开发感知设备,即开发特定功能的嵌入式软硬件系统,这包括智能传感设备开发。感知技术还涉及位置信息感知,除了卫星定位和感知定位之外,需要研究无线定位方法。自动识别除了成熟的识别技术之外,还可能需要语音识别、视觉内容识别、雷达或声纳目标识别、文本识别以及生物特征识别等。

2. 物联网的组网技术

物联网组网尽量使用现有的网络或混合网络,如蓝牙结合 Wi-Fi 或 Zigbee 结合 Wi-Fi、LoRa 技术(低功耗、低带宽和远距离无线组网技术),远距离无线通信则使用 4G、5G。这些技术比较成熟,直接使用这些技术能大幅度提高组网效率。对于有些应用,没有现成的网络技术选用,则需要自行构建网络。自行组网需要解决的问题包括:

(1)选择设备支持的无线通信协议;

(2)传感器及网络互连设备开发;

(3)链路控制机制、路由机制设计;

(4)互联网接入设备开发;

(5)安全控制机制设计(防止网络攻击、身份欺骗、信息截取与篡改,隐私保护);

(6)功耗控制机制与 QoS 控制机制设计。

3. 物联网服务与管理

物联网服务与管理主要解决物联网的管理和数据的处理与应用问题,包括前端系统管理、网络状态管理和后端的数据处理与服务。

前端系统管理包括设备管理、能耗管理、通信管理,系统管理需要设备状态监测,这还涉及前端使用的操作系统和中间件;网络状态管理是指链路和网络中间设备的状态监测,及时发现网络故障;数据处理与服务包含的内容比较多,涉及大数据存储的分布式数据库技术、云计算技术、数据融合与数据挖掘、智能分析与决策、面向用户的服务技术等。物联网数据具有异构性、实时性、海量性和不确定性,需要高效的处理机制。根据数据处理,物联网可以向用户提供很多服务,如在线监测、定位追溯、内容查询、指挥调度、智能决策、风险预警等。

4. 物联网安全

物联网的安全涉及物联网的所有层,包括两个方面:系统安全和信息安全。系统安全主要是防止网络被入侵和攻击;信息安全是指数据采集、传输和存储的安全,防止数据及用户隐私被篡改、破坏和泄露。图 8-9 给出了保证物联网安全的综合方法。

物联网安全体系
应用环境安全技术 可信终端、身份验证、访问控制、安全审计等
网络环境安全技术 无线网安全、虚拟专用网、传输安全、 安全路由、防火墙、安全域策略、安全审计等
信息安全防御关键技术 攻击监测、内容分析、病毒防治、访问控制、 应急反应、战略预警等
信息安全基础核心技术 密码技术、高速密码芯片、PKI公钥基础设施、 信息系统平台安全等

图 8-9　物联网安全体系

5. 物联网应用开发

物联网应用开发涉及 5 个关键问题：

(1)工程设计；

(2)感知系统/嵌入式系统设计，包括感知层的硬件和软件；

(3)通信协议和服务质量控制；

(4)应用软件设计，满足物联网应用所需的功能和性能，如监控功能、安全管理、智能信息处理功能、各种服务功能等；

(5)系统集成，即设备、协议和网络选型。

物联网应用开发除了硬件设计或集成外，还需要软件的设计开发。物联网前端、内核和后端都需要软件，在三层逻辑架构中，每层都包含相关的软件。感知层要开发的软件包括：嵌入式软件、中间件和嵌入式操作系统；网络层要开发的软件都是系统软件，即各种网络系统软件；应用层要开发的软件包括：服务器应用软件（云计算、大数据相关软件）、关系型和非关系型数据库软件、服务器中间件（编程框架），以及服务器操作系统。

感知层的中间件是传感系统和应用之间的通用服务软件，支持标准协议，具有高度的复用性，能屏蔽操作系统和硬件复杂性，提供有编程接口，面向大规模应用。感知层中间件，属于嵌入式系统中间件，主要用于较复杂的智能感知设备。它能支持无线通信，对预处理采集的数据进行过滤、融合、传送，提供安全控制机制并支持应用编程。图 8-10 给出了感知层中间件在系统中的位置。

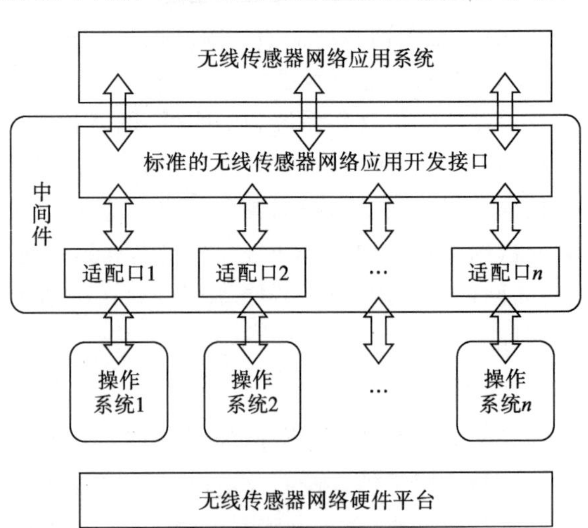

图 8-10　感知层的中间件

例如 RFID 中间件，它能桥接 RFID 和应用，屏蔽异构底层（设备、操作系统、数据格式)，支持互操作和数据预处理，支持应用编程。如图 8－11 所示，RFID 中间件主要由四个模块组成：应用服务模块、事件数据处理模块、硬件管理模块和管理控制模块。

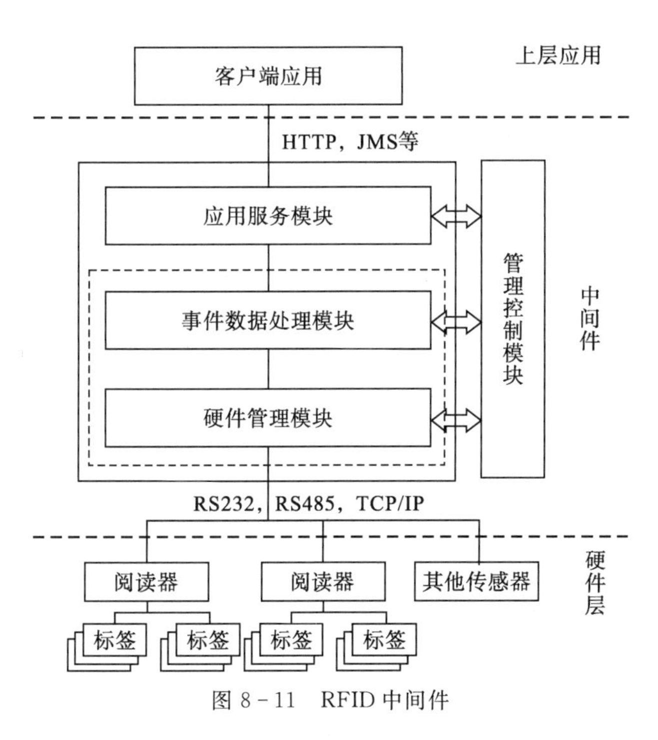

图 8－11　RFID 中间件

6. 物联网的特征

物联网就是把智能设备或 RFID 物体，通过各种接入网络技术连接到 Internet 上。它不是个新生事物，而是个大集成：机器到机器的系统集成，是建立在 Internet 基础上的泛在网络。针对特殊的物联网应用，或许需要研发新的智能设备。物联网服务具有明显的行业性和区域性，其功能特征是以数据为中心，强调应用：全面感知、可靠传输、智能计算和控制与服务。

8.4　物联网的应用技术

物联网应用涉及国民经济和人类社会生活的方方面面，被称为是继计算机和互联网之后的第三次信息技术浪潮(3rd IT wave)，它有三个主要的应用领域：公共服务、工业和农业，以及公共管理。物联网具体的应用领域非常多，如智能交通、电子政务、公共安全、智能建筑、智能家居、防灾、环境监控、智能物流、食品安全追踪、工业控制、智慧农业、智能电网、智慧医疗和金融服务等，如图 8－12 所示。图 8－13 给出了排在前 10 位的应用领域。物联网的应用特点：信息是多源的；信息格式多种多样；内容是动态的、时变的；信息量大；需要大规模部署和应用。

物联网产业链。物联网芯片不仅包含集成在传感器/模组中的基带芯片、射频芯片、定位芯片等，也包括嵌入在终端中的系统级芯片。我国早在 2015 年便推出了基于 ARM v7

架构的物联网芯片 MT2503，2017 年推出了 Boudica 120、150 商用物联网芯片，广泛应用于共享单车、消防等领域里。2016－2021 年物联网芯片销售额的复合年增长率达到 13.2％。

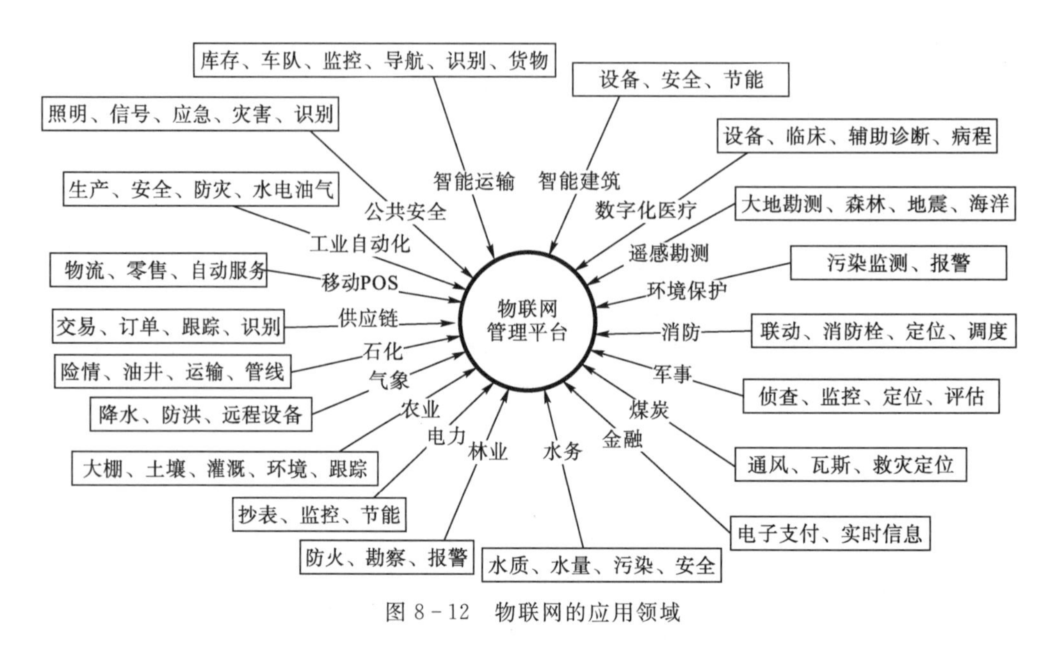

图 8－12　物联网的应用领域

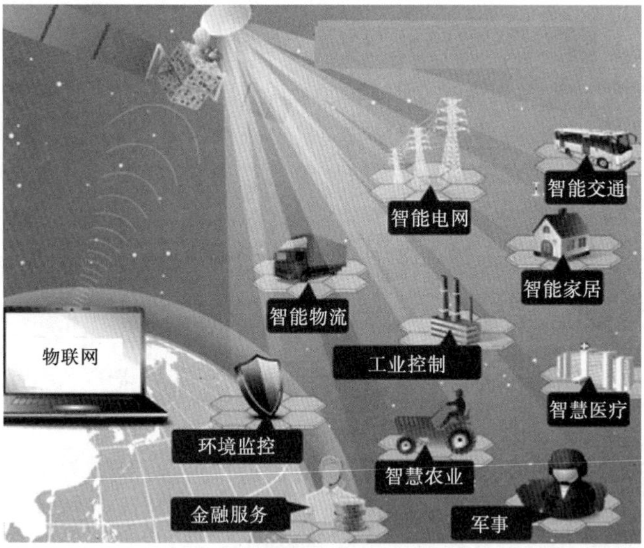

图 8－13　物联网前十大应用领域

从芯片、电路板到系统，物联网的软硬件构成了产业链，如图 8－14 所示。物联网的产业链沿着上下游关系大体可分为如下几部分：上游为芯片、传感器及接入设备产业，主要包括采集设备供应商、通信模块提供商等。中游为通信网络运营产业及平台运营产业，通信网络运营产业主要包括电信网络运营商、广电网络运营商、互联网运营商、专网运营商等，平台运营产业主要包括设备管理平台、连接管理平台、应用开发平台、系统及软件开发平台等。下游为物联网应用相关产业，主要包括智能终端提供商、中间件及应用开发商、系统集成商、运营及服务商等。未来几年我国物联网产业总值将达到 10 万亿人民币。到 2030 年，物联网有望为全球贡献 14.2 万亿美元的新产值。

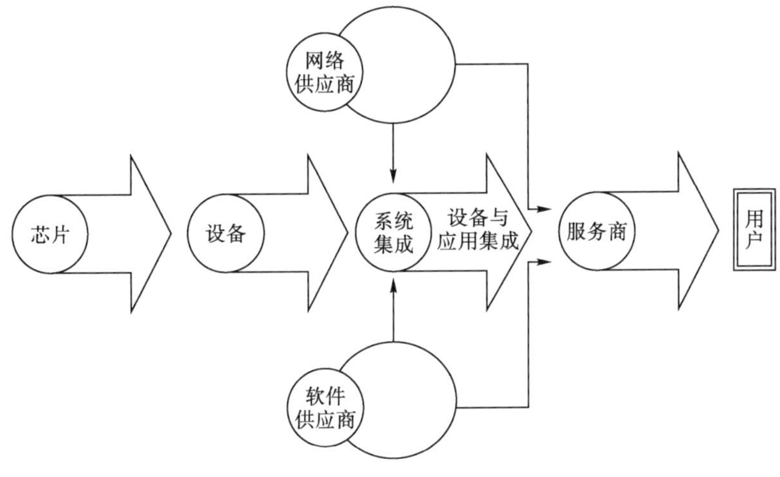

图 8－14　物联网的产业链

8.4.1　工业物联网

工业物联网(Industrial Internet of Things，IIoT)是将具有感知、监控能力的各类采集或控制传感器、控制器，以及无线通信、智能分析等技术融入工业生产过程各个环节，来大幅提高制造效率，改善产品质量，降低产品成本和资源消耗，最终实现智能化制造。工业物联网具有实时性、智能性、安全性和可靠性等特点。本质上，工业物联网就是信息系统与物理系统的融合，是物联网在工业领域里的应用。

架构上，工业物联网自底向上分为四层：感知层、通信层、平台层和应用层，如图 8－15所示。

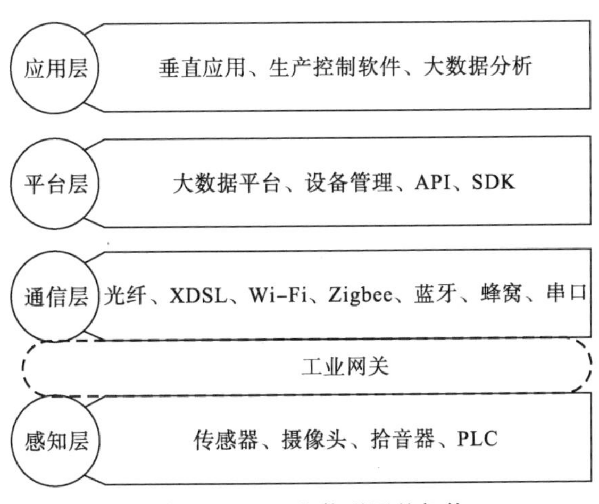

图 8－15　工业物联网的架构

德国将眼下的新工业革命视为第四次工业革命,命名为“工业 4.0”。第一次工业革命起源于英国,是 18 世纪末蒸汽机的出现和应用;第二次工业革命起源于美国,是 20 世纪初电力作为能源,实现了制造流水线;第三次工业革命也起源于美国,20 世纪 70 年代,信息技术被融入生产,进一步提高了生产效率。直到今天,大多数工厂都还在延续应用第三次工业革命所带来的自动化技术。第四次工业革命就是 CPS(cyber physical system),即信息物理系统融合。第四次工业革命才刚刚开始,德国、美国和中国处于领跑状态,各自的名称有所不同。德国称工业 4.0,美国称“第三次浪潮”,中国叫“中国制造2025”。工业物联网是 CPS 的基础,数字化和智能化是 CPS 的核心。

这里需要再介绍一下工业互联网的概念。工业互联网是一个开放的、全球化的,将人、数据和机器连接起来网络。简单地说,它是将工业、企业互联起来的网络。它是新一代信息技术与工业系统全方位的深度融合,是工业智能化的基础设施。它的核心三要素包括智能设备、先进的数据分析工具,以及人与设备的交互接口。工业互联网的本质是以机器、原材料、控制系统、信息系统、产品以及人之间的网络互联为基础,通过对工业数据的全面深度感知、实时传输交换、快速计算处理和高级建模分析,实现智能控制、运营优化和生产组织变革。工业互联网意在通过提供互联网和计算服务,提升传统工业、企业的 IT 和软件实力,在面向工业领域、企业的服务中获取价值,并实现产业升级。网络、数据及安全构成了工业互联网三大体系,其中网络是基础,数据是核心,安全是保障。把工业生产过程中的人、数据和机器连接起来,使工业生产流程数字化、自动化、智能化和网络化,实现数据的流通,提升生产效率、降低生产成本。

工业互联网需要平台来处理数据,开发创新性的应用,典型的工业互联网平台如图 8-16所示,主要的应用场景为四个:

(1)面向工业现场的生产过程优化;

(2)面向企业运营的管理决策优化;

(3)面向社会化生产的资源优化配置与协同;

(4)面向产品生命周期的管理与服务优化。

物联网在工业生产中有着广阔的应用前景,是智慧工业的基础设施,贯穿于生产的每一个环节。通过采集数据、生产状态检测来控制产品质量和原材料消耗等情况,做出自动控制和决策,实现节能增效。通过设备状态数据的采集和分析,感知设备的安全状态,实现安全生产。物联网在工厂中典型的应用架构如图 8-17 所示。概括起来,工业物联网可以实现优化控制和调度;节能减排、减员增效;故障感知、控制风险;数据分析、智能决策;生产状况及时查看等。物联网在工业中应用的逻辑架构如图 8-18 所示。

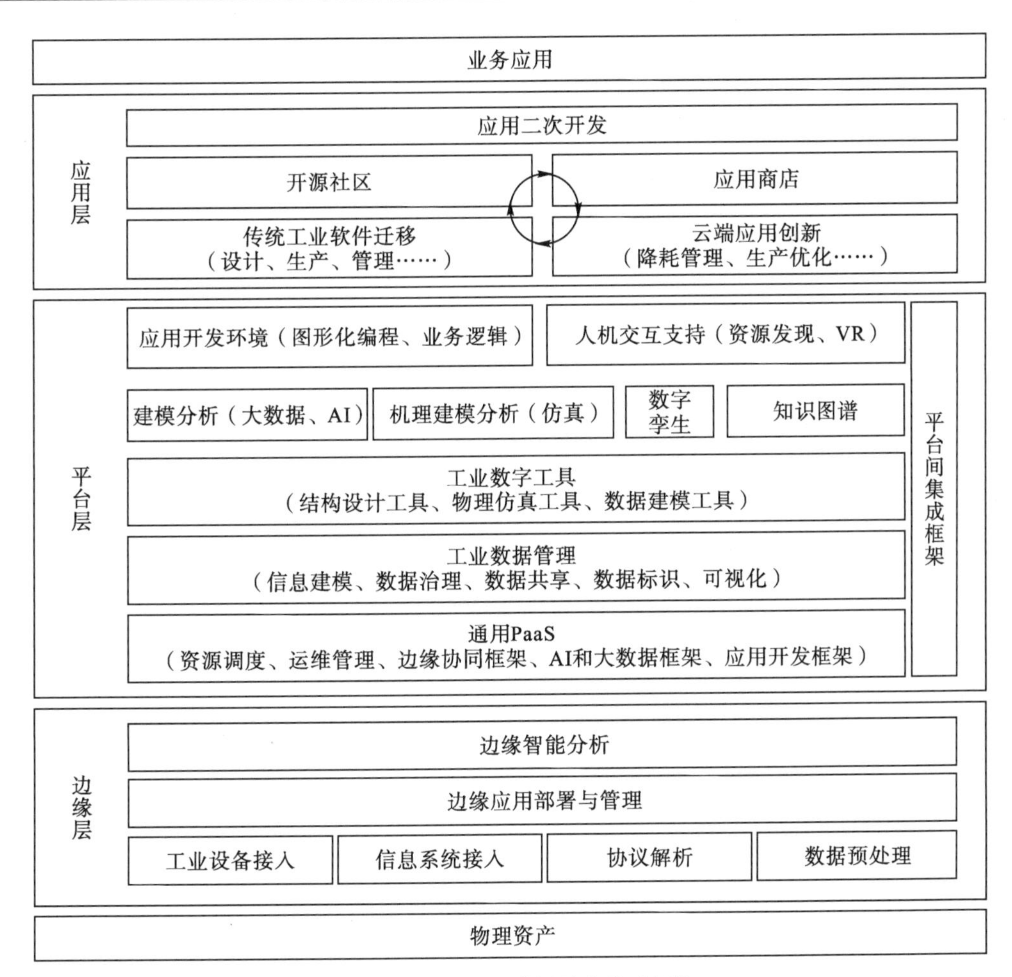

图 8-16　工业互联网平台典型架构

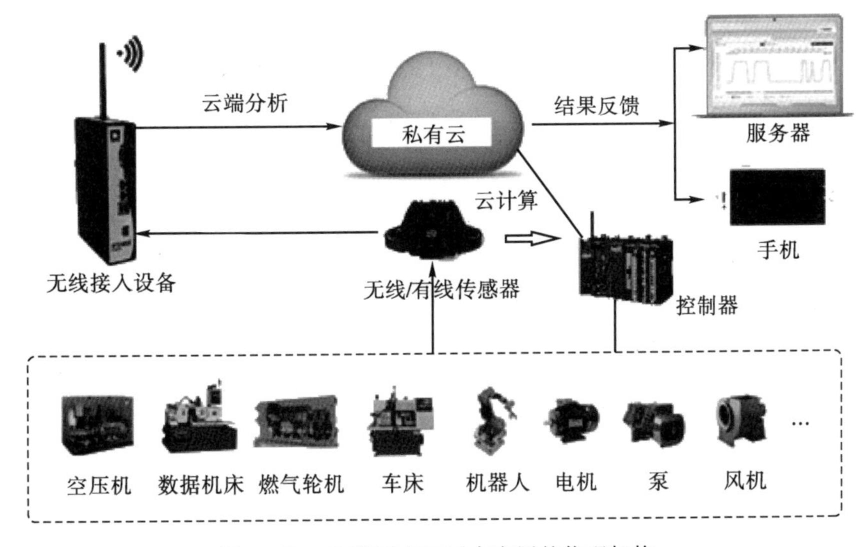

图 8-17　物联网在工厂中应用的物理架构

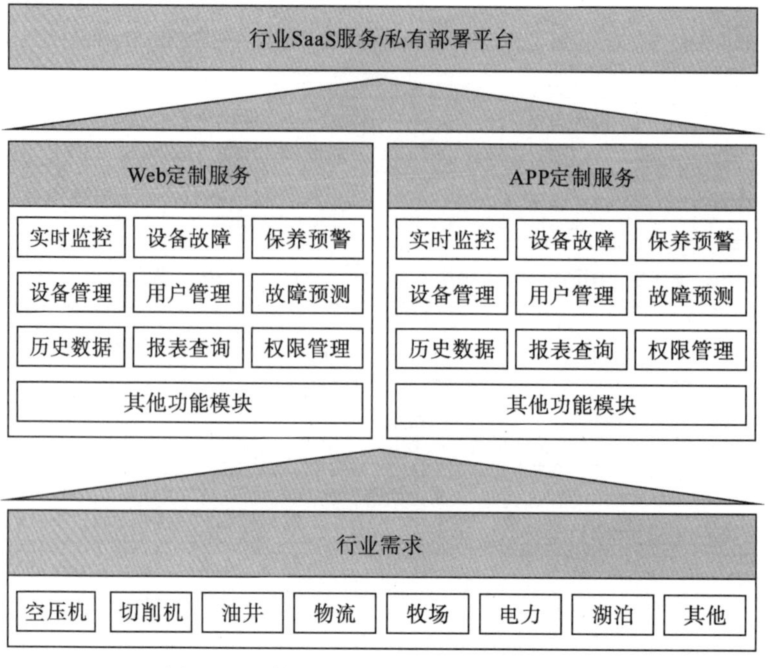

图 8-18　物联网在工业中应用的逻辑架构

8.4.2　农业物联网

农业物联网就是物联网技术在农业生产、经营、管理和服务中的应用。具体来说，就是运用各类传感器、RFID、视觉采集终端等感知设备，广泛地采集大田种植、农产品物流等领域的现场信息，通过无线传感器网络、电信网和互联网等多种现代信息传输通道可靠地传输到数据中心，将获取的海量农业信息进行融合、处理，并通过智能化操作终端实现农业的自动化生产、最优化控制、智能化管理、系统化物流、电子化交易，进而实现农业集约、高产、优质高效、生态和安全的目标。

农业物联网主要由三部分组成：农用传感网、前端执行机构和控制与服务中心。农用传感网负责采集农业相关的各种信息，如土壤湿度、土壤成分、pH 值、降水量、温度、空气湿度和气压、光照强度、CO_2浓度、溶解氧、酸碱度等，还利用网络摄像头采集视频信息；执行机构包括开关、风机、电机、阀门，甚至无人驾驶设备等，根据后端发来的控制指令进行温湿度控制、施肥、喷药、释放氧气、收割等操作；控制与服务中心负责数据存储与处理、智能控制与决策、预警、移动控制、对外服务、安全溯源等。

对于大型农田，耕种、收割、施肥、喷药等都可以借助物联网自动实施，实现无人驾驶。图 8-19 给出了一种农业物联网的参考架构。

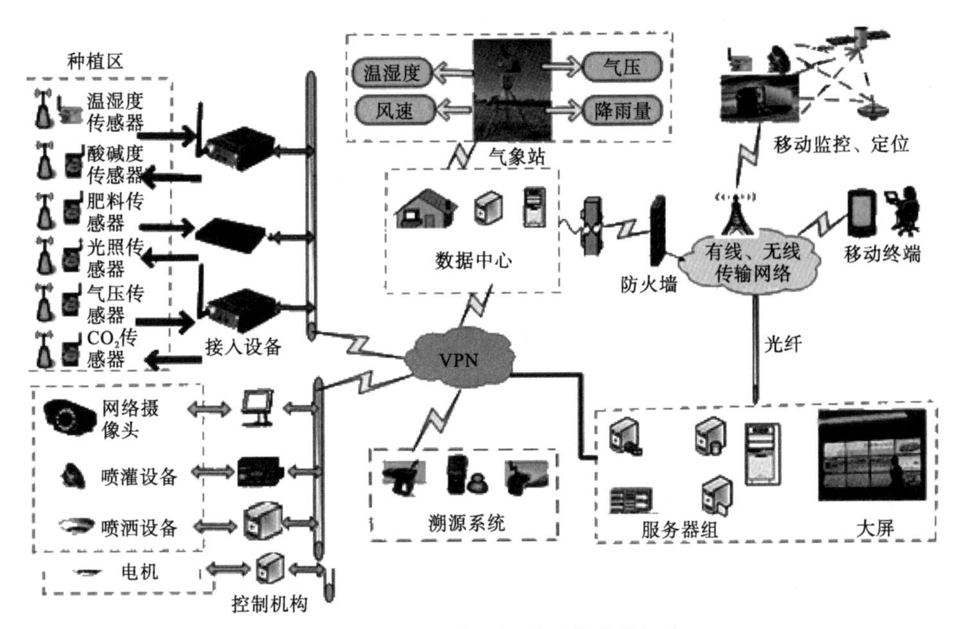

图 8-19　一种农业物联网的参考架构

8.4.3　智慧环保和水产养殖

环保物联网是应用相对较为广泛的物联网。前端各种传感器(SO_2、NO、过氧物、温度、压力、流速、粉尘、湿度、CO、N、P、Hg、硝等)采集到的数据通过数采仪汇聚起来,再通过有线或无线网络传输到后端的各级数据中心。目前,常用的无线网络是 4G。对于排污和排烟口,一般还安装有网络摄像机,将视频信息实时传回数据中心,显示在大屏上。数据中心对数据进行及时处理和分析,实时发现异常数据,给出预警和报警信息。典型的环保物联网架构如图 8-20 所示。

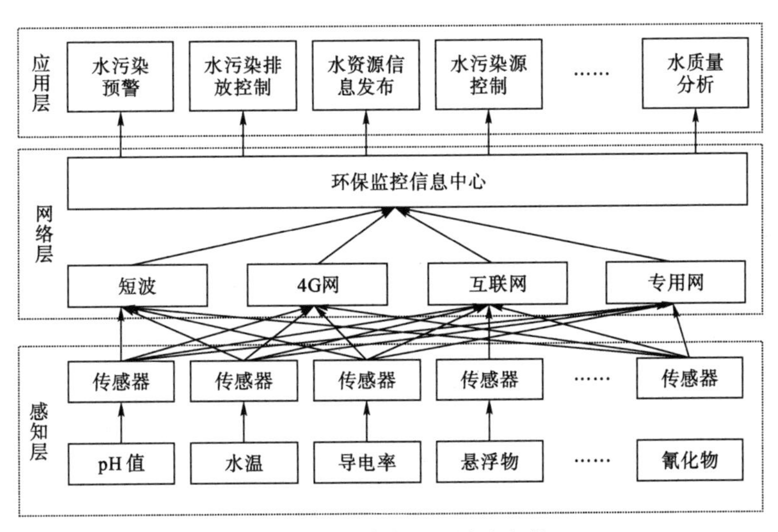

图 8-20　环保物联网参考架构

对于水产养殖，可以基于物联网对水质控制。当鱼塘里的 pH 值低于 4.4 时，鱼类的死亡率可达 7%～20%；当 pH 值低于 4 以下，可引起鱼类全部死亡。当鱼塘里的 pH 值高于 10.4，鱼类的死亡率可达 20%～89%；当 pH 值高于 10.6 时，可引起鱼类全部死亡。需要对水质、水溶氧含量进行控制。利用无线传感网获取水质、水溶氧含量和污染数据，后端对数据处理后给出决策，进行智能或人工控制（手机端控制）。前端执行机构根据后端发来的控制指令，进行换水、增氧、照明、增减食物投放等操作。图 8－21 给出了水产养殖物联网的一般架构。

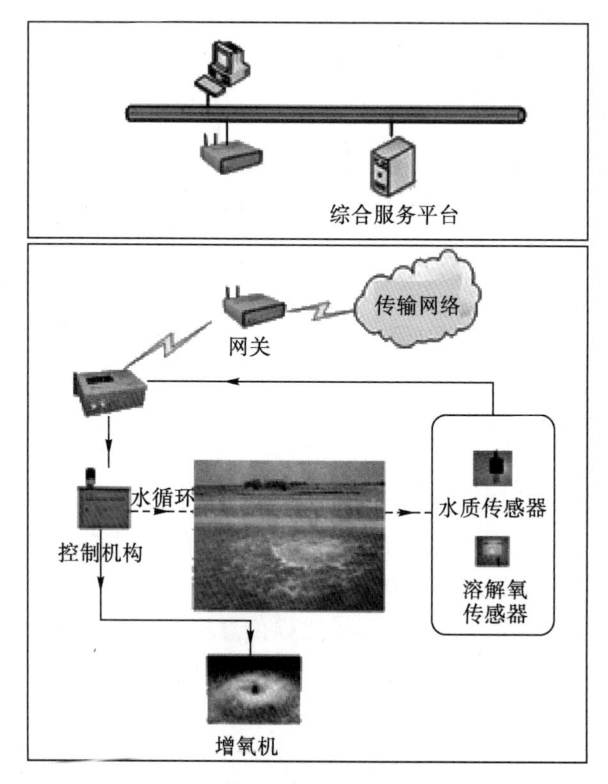

图 8－21　水产养殖物联网架构

8.4.4　物联网的其他应用

1. 公共安全物联网

公共安全物联网使用的传感器有网络摄像头、安检设备、其他传感器等。使用的传输网络有 4G、Wi-Fi、传感网、以太网、VPN 或互联网。后端的计算中心执行安全判定、目标（人、车、物体）识别与定位等。能够根据人脸、步态、服饰、习惯动作，来识别特定的人；根据人群集中度、群体行为进行安全判定和预警；根据车牌、车辆特征来识别目标车辆；根据视频信息识别交通事故、道路上的障碍物以及酒驾或危险驾驶行为；通过化学或物理传感器来识别有毒气体或化学品泄漏、辐射源辐射泄漏、火灾、水灾；通过 X 光设备来识别安检行李中不宜发现的违禁品；等等。公共安全物联网的一般架构如图 8－22 所示。

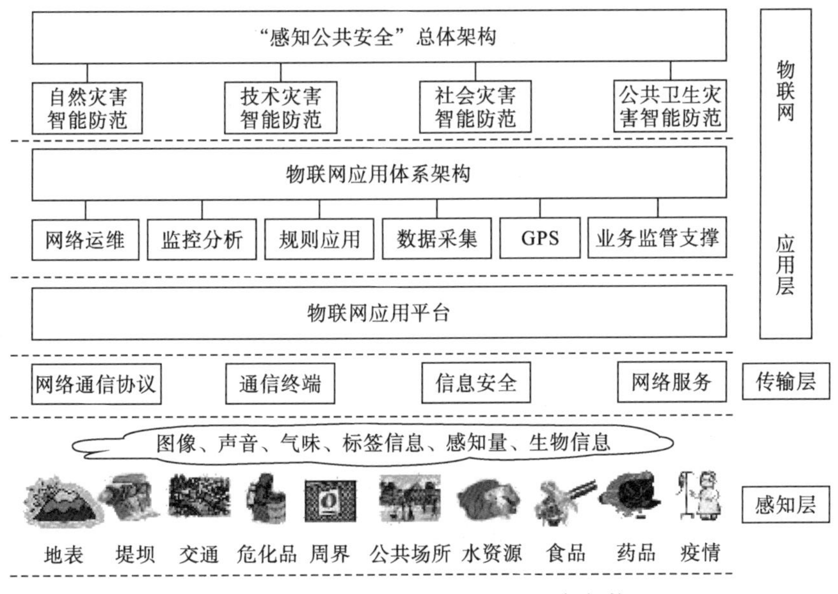

图8-22 公共安全监测物联网一般架构

2. 电力物联网

利用物联网,进行电力设备状态感知与管理,感知设备的震动、温度、油色谱、局部放电等信息;利用网络摄像头或无人机对输电线路进行监测,监测导线舞动、导线覆冰、杆塔倾斜、杆塔上有鸟巢、输电线路下是否有挖掘机施工、输电线路下是否有秸秆燃烧。一旦发现这些现象,立即报警和预警,安排人员处置。通过物联网还可以实现远程抄表、智能调度、用电异常监测等。电力物联网的架构如图8-23所示。

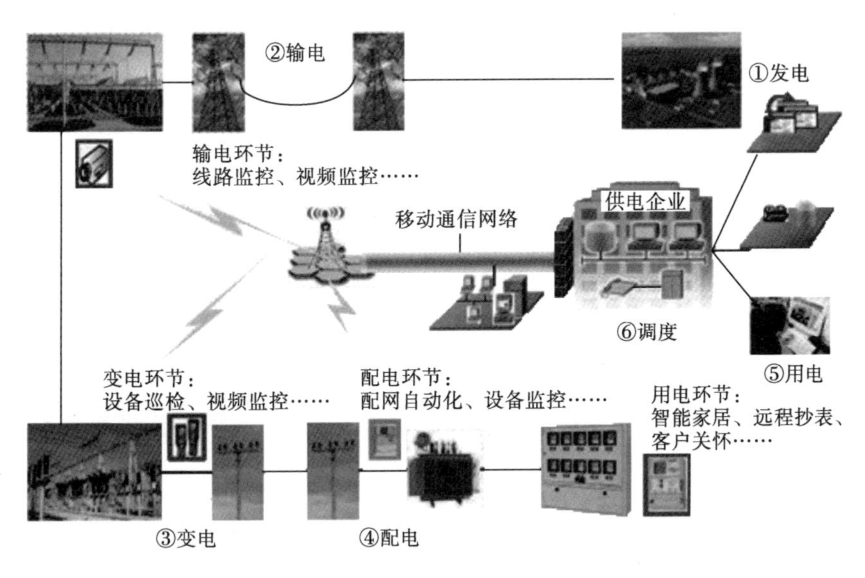

图8-23 电力物联网架构

3. 智慧城市中的物联网

智慧城市是利用各种信息技术或创新概念，将城市的系统和服务打通、集成起来，以提升资源运用的效率，优化城市管理和服务，改善市民生活质量。智慧城市能够多方面协调城市运行，全面感知城市动态，使城市运行做到随需应变，在物流、教育、医疗、安全、政府服务、交通、能源、居民生活等各社会服务全面实现智慧化。智慧城市涵盖的领域如图 8－24 所示。物联网是构建智慧城市的基础设施，与智慧城市的特征高度重合，没有物联网也就没有智慧城市。图 8－24 中的所有应用领域都运行在物联网上。

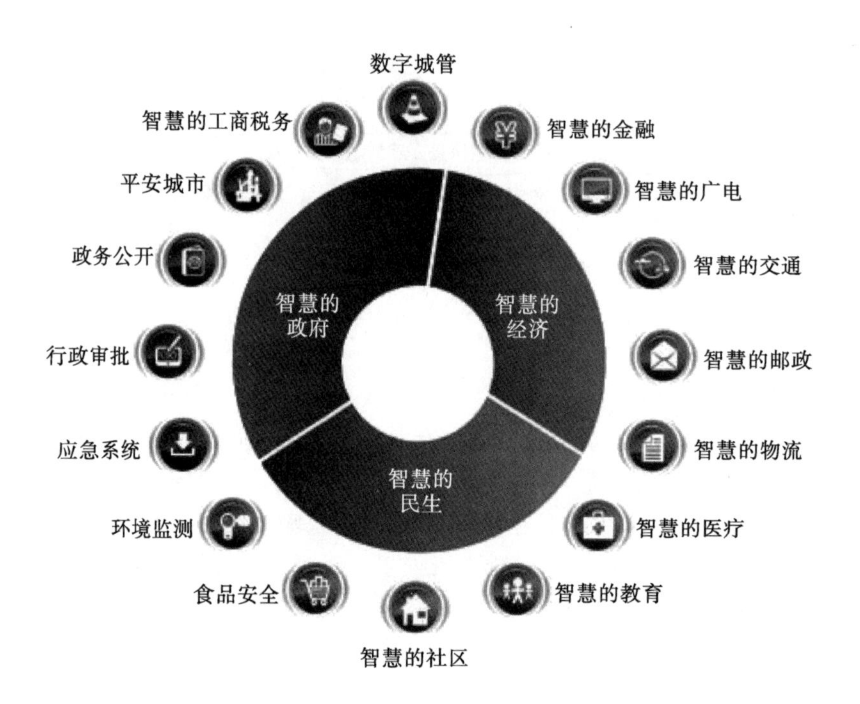

图 8－24　智慧城市的内容

4. 物联网在防灾减灾中的应用

物联网可用于火山监测、泥石流/山体滑坡预测。通过物联网监测火山的活动、山体表面的运动情况，并进行预测预警；还可以用于放射线监测、森林火灾监测、煤矿瓦斯监测、施工环境的粉尘监测以及水库、河流水位监测，根据数据分析结果做出相应的预防。

5. 基于物联网的监护与定位

基于无线体域网，对重点人员进行生理和医疗监护；基于物联网(通过摄像头、手机或其他感知设备)对养老院、幼儿园监测，对老人或幼儿受侵害或摔倒进行报警；基于物联网对重点目标进行定位和跟踪。

8.5　物联网的未来展望

不远的未来，智能技术和物联网会深度融合，真正实现万物互联。基于物联网技术的智慧工厂将全面普及，更多的移动机器人会应用在工厂、码头；自动驾驶会走向成熟，汽车会进入物联网，结合边缘计算自动识别目标，会自动选择路线、自动寻找最优的停车场。再没有堵车、没有交通事故、没有驾校、不再需要驾驶证；无人驾驶飞机会出现在智慧交通、智能物流中。智能家居会全面落地，快下班时可以通过手机打开电饭煲、空调，做饭机器人会帮你煮好咖啡、做好饭。刮风下雨时，可以远程关窗，陌生人进屋会引发报警。冰箱会及时提醒你采购。指纹、虹膜、人脸会替代身份证，商品都可以溯源，再不用担心买到假货；其后资源监测物联网通过卫星遥感、飞行器、无线传感、手持智能设备，监测冰川、江河湖海、沙地、森林、湿地的变化。通过智能镜子可以获取日历、天气、交通等信息，还能诊断一些简单的疾病。未来，各种物联网会深度融入人们的生活中，使人们的生活变得更简单、更方便。

8.6　本章小结

本章讲述了物联网的概念、特征、应用、架构和组成，讲述了 Zigbee 网络、WBAN 网络和 RFID 网络的组成和工作原理。重点讲述了几个关键技术：感知与识别、物联网组网、服务与管理、物联网安全和应用开发。详细讲述了物联网的应用技术，给出了工业物联网、农业物联网、环保物联网、公共安全物联网、电力物联网的应用架构和应用方法。最后对物联网的未来进行了展望。

参考文献

1. KUROSE J F, ROSS K W. Computer Networking,A Top-Down Approach[M]. 7th ed. Hoboken, New Jersey:Pearson Education , 2017.
2. TANG J, FEI W, REN X P, et al. An Improved Routing Algorithm in OSPF for Energy Saving[C]//Proceedings of the 2015 International Conference on Applied Science & Engineering Innovation. Atlantis Press, 2015:163-169.
3. NEE F V, BOER P T D. On the Benefit of Forward Error Correction at IEEE 802. 11 Link Layer Level[C]// Lehnert R. Lecture Notes in Computer Science. Berlin : Springer, 2011:9-20.
4. PARTHIBAN P , SUNDARARAJ G, MANIIARASAN P. Maximizing the Network Life Time Based on Energy Efficient Routing in Ad Hoc Networks[J]. Wireless Personal Communications,2018(101): 1143-1155.
5. MOVASSAGHI S, ABOLHASAN M, LIPMAN J, et al. Wireless Body Area Networks: A Survey[J]. IEEE Communications Surveys & Tutorials, 2014, 16(3): 1658-1686.
6. NADEAU T D, GRAY K. SDN: Software Defined Networks[M]. Cambridge: O'Reilly Media Inc. , 2013.
7. WANG F, ZHOU S P, PANEV S, et al. Person-in-WiFi: Fine-grained Person Perception using WiFi[C]//2019 IEEE-CVF International Conference on Computer Vision. Los Alamitos: IEEE Computer Society, 2019: 5451-5460.
8. VERÍSSIMO P, RODRIGUES L. Reliable Multicasting in High-speed LANs[M]// Pujolle G. High-Capacity Local and Metropolitan Area Networks. Berlin:Springer, 1991:397-412.
9. DHURANDHER S K, OBAIDAT M S , JAIN G,et al. An Efficient and Secure Routing Protocol for Wireless Sensor Networks Using Multicasting[C]// Proceedings of the 2010 IEEE-ACM International Conference on Green Computing and Communications and International Conference on Cyber, Physical and Social Computing. Los Alamitos: IEEE Computer Society, 2010: 374-379.
10. CHAUDHRY R, TAPASWI S, KUMA N. A Green Multicast Routing Algorithm for Smart Sensor Networks in Disaster Management[J]. IEEE Transactions on Green Communications and Networking, 2019, 3(1): 215-226.
11. GREGORIO L D. Fast dynamic reprovisioning for green networks with an application to multicasting[C]// 2013 IEEE International Conference on Communications (ICC). IEEE, 2013: 4164-4168.

12. HOLEMAN S L. Differentially secure multicasting[D]. Iowa: Iowa State University, 2001.
13. KRAUSE P. A New Approach for Peer-to-Peer Information Retrieval Systems[J]. Fortschritt-Berichte VDI, 2014(835): 235-249.
14. 张国清. 路由技术:IPv6 版[M]. 北京:电子工业出版社,2014.
15. Oulu University. Key Drivers and Research Challenges for 6G Ubiquitous Wireless Intelligence[EB]. Oulu University, 2019.
16. 斯瓦米. 无线传感网络:信号处理与通信[M]. 赵青,洪乐文,童朗,译. 西安:西安交通大学出版社,2014.
17. 华为区块链技术开发团队. 区块链技术及应用[M]. 北京:清华大学出版社,2019.
18. HASSAN Q F. Internet of Things A to Z -Technologies and Applications[M]. Wiley-IEEE Press, 2018.
19. 张鸿涛,徐连明. 物联网关键技术及系统应用[M]. 北京:机械工业出版社,2012.
20. KWAK K S, ULLAH S. A traffic-adaptive MAC protocol for WBAN[C]// 2010 IEEE Globecom Workshops. IEEE, 2010:1286-1289.
21. BOUACHIR O, MNAOUER A B, TOUATI F. PEAM: A polymorphic, energy-aware MAC protocol for WBAN[C]// 2016 23rd International Conference on Telecommunications (ICT). IEEE, 2016: 1-6.
22. ADIB F, KATABI D. See through walls with WiFi[J]. SIGCOMM Comput. Commun. Rev, 2013, 43(4): 75-86.
23. XIONG J, JAMIESON K. ArrayTrack: a fine-grained indoor location system[C]// Proceedings of the 10th USENIX conference on Networked Systems Design and Implementation, 2013:71-84.